高职高专园林专业教材

园林美学

（第3版）

朱迎迎 李 静 主编

中国林业出版社

内容简介

《园林美学》(第3版)全书分6章,内容包括美学与园林美学概述、园林美及其特征、园林美的创造、园林美的鉴赏、园林管理与园林美学、园林美学的继承和发展。

本书将美学基础与园林相关专业知识相结合,以提纲挈领的方式做了编写。具有条理性强,文字简练,材料翔实,结构严谨,重点突出,深入浅出,明白易懂的特点。编写中既注重对基本理论的阐述,又结合园林实际进行分析,插图清晰,可读性强。本书既可作为高职高专园林技术、园林工程技术及相关专业的师生首选教材,也可供园林设计人员以及城市和建筑等其他环境设计专业的有关人员参考。

图书在版编目(CIP)数据

园林美学/朱迎迎,李静主编. —3版. —北京:中国林业出版社,2008.8(2024.8重印)
高职高专园林专业教材
ISBN 978-7-5038-5298-5

Ⅰ.园… Ⅱ.①朱…②李… Ⅲ.园林艺术-艺术美学-高等学校:技术学校-教材
Ⅳ.TU986.1

中国版本图书馆 CIP 数据核字(2008)第 128099 号

责任编辑: 康红梅
电　话: (010) 83143551　　　　**传　真:** (010) 83143561

出版发行	中国林业出版社(100009　北京市西城区德内大街刘海胡同7号) E-mail: jiaocaipublic@163.com　电话:(010) 83143550 网　址:https://cfph.net
经　销	新华书店
印　刷	北京中科印刷有限公司
版　次	2008年8月第3版
印　次	2024年8月第5次印刷
开　本	787mm×960mm　1/16
印　张	19.5
字　数	361千字
定　价	49.00元

未经许可,不得以任何方式复制或抄袭本书之部分或全部内容。

版权所有　侵权必究

第 3 版前言

《园林美学》最初是上海市园林学校主编的园林绿化中等职业技术教育系列用书之一，此书于1993年4月出版。2001年，万叶主编对其进行了修订，出版了《园林美学》（第2版）。目前按照园林专业教学需要，根据园林学科发展趋势，为了进一步满足中高职职业教育要求而重新修订。

本书由美学与园林美学概论、园林美及其特征、园林美的创造、园林美的鉴赏、园林管理与园林美学和园林美学的继承和发展6部分构成，本书将美学基础与园林相关专业知识相结合，对园林美学、园林美的特征、园林美的表现要素、园林艺术风格、园林美学的创造和鉴赏等，以提纲挈领的方式做了编写。具有条理性强，文字简练，材料翔实，结构严谨，重点突出，深入浅出，明白易懂的特点。编写中既注重对基本理论的阐述，又结合园林实际进行分析，插图清晰，可读性强。为了便于掌握要点，每章前面有内容提要，章后附有思考题。为帮助读者进一步拓宽知识面，章后还附有推荐阅读书目。本书可供高职高专园林技术、园林工程技术及相关专业的师生选用，也可供园林设计人员以及城市和建筑等其他环境设计专业的有关人员参考。

本书由朱迎迎与李静担任主编。朱迎迎策划并主持编写工作，并对全书进行了认真的统稿和修改。宋园园编写了第1章、第6章，张炜编写了第2章、第5章，李静编写了第3章、第4章。中国林业出版社的编辑对本书的编写提出了很好的建议。同时，书中吸收了近年来园林美学研究的最新成果，参阅了大量报刊书籍及其他资料，在此一并对其作者表示诚挚谢意。

《园林美学》（第3版）的编写，目的在为教育教学服务，虽酝酿已久，但一些书稿写得比较匆忙，也有的章节比较单薄，虽统稿过程中作了很多努力，但还可能遗漏具有较大参考价值的材料，有待于今后拾遗补阙。错误和不周之处，热忱期待专家、读者批评指正。

编　者
2008年6月

第 2 版前言

《园林美学》作为园林绿化职业技术教育的一本教材，自20世纪90年代问世以来，在教学实践中深受广大师生喜爱。此书使学生了解造园思想的产生和发展、造园中的艺术思想及园林美的继承和发展，树立正确的园林审美意识，掌握造园的基本原则和园林美鉴赏方法，从而培养园林美学素养，提高园林审美能力。

近几年来，随着我国经济社会的发展，园林绿化事业有了飞速的发展；人民生活水平普遍提高，人们对"园林美"、"绿色环境"的渴望也越来越强烈。对园林绿化方面涉及到的美学问题作进一步的探索和研究，是园林绿化工作者面临的一个现实问题，比如，怎样使生活在"水泥森林"中的人们有一个美好的生存环境？怎样使我国的园林创作更富有时代美？怎样使园林美学与城市整体环境艺术相结合？……园林美学，将面临许多新的课题。原有的《园林美学》教材，是1993年出版的，其中有一些内容，相对于近几年园林绿化事业的迅猛发展，不免有它的滞后性。所以，我们结合园林绿化事业的现状和未来发展趋势，补充了国内外园林绿化发展的最新信息和资料，以及国内园林绿化工程实例，对本教材进行了修订，使本教材的内容更生动、更充实，更富有现实意义和时代感。

已故复旦大学著名教授，美学大师蒋孔阳先生生前曾为第1版作序，并赠其巨著《美学新论》，热情鼓励我们对此作深入探讨。本院蒋波平先生和王震国先生大力支持并关心教材的修订，使修订工作得以顺利进行；还有不少同志为修订此教材提供了许多帮助，谨在此一并表示由衷的感谢。

本书的修订工作由万叶、叶永元统稿，杨宝树、费维兴参加了全部修订。在修订过程中，可能有疏忽之处，但我们是倾注了全部精力和热情，倘有不妥和错失，敬请专家、同仁不吝指教。我们希望修订后的《园林美学》（第2版）能在现代园林绿化事业中，在园林教育事业中发挥更大的作用。

《园林美学》第 2 版编写组
2001 年 12 月

目　　录

第3版前言
第2版前言

第1章　美学与园林美学概述 (1)
1.1　美与美学的基本思想 (1)
　　1.1.1　美 (1)
　　1.1.2　美学 (14)
1.2　园林美学的基本观点 (20)
　　1.2.1　园林美学及其构成体系 (20)
　　1.2.2　园林美学研究的内容和范围 (37)
　　1.2.3　园林美学研究的任务和方法 (38)
➤ 复习思考题 (39)
➤ 推荐阅读书目 (39)

第2章　园林美及其特征 (40)
2.1　园　林 (40)
　　2.1.1　园林概念 (40)
　　2.1.2　园林的性质及其服务对象 (41)
2.2　园林美及其表现形式 (43)
　　2.2.1　园林美概述 (43)
　　2.2.2　园林美的来源 (44)
　　2.2.3　园林美的特征 (52)
　　2.2.4　园林美的表现要素 (54)
2.3　园林美与园林艺术 (74)
　　2.3.1　园林艺术概述 (74)
　　2.3.2　园林艺术风格 (79)
　　2.3.3　中西园林艺术美比较 (81)
➤ 复习思考题 (84)
➤ 推荐阅读书目 (86)

第3章 园林美的创造 (87)

3.1 中国古典园林美的历程 (87)
- 3.1.1 园林美的生成——秦汉时期 (87)
- 3.1.2 园林美的开拓——魏晋至唐宋 (88)
- 3.1.3 园林美的升华——元明清 (93)
- 3.1.4 当代园林美的创造——新时期 (97)
- 3.1.5 未来园林美的发展趋势 (101)

3.2 园林美创造的基本原则 (103)
- 3.2.1 因地制宜，顺应自然 (104)
- 3.2.2 山水为主，双重结构 (108)

3.3 园林形式美的创造 (112)
- 3.3.1 园林形式美及其要素 (112)
- 3.3.2 园林形式美的基本规律 (114)

3.4 园林美的创造技巧 (124)
- 3.4.1 选址布局 (124)
- 3.4.2 掇山理水 (127)
- 3.4.3 建筑经营 (131)
- 3.4.4 植物配置 (134)
- 3.4.5 楹联匾额 (138)
- 3.4.6 景观营造 (144)

3.5 园林审美意境 (147)
- 3.5.1 意境与园林意境 (147)
- 3.5.2 古典园林意境 (154)
- 3.5.3 现代园林意境 (158)
- 3.5.4 园林意境的审美生成 (162)

➢ 复习思考题 (167)
➢ 推荐阅读书目 (168)

第4章 园林美的鉴赏 (169)

4.1 园林美鉴赏的过程及因素 (169)
- 4.1.1 园林美鉴赏的意义 (169)
- 4.1.2 园林美鉴赏的过程 (170)
- 4.1.3 园林美鉴赏的文化因素 (178)
- 4.1.4 园林美鉴赏的心理因素 (183)

4.2 园林美鉴赏方法探询 (188)
- 4.2.1 园林美鉴赏的方法 (188)

4.2.2　园林美鉴赏的引导 ……………………………………（191）
　4.3　园林单体美的鉴赏 ……………………………………………（197）
　　　4.3.1　园林建筑美 ……………………………………………（197）
　　　4.3.2　假山叠石美 ……………………………………………（204）
　　　4.3.3　园林水体美 ……………………………………………（208）
　　　4.3.4　园林道路美 ……………………………………………（214）
　　　4.3.5　园林小品美 ……………………………………………（218）
　　　4.3.6　园林植物美 ……………………………………………（220）
　　　4.3.7　天时景象美 ……………………………………………（223）
　4.4　名园鉴赏举隅 …………………………………………………（228）
　　　4.4.1　古典名园鉴赏举隅 ……………………………………（228）
　　　4.4.2　当代园林鉴赏举隅 ……………………………………（248）
　➤　复习思考题 ………………………………………………………（258）
　➤　推荐阅读书目 ……………………………………………………（259）
第5章　园林管理与园林美学 …………………………………………（260）
　5.1　园林管理与园林美学的关系 …………………………………（260）
　　　5.1.1　园林管理概述 …………………………………………（260）
　　　5.1.2　园林管理与园林美学的关系 …………………………（263）
　5.2　园林的日常维护与园林美 ……………………………………（265）
　　　5.2.1　植物配置韵律美的日常维护 …………………………（265）
　　　5.2.2　植物的生长变化与园林美 ……………………………（267）
　　　5.2.3　"清洁也是美"的原则 ………………………………（270）
　5.3　园林的更新与园林美 …………………………………………（271）
　　　5.3.1　和谐是一种美 …………………………………………（271）
　　　5.3.2　简单也是美 ……………………………………………（273）
　　　5.3.3　原有特定景观的利用 …………………………………（274）
　5.4　园林美与园林功效 ……………………………………………（274）
　　　5.4.1　园林的主要功效 ………………………………………（274）
　　　5.4.2　现代城市园林的功效 …………………………………（275）
　5.5　园林工作者的美学修养 ………………………………………（277）
　　　5.5.1　园林工作者的素质 ……………………………………（277）
　　　5.5.2　园林工作者美学修养 …………………………………（279）
　➤　复习思考题 ………………………………………………………（282）
　➤　推荐阅读书目 ……………………………………………………（284）

第6章　园林美学的继承和发展 …………………………………………（285）
　6.1　中国古典园林美学概述 ……………………………………………（285）
　　　6.1.1　中国古典园林的生存智慧 ……………………………………（285）
　　　6.1.2　中国古典园林的生态艺术 ……………………………………（288）
　　　6.1.3　中国古典园林的当代价值与未来取向 ………………………（290）
　6.2　园林美学思维的嬗变 ………………………………………………（290）
　　　6.2.1　时代赋予园林美学新的内涵 …………………………………（290）
　　　6.2.2　新时期园林审美意识的转变 …………………………………（291）
　6.3　园林与现代化城市的整体环境艺术 ………………………………（293）
　　　6.3.1　园林美是城市现代化的有机组成部分 ………………………（293）
　　　6.3.2　生态文明视野中的现代城市园林建设 ………………………（294）
　　　6.3.3　和谐社会构建中的都市园林建设 ……………………………（296）
　6.4　用发展的眼光审视园林美学 ………………………………………（297）
　➢　复习思考题 ……………………………………………………………（298）
　➢　推荐阅读书目 …………………………………………………………（299）

参考文献 ……………………………………………………………………（300）

第1章 美学与园林美学概述

[**本章提要**] 美学与园林美学的基本问题,主要是探索在审美客体与主体之间所构成的审美关系里,向主体提供符合发展着的审美需要的客观条件,继续创造着懂得美以及相应地接受真善美教育的主体。本章着重从美的本质和园林美学的构成体系等几方面进行阐述。

1.1 美与美学的基本思想

1.1.1 美

大自然馈赠给我们形形色色的美,人类文明给我们创造了缤纷多彩的美,我们生活在一个审美情趣不断提高的世界中。对于这种令人激动和使人心醉神迷的现象,人们就产生了探究意识。那么到底什么是美呢?美与园林又有什么关系呢?本章节将从以下几个方面进行阐述。

1.1.1.1 美的本质

美的本质问题不是孤立的。它不但涉及美学领域以内的一切问题,而且也涉及每个时期的艺术创作实践及一般文化思想,特别是哲学思想,这一切到最后都要涉及社会基础。像一般社会意识形态方面的问题一样,美的本质问题的提出和解决方式也是受历史制约的,因而,同一问题在不同时代具有不同的历史内容。

就美的本质问题的历史发展来说,它主要是内容与形式的关系以及理性与感性的关系问题。在西方很长时期之内,内容与形式、理性因素与感性因素都是割裂开来的,各个美学流派各有所偏重。到了18~19世纪,德国古典美学才企图使这些对立面达到统一。美学流派之多,对美的本质的看法也不尽相同。但主要的看法有6种:①古典主义——美在物体形式;②新柏拉图主义和理性主义——美在完善;③英国经验主义——美感即快感,美即愉快;④德国古典美学——美在理性内容表现于感性形式;⑤俄国现实主义——美是生活；⑥马克思、恩格斯的美学思想——劳动创造了美的事物。这6种看法的出现大致顺着时代的次序，在发展中存在一定的交叉或互相影响。现简述如下：

(1) 古典主义：美在物体形式

美在物体形式的看法在西方是一个出现最早的看法，也是在很长时期内占统治地位的看法。其理由是：美只关形象，而形象是由感官（特别是耳目）直接感受的，所以只有凭感官感受的物体及其运动才说得上美。就艺术来说，古希腊人一般把美只局限于造型艺术，很少有人就诗和一般文学来谈美，因为用语言来描绘形象是间接的，不是能凭感官直接感受的。由于这个缘故，古代人就想到美只在物体形式上，具体地说，只在整体与各部分的比例配合上，如平衡、对称、变化、整齐之类。古希腊人说"和谐"多于说"美"。

德国古典美学的最大代表之一是康德。他在《判断力批判》里所分析的美也只是由感官直接感觉到的美，也就是物体及其运动的形式美。

(2) 新柏拉图主义和理性主义：美即完善

"美即完善"说与"美在物体形式"说是既有关联又有区别的：关联在于持"美即完善"说者大半同时持"美在物体形式"说，区别在于持"美即完善"说者还要替形式美找出一种名为"理性"的而其实是神学的基础。

这一说的创始人是新柏拉图派。他们把柏拉图的理性说和基督教神学结合起来，认为每类事物各有一个"原型"，而这个原型是上帝在创造世间事物时所发生的一种"目的"。上帝创造每一类事物，都分配给它在宇宙中所特有的一种功能，为了这种功能，它就需要一种相应的形体结构。例如，动物在功能上不同于植物，而在动物之中牛又不同于马，因而在形体结构上各有不同的模样。一件事物如果符合它那类事物所特有的形体结构或模样而完整无缺，那就算达到它的"内在目的"，就叫做"完善"（新柏拉图派有时把它叫做"适宜"），也就叫做美。所以"美即完善"说的哲学基础是有神论和目的论。

理性派所说的"完善"实际上是指同类事物的常态。例如，人既是人，就有人这类事物所共有的常态——五官端正、四肢周全，这就是完善，也就是美；完善的反面是残缺或畸形，也就是丑。这一说主要仍从物体形式着眼，强调美的感性与直接性，所以理性派大半采取"寓变化于整齐"这一形式原则。这一学说是根据目的论的"美即完善"说和"内外相应"说结合在一起，因而带有神秘主义和唯心主义的性质。

(3) 英国经验主义：美感即快感，美即愉快

英国经验主义无论在哲学方面还是在美学方面，在西方思想发展史中都是一个重要的转折点。英国经验派把美的研究重点从对对象形式的分析转到对美感活动的生理学和心理学的分析。他们一方面建立了"观念联想"作为创造想象的根据，另一方面又着重研究人的各种情欲和本能以及快感和痛感，想从此找到美感的生理和心理的基础。这是经验派美学的总的方向。美是（对象）各部分之间的一种秩序和结构，由于人性的本来构造，由于习俗，或是由于偶然的心情。这种秩序和结构适宜于使心灵感到快乐和满足。这就是美的特征。美与丑（丑天然地产生不安的心情）的区别就在于此。所以快感与痛感不只是美与丑所必有的随从，而且也是美与丑的真正的本质。所谓美是指物体中能引起爱或类似爱的情欲的某一性质。这种纯粹生物学的观点忽视了美与社会生活以及与历史发展的联系，显然也是片面的、机械的、简单化的。

(4) 德国古典美学：美在理性内容表现于感性形式

德国古典美学的真正的开山祖是康德。康德对崇高的看法就改变了他对美的看法，从前是美在形式，现在却是"美是道德精神的象征"。

黑格尔在《美学》里曾指出康德所理解的艺术美的内容与形式的统一"只存在于人的主观概念里"，席勒却能"把这种统一体看作理念本身，认为它是认识的原则，也是存在的原则"。这就是说，席勒认识到这种统一体不只存在于主观的思维中也存在于客观的存在中；"通过审美教育，就可以把这种统一体实现于生活"。

由此可见，席勒是德国古典美学由康德的主观唯心主义转到黑格尔的客观唯心主义之间的一个重要桥梁。

(5) 俄国现实主义：美是生活

黑格尔以后，美学的重要发展在俄国。结合到革命民主主义者所进行的农民解放运动的阶级斗争以及在俄国新兴的现实主义文学，别林斯基和车尔尼雪夫斯基都既批判又继承了黑格尔美学的某些方面，发挥了"美是生活"的大原则，从而为现实主义文艺奠定了美学理论基础。

别林斯基肯定了生活本身就是美，而且把美与真紧密联系在一起，这是符合他的现实主义立场的。他认为在内容方面，艺术和哲学并无分别，它们所处理的都是现实的真实；它们的不同在于处理的方式，哲学通过抽象思维而艺术则通过形象思维。"现实本身就是美的，但是它的美是在本质上，在内容上而不在形式上"。车尔尼雪夫斯基明确地指出"美是生活"，他认为形式变，内容可以不变，无论是作为艺术作品的内容还是作为艺术素材

（现实）的内容，因此，艺术就可以成为现实的"代替品"。他没有认识到在艺术创作中，通过艺术家的创造想象和艺术锤炼，内容与形式要经过既互相否定又互相肯定，既互相依存又互相转化的辩证过程，因此，他过低地估计典型化的作用，单就现实一方面来看，将处在素材状态的现实内容和已经艺术处理的艺术作品内容作比较，于是断定艺术美远低于现实美，犹如画的苹果之远低于可吃的苹果。这些结论显然是不能言之成理的。

（6）马克思、恩格斯的美学思想：劳动创造了美的事物

按照马克思的历史观，物质生活的生产方式决定和制约着整个社会生活、政治生活和精神生活的过程。因此，审美意识、艺术活动之类的精神生活过程，便不像唯心主义美学家所说的那样脱离人类物质生活条件而独立。马克思和恩格斯认为，以工具制造为特征的社会生产劳动是人类生活的第一个基本条件，是人的本质及其表现，是人类一切活动的物质基础。人的特殊本质的全部因素都是在劳动的基础上形成和发展起来的，作为人类社会生活一个重要方面的审美和艺术活动也是如此。

在马克思、恩格斯看来，人在生产中，只能改变物质的形态。人通过劳动活动，借助劳动工具使劳动对象发生预定的变化，成为适合人需要的自然物质。用木头做桌子，木头的形状改变了，可是桌子还是木头。物通过劳动而被从外面赋予形式。马克思指出："动物只是按照它所属的那个种的尺度和需要来建造，而人却懂得按照任何一个种的尺度来进行生产，并且懂得怎样处处都把内在的尺度运用到对象上去，因此，人也按照美的规律来建造"[1]。所谓美的规律，存在于人的目的的自我实现和客观事物本身规律的统一之中，并感性地、现实地表现在对事物形式的塑造上。

马克思、恩格斯认为，对形式的审美感知只有在超越粗陋的实际需要之后才有可能。处在野蛮期的美洲部落的神话、传奇、诗歌、典礼上的歌唱、具有军事动员意义的舞蹈、装饰品的制作、贝壳珠带的色彩和图形、工具及武器造型上的对称等，都是在消费者脱离了它最初的自然粗陋状态之后才逐渐产生和发展起来的。尽管这时它们还跟生产劳动需要、公共事务管理和军事行动的需要以及巫术活动等交融在一起，没有从生产的有用性中独立出来，但已经不是仅仅满足自然需要的手段；而是人的意志、智慧的物化，人的精神感觉和情绪的再现，开始具有了人的自我欣赏的意义。从直接功利的观点看来，对象的形式是无关紧要的，它们的价值仅仅在于它们的有用性、它们的内部结构和质量。但当人类超出最初的自然的粗陋需要之后，形式就

---

[1] 马克思，恩格斯．马克思恩格斯全集．第42卷：第97页．

开始具有了独立的价值，通过它的外观而诉诸人的感官，于是便具有了美的意义。

要解决这个问题，我们就要找到那些属性不同、形态各异的万事万物的共同本质，这样才能说明美是什么，才能真正揭示美的本质。马克思主义诞生以后特别是马克思主义哲学为我们揭示美的本质提供了科学的世界观和方法论。马克思主义的美学思想是我们研究美的本质的直接指导思想。

1.1.1.2 美的特征

通过社会实践所达到的合规律性（真）和合目的性（善）的统一，体现出美的内容的客观性与社会性，而美的内容表现形式则是感性的，因而又是具体形象性的。

(1) 美的客观性

物质世界处处存在着美，它只能为实践着的审美主体感受到。在自然领域，浩瀚宇宙、日月星辰、风雨雷电、高山峻岭、江河湖海、树木花草、飞禽走兽，无论是经实践改造过的自然，还是未经实践改造过的自然，都有美的存在。在社会领域，从旧石器时代加工修饰、形态各异的石器、弓箭、陶器，到奴隶社会浑厚凝重的青铜器，到封建社会精巧美观的漆器、瓷器、编织品、金属器具，到现代化生产基地、生活设施、琳琅满目的商品，它们都闪烁着美的感性光辉。人们抗击异族异国侵略凌辱的爱国主义壮举，人们反抗阶级剥削和压迫、推动历史前进的光辉业绩，人们为了真理奋不顾身、永不屈服的凛然正气，都展示出人性中最美好、最亮丽的光芒。

精神领域的美也是客观存在的。人们心灵美实际上是现实美的反映，是现实中人与人之间关系和谐美的反映。而且，心灵美总是要体现在语言美、仪表美、行为美之中。艺术美也是现实美的反映，从来源上可以说它仍是客观的物质性的。但它是经过艺术家审美心理的中介，而后又借一定的物质载体、媒介转化为美的艺术存在，是艺术家审美心理、审美趣味、审美观念、审美理想的物化形式，在其现实存在上是客观的。

(2) 美的社会性

正如只有人类社会出现后才有善一样，美是人类社会出现后才有的，它根源于人类社会实践。自然美也不例外，没有人类社会实践对自然的认识和改造，就没有自然之美。太阳因它给予人类以光明、热量，大地因它给予人类以生息、繁衍，因而是美的。老鼠、苍蝇、蛔虫与人为害，因而是丑的。可见，自然美的社会性是人类实践赋予的，是人类社会的产物。当随实践拓展深入而带来的自然与人类联系日益密切和展开，自然物除了它的物质功利性之外，还可以作为休息、观赏、游戏的对象，进而可以作为愉悦性情的对象，这样就有了有益于人类精神生活的功利性。像山花野草这些没有或很少有物质功利性的东西也成为人们审美的对象，甚至连一些在物质方面对人类有害的东西的某些方面、属性能启迪人的智慧和引起精神上愉悦，也可以成为人们的审美对象，如老鼠的机灵、蝴蝶的舞姿。

自然美有社会性，社会美的社会性更是不言而喻了。

(3) 美的形象性

美作为客观物质的社会存在，它是可感的、具体的、形象的。美的形象，一方面在于它的内容的社会功利性，即有用、有利、有益于社会生活实践，是对实践的肯定，是一种价值；另一方面在于它的质料和形式的合规律性，如对称、均衡、比例、和谐等，二者统一构成完整的形象。

自然中美的形象，作为合目的性和合规律性相统一的形式，是主体在它们身上看到自己的生活，看到自己求真向善的本质力量。否则，单纯的自然是不会有美的形象的，不会在人们心灵产生宁静的或震撼的等各种不同的审美感受。

社会中美的形象，作为合规律性和合目的性相统一的形式，如人类生产活动及其产品，是为人类需要和目的服务的，它们应该是合目的性的；它们之所以满足人类需要，实现人类目的，又因为它们符合客观规律，是合规律的。孔繁森的形象之所以高大完美，是因为他全心全意为藏族人民服务，是先进阶级和政党进行的伟大事业过程中的杰出代表。这美的形象是通过他自己的一言一行逐步树立起来的，直接显露了人性发展方向上最美好的东西，显露了共产党领导干部所应有的艰苦奋斗、无私奉献的高贵品质。

艺术美的形象是艺术家依据自己的审美理想来精心选择、提炼、加工而成的，它比现实美的形象更集中、更典型。从内容上看，外在的现实生活内容经过艺术家内在心灵生活内容的过滤而物化为客观的艺术美的形象内容，因而它已失去了直接物质功利性，仅是一种普泛的精神功利性。从形式上看，艺术美的形象形式虽然是来自现实美的形象的形式，但是这种形式本身不再是直接表现某种现实生活内容的感性形式，而是一种形式美，一种失去对物质功利性直接依存性的、积淀着某种意味的形式。因此，艺术美的形象内容和形式统一的反映，是艺术家的心灵创造的，因而能使这种观念性内容和形式相互渗透、通体融贯，达到高度和谐的统一。

1.1.1.3 美感

美感即审美感受。审美意识的最基本最主要的形式是审美感受（或称审美情感），即狭义的美感。审美感受是其他审美反映形式的基础。审美意识区别于其他社会意识的本质特征，主要是由审美感受的本质特征所规定和制约的。对审美意识的反映特征和心理形式的研究，可以说主要是对审美感受的研究。

审美感受是一种由审美对象所引起的复杂的心理活动和心理过程。在这个过程中，不仅由于审美主体的各种复杂的心理因素以及它们之间的相互作用，而且也由于审美主体本身受着种种个体的特殊条件（如生活经验、世界观、心理特征的个性等）所制约，因此这种心理活动的结果，便不是客观事物简单的、机械的复写和模拟。

关于审美感受中的各种心理因素、心理过程以及它们之间的复杂联系，限于心理学的科学发展水平，现在还很难作出十分严格的科学分析和论证。一般来说，可以肯定的是，感觉、知觉、想象、情感、思维是审美感受中不可缺少的几种基本心理因素。

（1）感觉

感觉是人的一切认识活动的基础，是客观事物在人的头脑中的主观映像。客观事物自身具有多种多样的感性状貌，如各种色彩、声音、形状、硬度、温度等。感觉就是对事物的这些个别属性的反映。只有通过感觉，审美主体把握了审美对象的各种感性状貌，才可能引起审美感受。审美感受中其他一切更高级、更复杂的心理现象，如知觉、想象、情感、思维等，都是在通过感觉所获得的感性材料的基础上产生的。

（2）知觉

在反映事物个别特性的感觉基础上，形成了人们对现实中客观事物、对象和现象的知觉。知觉的主要特点在于，它不只是反映事物的个别特性和属性，而是把感觉的材料联合为完整的形象。知觉以感觉为基础。要知觉一朵红花，必须首先感觉到花的颜色和形状、姿态等个别特征，感觉到的客观事物的个别特征越丰富，对该事物的知觉也就越完整。

人的审美感受，总要以知觉的形式反映客观事物。也就是说，客观事物是作为整体反映在审美主体意识之中的。人通过大脑的作用，依靠多种分析器的共同参与，才能够反映客观对象多种多样的特征和属性，并产生综合的、完整的知觉。

人的知觉，是在社会条件的直接作用和影响之下形成的。在某种程度上，知觉需要由已往的知识、经验来补充。人们过去的经验所形成的暂时联系，在对当前的刺激物的分析综合的心理活动中起重要作用；它影响着知觉的内容。没有过去的经验，对客观对象的感觉便很难构成完整的知觉。主体的经验、知识、兴趣、需要对知觉都有或大或小的作用和影响。不同的人对于同一对象的知觉往往是不同的，甚至同一个人在不同时间地点的条件下，由于主观情绪状态的差异变化，对于同一对象的知觉也可能是不一样的。

总括审美中知觉的活动和特点，首先是它特别注意选择感知对象的形象的特征，使知觉中的感觉因素得到高度兴奋，使对象的全部感性丰富性被感官所充分感受。其次，在审美活动中，知觉因素是受着想象的制约的，想象以各种联想方式加工和改造着知觉材料。在审美感受的心理活动过程中，就一般情况看来，知觉先于想象，但知觉和想象互相作用。或者是特定的知觉引起特定的想象，或者是特定的想象促进了知觉的强度。

（3）联想、想象

联想是在审美感受中的一种最常见的心理现象。审美感受中的所谓见景生情，就是指曾被一定对象引起过感情反应的审美主体，在类似的或相关的条件刺激下，而回忆起过去有关的生活经验和思想感情，这是联想的一种表现形式。联想本身也具有多种形式，一般分为接近联想、类比联想和对比联想3种。它们在审美感受的想象活动中，都有着重要的作用。

接近联想是甲、乙两事物在空间或时间上的接近，在日常生活的经验中经常联系在一起，形成巩固的条件反射，于是由甲联想及乙，而引起一定的情绪反应。如果可以认为，"巴东三峡巫峡长，猿鸣三声泪沾裳"，是猿声触动了人的哀愁，而"两岸猿声啼不住""风急天高猿啸哀""寒猿暗鸟一时啼"是人对自然的情绪的对象化，那么，可见引起社会人的情绪的变化，或表现人的特定情绪状态，接近联想是起了特定作用的。猿猴声或鸟声与人声有接近之处，这样的接近联想，同类比联想、对比联想一样，是文艺创作的"赋比兴"的心理条件，在审美感受中有其重要作用。

类比联想就是一件事物的感受引起和该事物在性质上或形态上相似的事物的联想。例如，艺术作品中用暴风雨比喻革命，用雄鹰比喻战士，便都是运用了这种联想。暴风雨与革命本不相干，但人们在暴风雨的摧枯拉朽的气势中看到了与革命的类似之处，所以，诗人用暴风雨象征革命，人们觉得是合适的。在一般用语中，这种联想运用得很广泛（如风在叫，太阳出来了等）。审美感受中这种联想的特征，是它那由此及彼的推移，以感情为中介，从而具有更浓厚的情感的色调。

对比联想是一种由某一事物的感受引起和它相反特点的事物的联想。它是对不同对象对立关系的概括。在艺术中，形象的反衬就是对比联想的运用。

人在反映客观事物时，不仅感知当时直接作用于主体的事物，而且还能在头脑中创造出新的形象，即使没有直接感知过的事物的形象。这种特殊的心理能力，称为想象。

想象这种心理能力，是人类在长期的劳动实践过程中逐步发生和发展起来的。马克思说："劳动过程结束时得到的结果，在这个过程开始时就已经在劳动者的想象中存在着，即已经观念地存在着。"① 正由于人有这种想象的能力，人的有目的的创造性劳动才成为可能。

想象是一个具有广阔内容的心理范畴。但是艺术创作、艺术欣赏活动的想象与科学的想象是有区别的。审美中的想象，包括观赏风景的各种审美活动中的想象，区别于工程设计等科学研究中的想象的特征之一，是不带直接的功利目的，并伴随着爱或憎等情感，与情感互相作用。例如，杜甫的《对雪》中的名句，"瓢弃樽无渌，炉存火似红"，瓢里没有酒且不说，分明没有火而又觉得炉中似乎有火，这种幻觉的产生，是诗人发挥想象的结果。而这种想象活动的引起，既与他的记忆相联系，也是此时此地的诗人感到孤独和贫困的情绪状态所促成的。制造火炉的设计当然也需要想象，但它恰恰不满足于构成幻想，而是紧紧和怎样才能发热的功利目的结合着。

人们的联想和想象活动与他的生活教养、经验密切相关。各种形式的联想和想象是建立在人类特有的高级神经活动的基础上的，而其内容则是社会生活的复杂联系的能动的反映。联想和想象是能动的，却不是纯主观性的；是自由的，却不是任意性的。联想和想象，不论自觉或不自觉，总是受着客观对象本身的要求所规定和制约。它必然地指向一定的方向，这样才能达到对于对象的审美素质的真正把握。

想象在审美中具有重大作用，成为审美反映的枢纽。早在18世纪，即有美学家认为审美中感觉并不重要，"想象"的愉快才是审美的特征。当时的哲学家都注意过表象本身之间的各种联系，许多著名的作家、艺术家对此也有过不少生动的表述。审美之所以能使人透过对某种对象形式的知觉，直接去把握它的深刻的内容，产生认识与情感相统一的观照态度，主要是凭借和通过审美中想象活动来进行和实现的。

（4）情感

审美感受的一个突出的特点，是它带有浓厚的情感因素。

情感是人对客观现实的一种特殊的反映形式，是人对客观事物是否符合自己的需要所作出的一种心理反应（如感觉、知觉、记忆、思维等，都是

---

① 马克思. 马克思恩格斯全集. 第23卷：第202页.

对客观事物的一种认识活动)。

在审美活动中所产生的情感活动,有时也被称作审美快感;但这容易与生理快感混为一谈。生理快感不过是由生理欲望和冲动得到满足而引起的身心快适,它在本质上是物质性的,而不是精神性的。审美快感则是一种精神的愉悦,它要求的是所谓"赏心悦目",而不是物质情欲的发泄。因此,它是人的一种高级的情感活动。

审美中的情感活动,以对审美对象的感知为基础。一般来说,主体的情感活动与对象的感性形式是密切联系的。在审美中,审美对象引起的感觉、知觉、表象本身就带有一定的情感因素,而在知觉、表象基础上进行的想象活动,更推动情感活动的自由扩展和抒发。所谓"登山则情满于山,观海则意溢于海",就是对古人的审美中情感活动伴随对对象的感知而展开的描述。这也就是"情景交融"的境界。

审美情感虽然总的说来是从美的享受中得到的愉快,但其内容并不是单一的,而是依据审美对象内容的不同而引起不同的情感态度。悲剧所引起的快感与对剧中人物的情感态度(如同情等)不可分割,它与喜剧所引起的快感,如笑等,在本质上便不相同。优美的抒情小调与雄壮的进行曲,其唤起的情感体验也有显著区别。

如前指出,情感是客观对象与自己的关系的主观反映,是主体对待客体的一种态度,因而随着立场观点诸主观条件的不同,随着主体与对象的客观利害关系的不同,具体的情感也有所不同。人们的社会阶级性,在个人生活和教育的不同个性的作用下,渗透于其情感的心理深处的表现形态十分复杂。在人们的日常审美感受中,经常不自觉地表现了种种阶级倾向,就是同一审美对象,对不同时代、不同阶级的人们所唤起的情感态度,既有联系的一面,又有差别的一面,但它在审美感受中都起着重要作用。

(5) 思维

在审美感受中,思维的地位与作用以及思维活动的形式如何,是一个有争论的问题,也是一个更需要继续探讨的问题。

思维是一种在感觉、知觉、表象等感性认识基础上产生的理性认识活动,它是通过概念、判断、推理的形式对现实所作的概括反映。它反映的不是客观事物的个别特征和外部联系,而是客观事物的内部联系。人们通过思维达到对事物本质的认识,因此,和感觉、知觉、表象等对客观事物的直接的感性反映比较,它是更深刻、更完全,也可说是更高级的反映。

思维在审美中是有着重大作用的。审美作为艺术地掌握现实的一种方式,即认识和反映现实的一种特殊的形式,具有一般认识功能,能够揭示客观事物的本质。思维是审美中不可缺少的组成部分，不但像再现性强的艺术经常需要经过一定的概念（如绘画、电影）进行审美欣赏，就是一些再现性较弱而表现性较强的艺术（如建筑、音乐、图案画），如果要获得真正的审美效果，仍需思维活动在其中起作用。

总之，一方面，我们应该承认审美心理活动是一个非常复杂的、尚未彻底搞清的问题，还要继续深入地进行研究。在这种研究中，应该充分利用和吸收现代心理学的科学成果。另一方面，我们也必须肯定，对审美心理的研究，只有在辩证唯物主义认识论的指导下，在对美的本质的唯物主义解释的前提下，才能得到真正的科学成果。

1.1.1.4 审美情趣

所谓审美情趣，是指人在审美活动中表现出来的喜欢什么不喜欢什么的情感的倾向性。它不同于某一具体的美感心理过程中的情绪和情感活动，也不同于基于某一具体的美的认识而产生的美感愉快，而是体现在个人审美活动中的一种主观的爱好。

情趣有美丑之分，雅俗之别。凡是高尚的、健康的、文雅的情趣，都是美的情趣；凡是低下的、腐朽的、粗俗的情趣，都是丑的情趣。情趣给人的美感也是多种多样的，有高雅含蓄之美，有诙谐轻松之美，有磅礴壮阔之美，有纤柔小巧之美。

每一个人都有自己特定的情趣。人们根据各自的兴趣爱好，参加各种各样的业余活动。随着社会生活的发展，人们的生活情趣也更加多种多样。就其活动的范围和项目、产生的功能和作用，可以把情趣分为若干类。例如：

属于艺术类的　如唱歌、跳舞、吟诗、作画、书法、摄影、读各种文艺作品、看电影电视、观看各种艺术表演等。

属于体育类的　如打球、赛跑、游泳、滑冰、体操、登山、武术、弈棋等。

属于消遣类的　如猜谜、散步、养花、钓鱼、打扑克、逛公园、出外旅行等。

属于鉴赏类的　如养鱼、集邮、藏画、剪辑、装潢、搜集古玩、采集标本、影集等。

属于实用类的　如养鸡、种菜、烹调、裁剪、缝纫、编织、刺绣、理发、美容、制作家具、装修、家用电器等。

以上的分类，未能包罗无遗，但从此亦可看出人类情趣之丰富多彩。由于各种情趣就其内容来说，都可能是一个无比广阔的天地，因而其功能作用也必然是多种多样的。

英国美学家和教育家斯宾塞曾说："没有油画、雕塑、音乐、诗歌以及各种自然美所引起的情感，人生的乐趣就会失掉一半。"梁启超先生也说："情趣是生活的原动力，情趣丧失，生活便成了无意义……文学是人生最高尚的嗜好。"

美的情趣可以陶冶人的气质，影响人的性格，培养人的高尚情操，提高人的思想认识和艺术修养，还可以增加各种知识，开阔生活眼界，消除身心疲劳，促进身心健康，享受各种娱乐，感受到生活的舒畅愉快。

1.1.1.5 审美创造

（1）艺术创作与审美创造

艺术创作是人类为自身审美需要而进行的精神生产活动，是一种独立的、纯粹的、高级形态的审美创造活动。艺术创作以社会生活为源泉，但并不是简单地复制生活现象，实质上是一种特殊的审美创造。艺术家是艺术创作的主体，其生活积累、思想倾向、性格气质、艺术修养是艺术创作得以顺利开展和最终完成的基础和前提。艺术家创作艺术作品，总是从特定的审美感受、体验出发，运用形象思维，按照美的规律对生活素材进行选择、加工、概括、提炼，构思出主观与客观交融的审美意象，然后再使用物质材料将审美意象表现出来，最终构成内容美与形式美相统一的艺术作品。

艺术创作的动机，大致有以下四大类：泄情动机，兴趣动机，成就动机，私欲动机。在各种各样的创作动机中，只有符合艺术创作活动的审美性质和规律的，才能创作出真正的艺术作品。艺术创作是十分复杂、艰巨的精神劳动，它要求艺术家必须具有高尚的思想情操、深厚的生活积累、丰富的审美经验、出众的艺术才能和娴熟的艺术技巧。

（2）审美意识的创作个性

对于艺术家来说，创作个性的问题具有极为重要的意义。艺术家如果没有自己的创作个性，那么不论他的作品所反映的内容的意义如何重大，无论反映的知识多么丰富，其成果都不可能具有为其他艺术家的作品所不能代替的特殊的美和感染力。一切伟大的艺术家都是由于他们具有自己的鲜明的创作个性，才能对艺术的发展做出独特贡献，用自己与众不同的作品丰富了人类艺术的宝库，使社会的多种多样的审美需要得到满足。

由于客观世界的美只能存在于无限丰富多样的感性具体的形态之中，审美主体对它的感受也是无限丰富多样的，这就使艺术家对客观世界的美的反映，有了发挥他个人主观方面的特点的广大空间。而且艺术家只有使他个人主观方面的特点得到充分发挥,对客观现实的美作出为他个人所特有的独创性的发现,他的作品才是更有审美价值的。例如,荷花作为植物学的对象,不同的植物学家对它的科学认识,绝不会因为植物学家个性的不同而不同。但荷花作为审美反映的对象,不同的画家对它的反映却必然要因为画家创作个性的不同而形成差别。宋画《出水芙蓉》中的荷花和八大山人笔下的荷花,潘天寿笔下的荷花和齐白石笔下的荷花(图1-1至图1-4),其

图1-1　宋画《出水芙蓉》

图1-2　八大山人笔下的荷花

图1-3　潘天寿笔下的荷花

个性的差异是多么明显!正是这种个性差异使得荷花的丰富多样的美,在绘画艺术中得到了多方面的反映,并使欣赏者对荷花的多样的审美趣味得到满足。

但是,不能认为艺术家个人主观方面的任何一种特点都是值得肯定的,都能使他所特有的创作个性获得切合需要的表现。因为,如前文所说,审美意识的个性差异同审美意识所包含的客观普遍的内容是辩证地统一在一起

的。审美意识的个性差异所具有的意义和价值,它存在的合理性和必然性,就在于它是客观存在的无限丰富多样的美的反映形式。审美主体个人主观方面的特点,只有同时又恰好是客观存在的美的一种独特的反映,才能形成真正的创作个性。相反的,如果它不包含客观的美的内容,那么,不论它如何独特,都不可能构成与群众的审美需要相适应的艺术家所特有的创作个性。如果艺术家把创作个性理解为主观随意性的东西,那么他的创作个性难免是一种虚假的创作个性,不具有客观的美学价值。

1.1.2 美学

1.1.2.1 美学思想综述

古今中外许多伟大的哲学家、思想家、艺术家,对美的探索和研究已经有 2000 多年的历史。

图 1-4 齐白石笔下的荷花

美是对人而言的,自从有了人类和人类社会,伴随着人们的生产劳动,人们也就逐渐有了美的意识和美的思想。

中华民族对于美的认识和关于美的思想有着十分丰富的宝贵遗产。中国是一个历史悠久的文明古国,对美的认识从原始社会后期就开始萌芽,初步形成观点、理论要早于西方 300 多年。

公元前 800 年,郑国史官史伯提出和谐为美的观点,确实是十分可贵的。这为中国美学思想的发展历史乃至整个世界美学思想的发展历史写下了光辉的一页。

春秋战国时期的诸子百家中已经有了较丰富的美学思想。鲁国的孔子在中国美学思想史上,是一个承前启后的人物。他对春秋以前美学思想的成果进行了全面总结,提出了许多著名的美学思想。如"文质彬彬,然后君子"较好地说明了形式与内容的适度统一,具有一定的辩证因素,超过了以往的认识水平。又如尽美尽善强调了美与善的高度和谐,又把"尽善"和"尽美"这两个不同的概念区别开来。孔子美学思想的核心是"和",充分表现了他在美学思想上保守的一面,但对后世影响极大。

孟子明确提出"充实之谓美"的主张。又说"耳有同听、心有同静"。尽管孟子的美学观点是为他的政治观点服务的，但他毕竟看到了审美活动，特别是音乐审美活动的特殊性，从而超出了前人。

《乐记》是世界上最早出现的音乐论著，相当完整地体现了美学思想。其中"音由心生；物感心动"一句尤其精彩，是我国最早对音乐产生过程中心物关系的理论概括。

西汉时期王充的《论衡》，魏晋时期陆机的《文赋》、钟嵘的《诗品》，明朝计成的《园冶》，都有很深刻的美学思想。

美学思想表现得最系统的是南朝梁刘勰的《文心雕龙》。《文心雕龙》是我国古代文学理论和文学批评的巨著。刘勰对文艺与现实的关系，文艺的创作与欣赏都有深刻独到的见解，对后世影响也很大。

我国古代特别是漫长的封建社会中出现不少诗品、画品都包含着丰富的美学思想。不过，大都以其独特的散论形式表达各种关于美的思想和美的观点。往往是偶感和随笔，信手拈来，一、二句话讲得很深刻，但显得较零碎，缺乏系统。这些特点与西方的美学思想发展情况有所不同。另外，中华民族运用的美学范畴也与西方不同，如"形似与神似""充与实"等。中国的美学思想主要是建立在我们民族艺术的实践基础上的，有待于我们进一步整理研究。

我国把对美的思想认识上升为系统的理论，把美学作为一门独立的学科来研究，严格说起来是从鸦片战争以后才开始的。

王国维首先介绍了康德、叔本华、尼采的美学思想，然后进行研究。写了《人间词话》等书。梁启超在介绍西方美学思想方面也有不小的贡献。

"五四"时期蔡元培、陈望道提倡美育，在抵制和清除当时遗留下来的尊孔忠君以及崇洋媚外的教育思想上，有着积极的意义。

鲁迅的美学思想是丰富而又深刻的，哺育了一代文艺工作者。20世纪30年代鲁迅、瞿秋白、冯雪峰在介绍马克思主义美学方面做出了不可磨灭的贡献。

周扬在20世纪40年代翻译了车尔尼雪夫斯基的《生活与美学》，在我国产生了广泛的影响。

我国研究美学时间最长、资历最深的是朱光潜先生。他于1925年到英国留学，后又到法国留学。他从研究文学、心理学、哲学而走向研究美学，先后写了《谈美》《诗论》等美学专著，对现代中国的影响较大。

20世纪50~60年代，我国美学界进行了一场大讨论。这场讨论对我国的美学发展起了很大的推动作用，也出现了一批美学新秀，其中最具有代表性的是李泽厚先生。

　　李泽厚先生和蒋孔阳先生从马克思主义的世界观和方法论出发，基本上解决了关于美和美学的一些基本问题。

　　西方对美的认识和关于美的思想虽然晚于中国，但是，他们的美学思想和美学理论的形成及发展很快，成就也令世人瞩目，究其原因主要有两个。第一，他们比较早地甚至一开始就把美和美学作为哲学的一个部分来研究，走了一条捷径。古希腊与罗马大多数的美学家都是哲学家，所以他们研究美，第一个问题就是研究美的本质。而中国关于美的思想一开始就和政治、伦理等思想纠缠在一起，研究的重点不突出。第二，西方从1750年开始把美学作为一门独立的学科加以研究，而中国却是从鸦片战争后才开始的，比西方晚了近100年。

　　西方对美的认识和研究源于古希腊与罗马。代表人物是柏拉图和亚里士多德。

　　柏拉图对美的本质作了哲学思考。他认为美的本质是理式。他所说的理式就是和谐，是一种没有差异和矛盾的理想化的和谐。这种关于美的本质的哲学观点是柏拉图整个客观唯心主义哲学体系的具体表现，对西方美学影响很大，所以后人把柏拉图推崇为西方美学史的鼻祖。

　　亚里士多德是柏拉图的学生，他说："吾爱吾师，吾更爱真理"。他批判了其师柏拉图关于美的理式说，认为美存在客观事物之中。亚里士多德关于美的思想基本上是唯物主义的。他的美学著作有《诗学》和《修辞学》。在西方，《诗学》的影响之深广，几乎没有一部著作能与之抗衡。车尔尼雪夫斯基认为《诗学》是第一篇美学论文，是西方一切美学概念的依据，所以亚里士多德是欧洲美学思想的奠基人。

　　到了黑暗的中世纪，西方美学倒退和停滞，美学成了神学的奴仆，美学走向了禁欲主义。其代表人物是奥古斯丁、托马斯。他们认为美是一种形式的和谐。因为有上帝主宰一切，所以美的形式是和谐，其根本思想是一切为神学服务。

　　但丁是中世纪美学的最后一位代表人物，同时又是文艺复兴时期人文主义美学的先躯。他打破了禁欲主义美学，肯定了美在现实世界之中，美来自人而不是来自神，强调艺术要通过现实生活的真实反映来表现美。在但丁以后，美学便进入了一个新的发展阶段。

　　被恩格斯称作文艺复兴时期巨人之一的达·芬奇，他的美学思想集中表现在他的《论绘画》和《笔记》之中。在这些著述中，传统的神学说教已不存在。他认为美在物体本身，是反映现实的一面镜子。这个时期的美学思想是围绕文艺怎样反映现实人的美这个中心来展开的，因此它是西方的古代美学思想和近代美学思想之间的桥梁。

16~17世纪，西方文艺复兴衰弱以后，出现了两股思潮。一个是法国的古典主义美学，一个是英国经验主义美学。

18世纪法国出现了启蒙主义美学，代表人物有狄德罗等人。狄德罗是唯物主义哲学家、文学家、启蒙运动的思想泰斗，他有专门论美的本质的文章《美之根源及性质的研究》，提出了著名的"美在关系"的理论。

这时德国出现了一个著名的哲学家和美学家，他的名字叫鲍姆嘉通。他的主要贡献是1750年写的一部书，名叫《美学》。他认为美学是研究感性认识和形象思维的学问。从此美学成为一门独立的学科。他把美学与哲学、文学理论区别开来。这在美学发展史上有着重要地位。由于他第一次提出"美学"这一名称，因此在美学史上，后来被推尊为科学美学的创始人和美学之父。从鲍姆嘉通开始，西方美学发展进入高峰时期。

德国的古典美学是西方美学的高峰。代表人物有康德、黑格尔等。他们的特点是赋予美学以系统的体系。

康德认为美是一种鲜艳的形式，还认为"快感的对象就是美""美感是单纯的快感"。他的美学思想虽然有明显的主观唯心主义和形式主义的色彩，但他以强大的美学思维冲破了理性主义与经验主义的思想壁垒，为美学发展开拓了新的境界。他的许多观点直接影响了黑格尔。

黑格尔是西方美学的集大成者。他写了三大卷的美学著作，这是美学思想发展史上的巨著。他认为"美是理念的感性显现"，并且辩证地认为客观存在与概念协调一致才形成美的本质。黑格尔的美学体系是建立在唯心主义基础之上的，同时他的辩证法也是不彻底的。但是他的美学思想代表了马克思主义美学产生以前的美学最高成就，是马克思主义美学的理论来源之一。

19世纪俄国的美学思想是以车尔尼雪夫斯基、别林斯基、杜勃留洛波夫斯基为代表的民主主义美学。

车尔尼雪夫斯基写的《生活与美学》批判了黑格尔的唯心主义美学，提出了著名的"美是生活"的思想，把唯物主义美学推到了一个新的阶段。

1.1.2.2 美学的基本范畴

每一门科学都有其自身的范畴，也就是一门科学中最一般和最基本的概念，它是人们对客观世界认识的结晶。

（1）美

美是美学基本范畴中的根本范畴。以美为中心的范畴构成了美学的一般理论。揭示美的本质和根源构成了整个美学的基础，前文已对美作了较多的叙述。

(2) 崇高

最早提出崇高这一概念的是古罗马时期的朗吉弩斯，在美学中真正树立崇高独特地位的是德国哲学家康德。

崇高是美的一种表现形态。人类争取真与善达到统一的实践过程是动态的，其形式是严峻的、冲突的，人们在观照这种严峻的、冲突的动荡过程时，获得一种矛盾的、激动不已的愉悦，崇高对象就是在这种关系中呈现出来的。崇高不是静态的美而是动态的美，以内容和形式的不和谐、不统一为基本特点。在这里，人的本质力量显现，呈现为实践主体迫使现实客体与之趋向统一的过程。崇高的美学特征在自然界和人类社会中的表现形态，既有基本的共同性，又有各自的某些特殊性。自然界的崇高，以量的巨大和力的强大而显现出人的感官难于掌握的无限大的特性。人类则以征服自然改造自然显示人类的崇高。社会崇高感的特点是由恐惧转向愉悦，由惊叹转化为振奋。社会崇高的本质是推动历史前进的代表人物。英勇、伟大、豪迈、英雄主义是社会崇高的同义语。社会崇高可以表现为悲剧式主人公的毁灭，也可以是正剧式主人公的胜利，表现为颂歌式的壮美。

(3) 悲

悲，亦可称悲剧、悲剧性，是同崇高有密切联系而又互有区别的一个范畴。

历史上最早出现的悲剧，源于古希腊人的酒神颂歌。日常生活中的悲和美学中的悲的范畴是不同的。前者的范围广泛（如挫折、失败、不幸、死亡等）；后者范围小，实际上是以艺术中的悲剧为主要对象。

悲剧的美学特征表现为人的本质力量的实践主体暂时被否定而最终被肯定，代表历史发展方向的实践主体暂时受挫折而终将获得胜利。

我们要注意的是中国悲剧如《赵氏孤儿》，还有《窦娥冤》等具有自己的民族特色，不宜用西方悲剧格式去硬套。

(4) 滑稽

作为美学范畴的滑稽，亦可称为喜、喜剧、喜剧性。它的典型形态是艺术中的喜剧、漫画、相声之类，以引人发笑为特点或特征。

滑稽的本质特征，不是通过丑对美的暂时压倒来揭示美的理想，而是在对丑的直接否定中突出人的本质力量的现实存在。

讽刺和幽默的界线有时较难划清。

讽刺是以真实而夸张或真实而巧妙之类的手段，极其简练地把人生无价值的东西撕破给人看，引发人们从中得到否定和贬斥丑的精神和情感愉悦。漫画是进行讽刺最为明显而有效的一种艺术形式。

幽默是喜剧的一种独特形态，它不像讽刺那样辛辣，只是把内容和形式中美与丑的复杂因素交合为一种直率而风趣的形式外化出来。

幽默中的讽刺意味是轻微的。幽默突出地反映了人们洞察事物的本质和坚信历史发展趋向的乐观精神，这是幽默鲜明的美学特征。

(5) 优美

优美是实践主体与客观现实的和谐统一所显现出来的美。优美以比较单纯直接的形态表现了现实对实践的肯定，它是现实与实践、真与善、合规律性与合目的性之间相互交融的辩证统一。它是在与丑的抗争中显现人的本质力量的美的形态，它本身排除了丑，并与自身之外的丑相比较而存在。优美最根本的美学特性是"和谐"，这一点中外美学家都加以肯定。和谐经常突出地表现为合目的性的理想与合规律性的完美性浑然交融，也较明显地体现在优美对象内容与形式的统一关系上。

社会生活中的优美，偏重于内容，突出地体现着真与善的和谐统一。自然中的优美，则偏重于形式，体现实践与自然规律的和谐统一。

以上这些基本范畴，表现在现实生活中的具体审美对象上，往往是互相联系、彼此渗透又相互转化的。正因为这样，世界才呈现出极其复杂多样、各具特色的美，从而引起人们的美感也是多种多样的。

1.1.2.3 美学的研究任务和方法

美学研究的任务和方法，是根据美学的研究对象、基本问题，以及学科性质所决定的。美学的研究任务除了它作为一门学科，应揭示和阐明审美现象，帮助人们了解美、美的欣赏和美的创造的一般特征和规律，进一步完善和发展美学学科本身，并从而提高人的审美欣赏能力外，针对当今社会，它尤其还要提高人的精神，促使人生审美化，亦即海德格尔所说的"诗意地栖居"。美学是一门超世俗功利的学问，它反映了人的终极关怀和追求。但它又与哲学不同，它把这种终极关怀和追求融入诗意之中，用生动感人的形象去打动人的情感，因而它更易被人所接受。

美学研究的方法是多元的。既可以采取哲学思辨的方法，也可以借鉴当今其他相关学科的研究方法，例如，经验描述和心理分析的方法、人类学和社会学的方法、语言学和文化学的方法等。

1.2 园林美学的基本观点

1.2.1 园林美学及其构成体系

1.2.1.1 园林美学

园林美学是一门什么样的学科？能不能成为一门独立的科学？我国目前已有许多学者正在探索之中。为了能更好地把握园林美学的基本知识，以便使园林美学尽快在理论上有一套完整的体系，先搞清以下两个问题是有益的。

（1）关于园林的概念

园林是人类社会实践的产物，是造园思想的物化形态。

园林的渊源很早，西方园林有2000多年的历史，中国园林的历史更悠久。园林这两个字的广泛使用是从中华人民共和国成立以后才开始的。从园林产生和发展的历史来看，不同的历史时期，不同的民族，不同的国家对园林这个概念的使用是不同的。如中国历史上曾出现过"囿""苑"与"园"等不同的名称。到宋代才正式出现以园林为书名的字样。日本则称"造园"。美国习惯用"风景（Landscape）"这个概念。美国使用"风景"的概念主要受欧洲的影响。园林概念的不同名称反映了园林在不同的发展阶段上内容和形式的变化，也反映了不同的民族、不同的文化传统对园林的认识和影响，同时也反映了园林从低级到高级、从简单到复杂的发展过程。

园林的名称可以不同，但其本质是共同的。园林一开始就是社会实践的产物，这是共同的。园林一开始就与人类社会的物质生产不可分割，并且随着人类社会物质生产实践的发展而发展变化。原始社会，人类的物质生产能力低下，人们生活资料的获得已经相当困难，是不会想到建造园林的。只有当社会的物质资料的生产发展到一定的程度，并且出现了与之相适应的精神财富的时候，才有可能逐渐产生供人安乐享受的园林。正如马克思说的："人们只有解决了吃、穿、住等基本的生活条件后，才有可能从事其他的如政治的、宗教的、艺术的活动"。这一历史唯物主义的基本原理对于我们研究园林美学的理论是十分重要的。

从园林的最初形态看，可以说它是生产实践的直接产物。从种植刍秣（喂牛马的草料）和狩猎的场地到专种植物和圈养动物的"囿"是由于生产和生活的需要而产生，似乎看不到它们与造园思想的联系。历史唯物主义又告诉我们:社会存在决定社会意识、社会意识对社会存在具有巨大的能动作用。人们的生产是有目的、有意识的实践活动。当时人们是有目的、有意识地在发展生产,所以"田"和"囿"的出现绝不是任意的、偶然的,而是人们长期生产和生活实践的经验积累。事实上奴隶社会出现的狩猎场地,是帝王巡猎和消遣的活动场所(图1-5)。因此,园林的最初形态实际上是人们生产意识的反映,也是人类生活实践经验的物化。当然那时还谈不上完整的造园思想。造园思想的产生、丰富和完善直接依赖社会实践的不断发展。

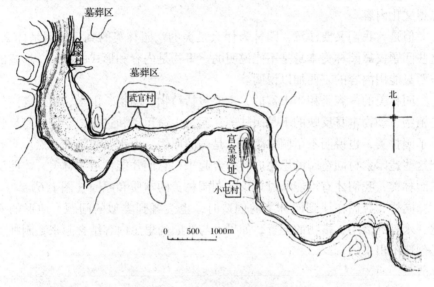

图1-5 殷墟总平面图

所以,园林一开始也是造园思想的反映,只不过低级的园林是低级的造园思想的反映,高级的园林反映高级的造园思想。

随着人类文明的发展与进步,人类对园林功能的要求不断扩大和提高,园林的内容和规模也就随着丰富和扩大起来。随着社会文化和艺术的发展,园林也充实了文化的成分和显示出艺术的风貌。人类生产的发展和科学技术的进步扩充了建造园林的素材,提供了先进的造园手段和造园技术。园林和造园思想及社会实践,这三者的内在联系越来越紧密。所以,从本质上说园林是社会实践的产物,园林是造园思想的物化形态。

(2)园林美

园林美是园林美学的基本的和重要的概念。它和园林的概念一样,在园林美学中占有重要地位。

园林美是园林思想内容的外部表现方式。具体地说,园林美是园林的思想内容通过艺术的造园手法用一定的造园素材表现出来的符合时代和社会审美要求的园林的外部表现形式。

园林美的规律与美的规律是统一的。马克思说："人是按照美的规律来塑造物体的"。同样人们是按照美的规律来创造园林的，而按照美的规律创造出来的园林才是美的。美的规律就是有目的、有意识、自由的、创造性的实践活动的规律。园林美虽然是园林的表现形式，但它直接反映了人们有目的、有意识、自由地创造园林的实践活动，同样具有深刻的社会历史内容和思想文化内容。

但是，我们又要注意，园林为什么是美的？园林美的真正原因是什么？这些问题仅靠园林美本身是不能说明的。事物是内容和形式的统一，形式的东西只能用内容的东西加以说明。

园林美的内容是相当丰富的，主要包括植物、动物、山水、建筑等。但是植物、动物本身反映的不是园林美，而是生命运动和进化。它们本身反映不了园林美，也说明不了园林为什么是美的原因。山水、建筑等亦然。只有把这些造园素材同造园的思想内容结合起来，它们才能构造园林美，才能反映园林美，我们才有可能通过现象找到园林美的本质和原因（图1-6）。

同样，我们在谈到园林美的创造时，也会碰到类似的问题。地形的变化、水景的借用、植物的配置，如果不与造园的思想内容结合起来，园林美是创造不出来的。

图1-6　上海明代园林古猗园——不系舟景区

园林凝聚着上层建筑和意识形态的灵魂。离开了特定的民族文化、风俗和地域等具体的社会历史内容，那么这些造园素材和造园手法就成了毫无意义的东西，所谓"七分主人、三分匠人"说的就是这个道理。所以，只有从造园的思想内容出发，才能真正说明什么是园林美，人们为什么会感到园林是美的。就以植物造景为例，我国园林植物造景直接反映了造园思想中的传统文化，善于寓意造景，选用植物常与比拟、寓意联系在一起。如竹，因有"未曾出土先有节、纵凌云处也虚心"的品格，又有"群居不乱，独立自峙，振风发屋不为之倾，大旱干涸不为之瘁。坚可以配松柏，劲可以凌霜雨，密可以泊晴烟，疏可以漏明月，婵娟可玩、劲挺不回"的特色，被喻为有气节的君子，表达了人们一定的思想感情，所以人们才会感到美。不管是莫干山自然状态的竹，还是各个园林中人工种植的竹，都表达了这种深远的含义。世界上许多国家的人们都喜欢花草树木，人们对花草树木的鉴赏，也从形式美升华到意境美。在相互交往中常用花木来表达感情。如紫罗兰表现为忠实、永恒；百合花表现为纯洁；翠柳表现为情意绵绵等举不胜举。这种美感多由文化传统逐渐形成，当然不是一成不变的，古今中外各有偏爱，其思想内容是十分丰富的。

面对同一个园林，会出现有人说美，有人说不美的情况。这就涉及园林美的另一个问题，即园林美是主观的还是客观的。

园林美虽然是园林的形式，但它却是客观的存在，是不以人们的主观意识为转移的。园林美就其本质而言，是社会历史的产物，是社会实践的产物，是社会实践过程中人类思维的物化表现方式。社会历史的客观性、社会实践的客观性、人类思维活动的客观性决定了园林美的客观性。

与园林美的客观性相联系的是园林美的标准问题。园林美的标准问题最容易使人产生误解，似乎标准就是一致、统一，没有统一，没有一致，就没有标准。这是把园林美的标准绝对化了，也否定了园林美的客观性。

首先，园林美的标准是客观的。这是园林美的客观性决定的。园林都是一定历史条件下的造园思想的产物，因此园林的美与不美主要的是看它是否反映了一定的社会历史内容，是否符合时代的审美要求和审美心理及审美理想。这同样不是以个人的主观印象为转移的。

其次，园林美的标准不是一成不变和僵死凝固的。社会历史的发展决定了园林美的标准的变动性。不同的历史发展阶段决定了园林的不同内容，同时也决定了园林美的不同标准。就是在同一个历史阶段，由于地域不同、民族不同、国家和社会制度不同、阶级不同，那么反映这些客观内容的造园思想也不同，园林美的标准肯定不会一致。这些不同是社会历史发展的客观必然，恰恰说明了园林美的标准的客观性质。园林美标准的社会性就是它的客观性，二者是辩证统一的。

了解什么是园林美、园林美的客观性和园林美的标准的客观性是十分重要的。它能帮助我们掌握评价园林和园林美的正确方法，使我们就不会用今天的标准去评价古典园林，也不会用东方的标准去评价西方园林。在欣赏园林美的时候，我们就会从简单的朴素的美感上升到高级的思辨的美感境界。

(3) 关于园林美学

基本弄清"园林"和"园林美"这两个概念以后，再来理解什么是园林美学就有了一定的基础。

纵观中外园林发展的历史。从我国殷周时期开始囿的形式的出现，到东晋以后的自然山水园，到唐宋时期的文人写意山水园，到现代园林的新形式——城市公园；从巴比伦的空中花园到现在美国的国家自然风景公园；从静态园林到动态园林；从意境园林到生态园林；从美国迪斯尼的主题公园到德国的抽象园林。形态各异、趣味横生，体现了五彩缤纷的各种流派的造园艺术和造园思想。其中我国明代造园专家计成所著的《园冶》，是有关园林艺术的专著；著名画家潘天寿的《画论》也以其独特的散论形式表达了各种有关自然美、艺术美的见解和观点。

园林美学是关于园林的学问和理论的科学。但是，园林美学不是关于全部园林的学问和理论的科学，因为园林的功能是多方面的。主要有以下几个方面：

园林的生态功能 即提高环境质量，保持生态平衡的功能。

园林的社会教育功能 即对社会实践和人们的思想发生影响作用，用哲学的语言来说就是反作用。特别是现代园林这种作用就更大。

园林具有提供人们休息和业余活动场所的功能 即审美功能。

园林还有其他功能。如发展旅游事业的功能，体现国家、民族及社会精神面貌的功能。社会在发展，园林的功能也在不断扩大。

园林美学是关于园林的共性、本质和园林审美功能方面的科学。园林美学不能代替整个园林学，就像政治经济学不能代替经济学一样。园林美学只是园林学中的一个重要部分。这个部分的主要任务是要揭示园林美的本质及其发展规律，也要揭示园林审美关系中的一些基本问题。这样看来园林美学是关于园林美的理论体系或者说是关于园林美的本质及其规律的科学。这样的定义似乎太表面化，它不能深刻地反映出园林美学的思辨性质。

园林美学实际上是关于造园思想的理论体系。完整地说园林美学是关于造园思想的产生、发展及其规律的科学。

造园思想的内容相当丰富，它包括造园中的审美意识、审美理想、审美心理过程、审美标准以及造园的艺术思想等。

园林美学在揭示造园思想的产生、发展及其规律的时候，应当把造园思想放到广阔的社会历史领域里加以研究，因为造园思想的出现不是任意的，不是凭空产生的。任何一种造园思想的产生、变化、发展都要受到当时社会的经济、政治、文化、思想的制约和影响，特别是受到社会的生产方式和社会历史形态的制约和影响，还要受到造园者本人生活经历、思想情绪的制约和影响。所有这些都是园林美学研究过程中的根据和出发点，要给予充分的注意。因此，园林美学的历史性和社会性是比较明显的。

在研究园林美学的时候要注意以下几个问题：

第一，园林美学主要不是研究什么样的园林是美的，而是要研究为什么这样的园林是美的，要研究隐藏在园林现象背后的东西。

第二，园林美学主要不是解决园林中美与丑的比较和关系，而是要解决园林现象中为什么会出现美与丑的原因。

第三，园林美学中可以介绍一些不同流派的园林的美学特征。但要注意园林美学不是古今中外各种园林的比较学，园林美学的任务是要说明园林的不同流派的美学特征的原因何在。

(4) 美学与园林美学的关系

美学和园林美学是既有联系又有区别的两门学科。

美学与园林美学都与哲学有着密切的联系——美学和园林美学的客观性和社会历史性是一致的，因此两者都属于社会科学；——美学和园林美学的一些基本范畴虽有区别，但美学中的一些基本范畴，如美、崇高、优美等在园林美学中是基本适用的；——美学和园林美学都是要揭示事物的本质及其规律，因此两者的思辩性质在本质上是一致的。

美学和园林美学的区别也是比较明显的——美学是以艺术为中心的研究整个人类对现实的审美关系，美学研究的内容涉及人类社会每个领域。而园林美学是以造园思想为中心的研究人对园林的审美关系，它研究的内容虽然较广泛，但不是涉及人类社会的每个领域，而主要涉及园林的历史存在；——美学是研究一般规律的，园林美学是研究具体规律的；——美学和园林美学各自的任务也不同。美学的根本任务从根本上说要从世界观和方法论上解决美的本质和人对现实的审美关系。园林美学当然离不开世界观和方法论，但其主要任务是帮助人们认识园林的本质和园林的审美功能。因此，我们可以说美学和园林美学的关系很像哲学和具体科学的关系。美学给园林美学提供世界观和方法论的指导，园林美学的研究成果反过来又极大地丰富和完善美学的理论内容。

（5）中西方园林美学比较

①人工美与自然美：中、西园林从形式上看其差异非常明显。西方园林所体现的是人工美，不仅布局对称、规则、严谨，就连花草都修整得方方正正，从而呈现出一种几何图案美，从现象上看西方造园主要是立足于用人工方法改变其自然状态（图1-7）。

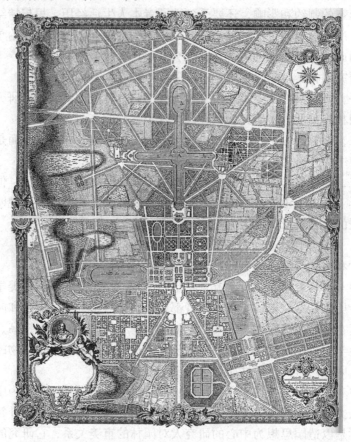

图1-7　凡尔赛宫总平面图

中国园林则完全不同，既不求轴线对称，也没有任何规则可循，相反却是山环水抱、曲折蜿蜒，不仅花草树木呈自然之原貌，即使人工建筑也尽量顺应自然而参差错落，力求与自然融合，"虽由人作，宛自天开"（图1-8）。

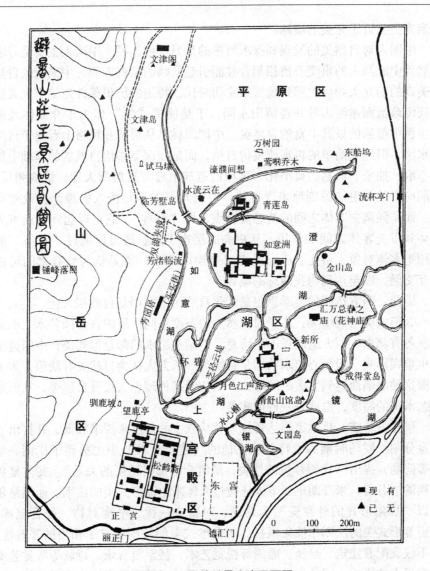

图 1-8 承德避暑山庄平面图

②人化自然与自然拟人化：既然是造园，便离不开自然，但中西方对自然的态度却很不相同。西方美学著作中虽也提到自然美，但这只是美的一种素材或源泉，自然美本身是有缺陷的，非经过人工的改造，便达不到完美的境地，也就是说自然美本身并不具备独立的审美意义。黑格尔在他的《美学》中说到："美是理念的感性显现"，所以自然美必然存在缺陷，不可能升华为艺术美。而园林是人工创造的，它理应按照人的意志加以改造，才能

达到完美或近于完美的境地。

中国人对自然美的发现和探求所循的是另一种途径。中国人主要是寻求自然界中能与人的审美心情相契合并能引起共鸣的某些方面。中国人的自然审美观的确立大约可追溯到魏晋南北朝时代，特定的历史条件迫使士大夫阶层淡漠政治而遨游山林并寄情山水间，于是便借"情"作为中介而体现湖光山色中蕴涵的极其丰富的自然美。中国园林虽从形式和风格上看属于自然山水园，但绝非简单的再现或模仿自然，而是在深刻领悟自然美的基础上加以萃取、抽象、概括、典型化。这种创造却不违背自然的天性，恰恰相反，是顺应自然并更加深刻地表现自然。中国人审美不是按人的理念去改变自然，而是强调主客体之间的情感契合点，即"畅神"，它可以起到沟通审美主体和审美客体之间的作用。从更高的层次上看，还可以通过"移情"的作用把客体对象人格化。庄子提出"乘物以游心"就是认为物我之间可以相互交融，以至达到物我两忘的境界。

因此，西方造园的美学思想是人化自然而中国则是自然拟人化。

③形式美与意境美：由于对自然美的态度不同，反映在造园艺术上的追求便各有侧重。西方造园虽不乏诗意，但刻意追求的却是形式美；中国造园虽也重视形式，但倾心追求的却是意境美。西方人认为自然美有缺陷，为了克服这种缺陷而达到完美的境地，必须凭借某种理念去提升自然美，从而达到艺术美的高度，也就是一种形式美。

早在古希腊，哲学家毕达哥拉斯就从数字的角度来探求和谐，并提出了黄金分割。罗马时期的维特鲁威在他的《建筑十书》中也提到了比例、均衡等问题，提出"比例是美的外貌，是组合细部时适度的关系"。文艺复兴时期的达芬奇、米开朗琪罗等人还通过人体来论证形式美的法则。而黑格尔则以"抽象形式的外在美"为命题，对整齐一律、平衡对称、符合规律、和谐等形式美的法则作抽象概括。于是形式美的法则就有了相当的普遍性，它不仅支配着建筑、绘画、雕刻等视觉艺术，甚至对音乐、诗歌等听觉艺术也有很大的影响。因此，与建筑有密切关系的园林更是奉之为金科玉律。西方园林那种轴线对称、均衡的布局，精美的几何图案构图，强烈的韵律节奏感都明显地体现出对形式美的刻意追求。

中国造园则注重"景"和"情"，"景"自然也属于物质形态的范畴。但其衡量的标准则要看能否借它来触发人的情思，从而具有诗情画意般的环境氛围即"意境"。这显然不同于西方造园追求的形式美，这种差异主要是因为中国造园的文化背景。古代中国没有专门的造园家，自魏晋南北朝以来，由于文人、画家的介入使中国造园深受绘画、诗词和文学的影响。而诗和画都十分注重于意境的追求,致使中国造园从一开始就带有浓厚的感情色彩。清王国维说:"境非独景物也,喜怒哀乐亦人心中之一境界,故能写真景物、真感情者谓之有境界,否则谓之无境界。"意境是要靠"悟"才能获取,而"悟"是一种心智活动,"景无情不发,情无景不生"。因此造园的经营要旨就是追求意境。

一个好的园林,无论是中国或西方的,都必然会令人赏心悦目,但由于侧重不同,西方园林给我们的感觉是悦目,而中国园林则意在赏心。

④必然性与偶然性:西方造园遵循形式美的法则,刻意追求几何图案美,必然呈现出一种几何的关系,如轴线对称、均衡以及确定的几何形状,如直线、正方形、圆、三角形等的广泛应用。尽管组合变化可以多种多样、千变万化,仍有规律可循。西方造园既然刻意追求形式美,就不可能违反形式美的法则,因此园内的各组成要素都不能脱离整体,而必须以某种确定的形状和大小镶嵌在某个确定的部位,于是便显现出一种符合规律的必然性。

中国造园走的是自然山水的路子,所追求的是诗画一样的境界。如果说它也十分注重于造景的话,那么它的素材、原形、源泉、灵感……就只能到大自然中去发掘。越是符合自然天性的东西便越包含丰富的意蕴。因此,中国造园带有很大的随机性和偶然性。不但布局千变万化,而且整体和局部之间也没有严格的从属关系,结构松散,以至很难把握它的规律性,正所谓"造园无成法"。甚至许多景观都有意识地藏而不露,"曲径通幽处,禅房草木生""山穷水尽疑无路,柳暗花明又一村""峰回路转,有亭翼然"这都是极富诗意的境界。

中西相比,西方园林以精心设计的图案构成显现出其必然性,而中国园林中许多幽深曲折的景观往往出乎意料之外,充满了偶然性。

⑤明晰与含混:西方园林主从分明,重点突出,各部分关系明确、肯定,边界和空间范围一目了然,空间序列段落分明,给人以秩序井然和清晰明确的印象。主要原因是西方园林追求的形式美,遵循形式美的法则显示出一种规律性和必然性,而但凡规律性的东西都会给人以清晰的秩序感。另外,西方人擅长逻辑思维,对事物习惯于用分析的方法以揭示其本质,这种社会意识形态大大影响了人们的审美习惯和观念。

中国造园讲究的是含蓄、虚幻、含而不露、言外之意、弦外之音,使人们置身其内有扑朔迷离和不可穷尽的幻觉,这自然是中国人的审美习惯和观念使然。与西方人不同,中国人认识事物多借助于直接的体会,认为直觉并非是感官的直接反应,而是一种心智活动,一种内在经验的升华,不可能用推理的方法求得。中国园林的造景借鉴诗词、绘画,力求含蓄、深沉、虚幻，并借以求得大中见小、小中见大，虚中有实、实中有虚，或藏或露、或浅或深，从而把许多全然对立的因素交织融会，浑然一体，而无明晰可言。相反，处处使人感到朦胧、含混。

⑥入世与出世：在诸多西方园林著作中，经常提及上帝为亚当、夏娃建造的伊甸园。《圣经》中所描绘的伊甸园和中国人所幻想的仙山琼阁异曲同工。但随着历史的发展，西方园林逐渐摆脱了幻想而一步一步贴近现实。法国的古典园林最为明显。王公贵族经常在园林中宴请宾客、开舞会、演戏剧，从而使园林变成了一个人来人往、熙熙攘攘、热闹非凡的露天广厦，丝毫见不到天国乐园的超脱尘世的幻觉。

羡慕神仙生活对中国古代的园林有着深远的影响，秦汉时代的帝王出于对方士的迷信，在营建园林时，总是要开池筑岛，并命名为蓬莱、方丈、瀛洲以象征东海仙山，从此便形成一种"一池三山"的模式。而到了魏晋南北朝，由于残酷的政治斗争，使社会动乱分裂，士大夫阶层为保全性命于乱世，多逃避现实、纵欲享乐、遨游名山大川以寄情山水，甚至过着隐居的生活，这时便滋生出一种消极的出世思想。陶渊明的《桃花源记》便描绘了一种世外桃源的生活。这深深影响到以后园林。文人雅士每每官场失意或退隐，便营造宅院，以安贫乐道、与世无争而怡然自得。因此与西方园林相比，中国园林只适合少数人玩赏品位，而不像西方园林可以容纳众多人进行公共活动。

⑦唯理与重情：中西园林间形成如此大的差异是什么原因导致的呢？这只能从文化背景，特别是哲学、美学思想上来分析。造园艺术和其他艺术一样要受到美学思想的影响，而美学又是在一定的哲学思想体系下成长的。从历史上看，不论是唯物论还是唯心论都十分强调理性对实践的认识作用。公元前6世纪的毕达哥拉斯学派就试图从数量的关系上来寻找美的因素，著名的"黄金分割"最早就是由他们提出的。这种美学思想一直顽强地统治了欧洲几千年之久。它强调整体、秩序、均衡、对称，推崇圆、正方形、直线……。欧洲几何图案形式的园林风格正是在这种"唯理"美学思想的影响下形成的。

与西方不同，中国古典园林滋生在中国文化的肥田沃土之中，并深受绘画、诗词和文学的影响。由于诗人、画家的直接参与和经营，中国园林从一开始便带有诗情画意的浓厚感情色彩。中国画，尤其是山水画对中国园林的影响最为直接、深刻，可以说中国园林一直是循着绘画的脉络发展的。

除绘画外，诗词也对中国造园艺术影响至深。自古就有诗画同源之说，诗是无形的画，画是有形的诗。诗对于造园的影响也体现在"缘情"的一面。中国古代园林多由文人画家所营造，不免要反映这些人的气质和情操。这些人作为士大夫阶层无疑反映着当时社会的哲学和伦理道德观念。中国古代哲学"儒、道、佛"的重情义、尊崇自然、逃避现实和追求清净无为的思想汇合一起形成一种文人特有的恬静淡雅的趣味、浪漫飘逸的风度和朴实无华的气质和情操，这也就决定了中国造园的"重情"的美学思想。

总之，从整体上看，中、西方园林由于在不同的哲学、美学思想支配下，其形式、风格差别还是十分鲜明的。尤其是15～17世纪的意大利文艺复兴园林和法国古典园林与中国古典园林之间的差异更为显著。

1.2.1.2 园林美学构成体系

关于园林美学的构成体系实际上即造园体系，国际风景园林师联合会1954年在维也纳召开的第四次大会上，英国造园家杰利克在致辞时把世界造园体系分为：中国体系、西亚体系和欧洲体系。

(1) 中国体系：典雅且精致

中国园林的雏形最早出现在汉代。《西京杂记》记载西汉文帝第四子、梁孝王刘武喜好园林之乐，在自己的封地内广筑园苑。其中"兔园"，其园中山水相绕，宫观相连，奇果异树，珍禽怪兽毕备。魏晋南北朝时期，老庄哲学得到发展，隐逸文化盛行，士大夫钟情山水，竞相营建园林以自乐，私家园林一时勃兴。北魏首都洛阳出现了大量的私家园林，成为我国第一次私家造园的高潮。当时的园林虽已基本具备山水、楼榭、植物等造园要素，但园林不仅是游赏的场所，甚至作为斗富的手段，造园艺术尚处粗放阶段。西晋石崇的金谷园，是历史上著名的私家园林。唐代是我国历史上一个国力鼎盛的时代，园林的发展也达到一个新的高度，与当时的文化艺术并驾齐驱，园林创造追求诗情画意和清幽、典雅、质朴、自然的园林景观，著名诗人、画家王维与辋川别业是那个时代的典型，并对后世产生深远的影响。宋代徽宗在汴京兴建了中国历史上规模最大的人工假山——艮岳。由于宋代重文轻武，官员多半文人，私家造园进一步文人化，促进了"文人园林"的兴起，特别是江南园林的发展，已基本形成自己的独特风格。明清两代，园林的发展由宋代的盛年期升华为富于创造的成熟期，特别是江南园林艺术达到了典雅精致、趋于完美的境界，出现了一大批具有典范意义的园林，皇家园林如"颐和园"、"承德避暑山庄"（图1-9），私家园林如拙政园、留园、何园、个园、瞻园、寄畅园、豫园、网师园等（图1-10）。

(2) 西亚体系：植物和水法

西亚体系，主要是指巴比伦、埃及、古波斯的园林。它们采取方直的规

图 1-9　皇家园林——承德避暑山庄

图 1-10　私家园林——网师园

划、齐正的栽植和规则的水渠，园林风貌较为严整，后来这一手法为阿拉伯人所继承，成为伊斯兰园林的主要传统。

西亚造园历史，据童寯（我国当代建筑学家、建筑师、建筑教育家）教授考证，可追溯到公元前，基督圣经所指"天国乐园"（伊甸园）就在叙利亚首都大马士革。伊拉克幼发拉底河岸，远在公元前 3500 年就有花园。传说中的巴比伦空中花园，始建于公元前 7 世纪，是历史上第一名园，被列为世界七大奇迹之一。

相传,国王尼布甲尼撒二世为博得爱妃的欢心,比照宠妃故乡景物,命人在宫中矗立无数高大巨型圆柱,在圆柱之上修建花园,不仅栽植了各种花卉,奇花常开,四季飘香,还栽种了很多大树,远望恰如花园悬挂空中。支撑花园的圆柱,高达75英尺[①],所需浇灌花木之水,潜行于柱中,水系奴隶分班以人工抽水机械自幼发拉底河中抽来。空中花园(图1-11)高踞天空,绿荫浓郁,名花处处。在空中花园不远处,还有一座耸入云霄的高塔,以巨石砌成,共7级,计高650英尺,上面也种有奇花异草,猛然看去,比埃及金字塔还高。据考证,这就是《圣经》中的"通天塔"。空中花园和通天塔,虽然早已荡然无存,但至今仍令人着迷。

图1-11 传说中的巴比伦空中花园

作为西方文化最早发源地的埃及,早在公元前3700年就有金字塔墓园。那时,尼罗河谷的园艺已很发达,原本有实用意义的树木园、葡萄园、蔬菜园,到公元前16世纪演变成巴比伦空中花园。比较有钱的人家,住宅内也均有私家花园,有些私家花园,有山有水,设计颇为精美。穷人家虽无花园,但也在住宅附近用花木点缀(图1-12)。

古波斯的造园活动,是由猎兽的围逐渐演变为游乐园的。波斯是世界上奇花异草培育最早的地方,以后再传播到世界各地。公元前5世纪,波斯就有了把自然与人造相隔离的园林——天堂园,四面有墙,园内种植花木。在西亚这块干旱地区,水一向是庭园的生命。因此,在所有阿拉伯地区,对

---

① 1英尺=0.3048m

图 1-12　埃及的蒙塔扎宫花园

水的爱惜、敬仰，到了神化的地步，水也被广泛用于造园。公元 8 世纪，西亚被伊斯兰教徒征服后的阿拉伯帝国时代，他们继承波斯造园艺术，并使波斯庭园艺术又有新的发展，在平面布置上把园林建成"田"字，用纵横轴线分作 4 区，十字林荫路交叉处设置中心水池，把水当做园林的灵魂，使水在园林中尽量发挥作用。具体用法是点点滴滴，蓄聚盆池，再穿地道或明沟，延伸到植物根系。这种造园水法后来传到意大利，更演变到鬼斧神工的地步，每处庭园都有水法的充分表演，成为欧洲园林必不可少的点缀。

（3）欧洲体系：规整而有序

欧洲体系，在发展演变中较多地吸收了西亚风格，互相借鉴、互相渗透，最后形成自己"规整而有序"的园林艺术特色。

公元前 7 世纪的意大利庞贝，每家都有庭园，园在居室围绕的中心，而不在居室一边，即所谓"廊柱园"，有些家庭后院还有果蔬园。公元前 3 世纪，希腊哲学家伊壁鸠鲁筑园于雅典，是历史上最早的文人园。公元 5 世纪，希腊人从波斯学到了西亚的造园艺术，发展成为宅院内布局规整的柱廊园形式，把欧洲与西亚两种造园系统联系起来。

公元 6 世纪，西班牙的希腊移民把造园艺术带到那里，西班牙人吸取伊斯兰教园林传统，承袭巴格达、大马士革风格，以后又效法荷兰、英国、法国造园艺术，又与文艺复兴风格结成一体，转化到巴洛克式。西班牙园林艺术影响墨西哥以及美国。古罗马继承了希腊规整的庭院艺术，并使之和西亚游乐型的林园相结合，发展成为大规模的山庄园林。公元 2 世纪，哈德良大帝在罗马东郊始建的山庄，由一系列馆阁庭院组成，园庭极盛，号称"小罗马"。庄园这一形式成为文艺复兴运动之后欧洲规则式园林效法的典范。

其最显著的特点是,在花园最重要的位置上一般均耸立着主体建筑,建筑的轴线也同样是园林景物的轴线;园中的道路、水渠、植物均按照人的意图有序地布置,显现出强烈的理性色彩。

欧洲其他几个重要国家的园林基本上承袭了意大利的风格,但均有自己的特色。

法国在15世纪末由查理八世侵入意大利后,带回园丁,成功地把文艺复兴文化包括造园艺术引入法国,先后在巴黎南郊建枫丹白露宫园、巴黎市内卢森堡宫园。路易十四于1661年开始在巴黎西南经营凡尔赛宫(图1-13),到路易十五世王朝才全部告成,历时百年,面积达1500hm^2,成为闻名世界的最大宫园。

图1-13　法国凡尔赛宫鸟瞰图

英国在公元5世纪以前,作为罗马帝国属地,萌芽的园林脱离不了罗马方式。首见载籍的是12世纪英国修道院寺园,到13世纪演变为装饰性园林,以后才出现贵族私家园林。文艺复兴时期,英国园林仍然模仿意大利风格,但其雕像喷泉的华丽、严谨的布局,不久就被本土古拙纯朴风格所冲淡。16世纪的汉普敦宫是意大利的中古情调(图1-14),17世纪又增添了文艺复兴布置,18世纪再改成荷兰风格的绿化。18世纪中叶以后,中国造园艺术引进英国,趋向自然风格,由规则过渡到自然风格的园林应运而生,被西方造园界称作"英华庭园"。之后,这种"英华庭园"通过德国传到匈牙利、沙俄和瑞典,一直延续到19世纪30年代。

图 1-14　英国的汉普顿宫

图 1-15　纽约中央公园

此外，美国园林值得一提。从 17 世纪初，英国移民来到新大陆，同时也把英国造园风格带到美洲大陆，美国独立后逐步发展成为具有本土特色的造园体系。1857 年在纽约市中心由奥姆斯特德（Olmsfed）修建美国第一个城市大公园——中央公园（图 1-15）。开创了现代城市公园运动。造园作为一项职业，在美国影响深远，并使美国今日"风景园林 Landscape Architecture"专业处于世界领先地位。

1.2.2 园林美学研究的内容和范围

（1）传统园林美学研究的内容

园林史 主要研究世界上各个国家和地区园林的发展历史，考察园林内容和形式的演变，总结造园实践经验，探讨园林理论遗产，从中吸取营养，作为创作的借鉴。从事园林史研究，必须具备历史科学包括通史和专史，尤其是美术史、建筑史、思想史等方面的知识。

园林艺术 主要研究园林创作的艺术理论，其中包括园林作品的内容和形式，园林设计的艺术构思和总体布局，园景创作的各种手法，形式美构图原理在园林中的运用等。园林是一种艺术作品，园林艺术是指导园林创作的理论。从事园林艺术研究，必须具备美学、艺术、绘画、文学等方面的基础理论知识。园林艺术研究应与园林史研究密切结合起来。

园林植物 主要研究应用植物来创造园林景观。在掌握园林植物的种类、品种、形态、观赏特点、生态习性、群落构成等植物科学知识的基础上，研究园林植物配置的原理，植物的形象所产生的艺术效果，植物与山石、水体、建筑、园路等相互结合、相互衬托的方法等。

园林工程 主要研究园林建设的工程技术，包括地形改造的土方工程，掇山、置石工程，园林理水工程和园林驳岸工程，喷泉工程，园林的给水排水工程，园路工程，种植工程等。园林工程的特点是以工程技术为手段，塑造园林艺术的形象。在园林工程中运用新材料、新设备、新技术是当前的重大课题。

园林建筑 主要研究在园林中成景的，同时又为人们赏景、休息或起交通作用的建筑和建筑小品的设计，如园亭、园廊等。园林建筑不论单体或组群，通常是结合地形、植物、山石、水池等组成景点、景区或园中园，它们的形式、体量、尺度、色彩以及所用的材料等，同所处位置和环境的关系特别密切。因地因景，得体合宜，是园林建筑设计必须遵循的原则。

（2）当代园林美学研究内容的新变化

当代在世界范围内城市化进程的加速，使人们对自然环境更加向往；科学技术的日新月异，使生态研究和环境保护工作日益广泛深入；社会经济的长足进展，使人们闲暇时间增多，促进旅游事业蓬勃发展。因此，园林美学是一门为人的舒适、方便、健康服务的学科，也是一门对改善生态和大地景观起重大作用的学科，有着更加广阔的发展前途。

园林美学的发展一方面是引入各种新技术、新材料、新的艺术理论和表现方法用于园林营建；另一方面是进一步研究自然环境中，各种自然因素和社会因素的相互关系，引入心理学、社会学和行为科学的理论，更深入地探索人对园林的需求及其解决途径。

（3）园林美学研究的范围

——每一时代的社会生活与各个历史阶段的基本情况；

——审美心理、审美意识、审美标准、审美理想等；

——园林史、园林艺术思想史、园林建筑学和建筑材料学。

1.2.3 园林美学研究的任务和方法

1.2.3.1 园林美学研究的任务

——指导人们科学地、全面地认识园林这一社会现象；

——帮助人们树立正确的园林审美意识；

——培养和发展人们对园林的审美能力；

——使人们充分认识到继承、保护和发展中国园林，即继承、保护和发展中国文化的优秀传统。

1.2.3.2 园林美学的研究方法

（1）理论与实践相结合的方法

在园林美学的研究中要以辩证唯物主义和历史唯物主义为指导，这是研究方法的理论基础。

园林美学的研究要从实际出发，详细占有材料，在对大量事实的研究中形成观点，找出规律，用以指导创造园林的具体实践。既不应该从抽象的概念、定义出发脱离造园实践，也不能停留于经验现象的罗列，而是要从对造园实践的观察、分析、概括上升到理论，再通过造园实践的检验来发展园林美学。

（2）历史与逻辑相统一的方法

园林美学研究必须把历史的方法和逻辑的方法统一起来。因为，园林美学是一门研究在社会实践基础上改变着园林审美现象的科学。园林美学中的各个范畴和规律是随着造园实践活动的发展而历史地产生和形成的。即便是同一个范畴和规律，在不同历史时期也有不同意义。如果园林美学研究不把逻辑的方法和历史的方法统一起来，而是单纯从逻辑上进行研究，那就很容易陷入抽象空洞的概念和推理之中，因而不可能得到真正的科学成果。

➢ 复习思考题

一、简答题

1. 请简要叙述18～19世纪出现的主要美学流派。
2. 为什么说劳动创造了美的事物？
3. 请你说说美感中包括哪几种感觉？
4. 什么是审美情趣？请举例说明现实生活当中人们有哪些情趣活动？
5. 为什么说园林凝聚着上层建筑和意识形态的灵魂？
6. 通过学习请你谈谈园林与美学之间的关系是怎样的？
7. 当代园林美学研究的内容有哪些新的变化？

二、阅读分析题

清朝的康乾盛世是我国封建社会经济、政治、文化的最后一次高潮，兴起了一个皇家造园的高潮，承德避暑山庄就是在这个时期建成的。避暑山庄以朴素淡雅的山村野趣为格调，取自然山水之本色，吸收江南塞北之风光，成为中国现存占地面积最大的古代帝王宫苑。它继承和发展了中国古典园林"以人为之美入自然，符合自然而又超越自然"的传统造园思想，按照地形、地貌特征进行选址和总体设计，完全借助于自然地势，因山就水，顺其自然，同时融南北造园艺术的精华于一身。

承德避暑山庄的建筑布局大体可分为宫殿区和苑景区两大部分。苑景区又可分成湖泊区、平原区和山区3部分。

苑景区的精华基本上在湖区，康熙曾夸耀说，"天然风景胜西湖"。湖区位于山庄东南，面积49.6万 m^2，有大小湖泊八处，即西湖、澄湖、如意泗、上湖、下湖、银溯、镜湖及半月湖，统称为塞湖。湖区的风景建筑大多是仿照江南的名胜建造的，如"烟雨楼"，是模仿浙江嘉兴南湖烟雨楼的形状修的。金山岛的布局仿自江苏镇江金山。

请结合所给材料，试论中国古典园林自然美和人工美的关系。

➢ 推荐阅读书目

1. 美学. [德] 黑格尔. 朱光潜译. 商务印书馆，1986.
2. 美的历程. 李泽厚. 文物出版社，1981.
3. 中国古典园林分析. 彭一刚. 中国建筑工业出版社，1986.
4. 我走过88个城市. 曹正文. 上海文化出版社，2006.
5. 西方美学史. 凌继尧，徐恒醇. 中国社会科学出版社，2005.
6. 江南园林志. 童寯. 中国工人出版社出版，1963.

第 2 章 园林美及其特征

[**本章提要**] 园林是加工或再现自然的风景区,是自然美的重要表现形式。随着社会的发展,今天的园林主要是为众多普通公民服务的,园林已从狭隘的皇族雅士造园转入城市园林化,乃至大地园林化。园林美起源于人类对环境开始产生美的要求并已具备必要的造园能力,是以模拟自然山水为目的,使园林形成一个"可居、可观、可游"的人工生态环境,表现园林的多元美。中西方园林的艺术风格受各自的文化传统影响,有很大的不同,中国园林基本上自然的、写意的、重想象;而西方园林基本上是直观的、重人工、重规律。

2.1 园 林

2.1.1 园林概念

什么叫园林?按字典的解释,是指种植花草树木供人们游赏休憩的场所,也就是用造园艺术手段,加工或再现自然的风景区,是让人类可以在其中惬意游憩玩赏、熏沐骋怀的绿化环境。顾名思义,园林就是要有"园"、有"林",就是要有场地、有植物,是包含植物、山水、建筑在内的绿地布局。汉字中与"园"含义相近的有囿、圃、苑、院、庭、墅 6 个字,这说明了园林在形态方面还包括丰富多姿的绿地布局。

园林的绿地布局主要是通过个体植物的观赏特性,来组织园林的构景意境的。例如,布局首先要安排具有独立观赏意义的单株植物、行道树、绿篱、灌木、树群、花圃、花坛、草坪、草地等,然后再考虑环境变化特点和风景点意境要求,加以有机的组合,这样就构成了具有不同画意的绿地。晋朝陶渊明在《桃花源记》里说:"中无杂树,芳草鲜美"。这就是说,桃花适宜群植远观,而绿荫,又衬托繁花,表达了园林中的借景特点。

至于依据草木特色进行栽植,这又是园林发展中依靠经验所形成的特有规律。如苏州留园多白皮松,怡园多松、梅,沧浪亭遍植箬竹,各具风貌,又与当年园子主人的士大夫思想吻合。又如苏州拙政园的枫杨、网师园的古柏，都是取花木易于繁殖的缘故，现在已成为左右大局的园内胜景。再如西湖满觉陇，一径通幽，数峰环抱，配以桂丛，香溢不散。秋日赏桂时节，游人信步盘桓于此，耳畔又是淙淙泉流，霏霏山气，这花滋馥郁的情景真让人触景生情、流连忘返。

园林布局有许多讲究，像园林种植配置，还要考虑有藏有露等。如小园植树，其具芬芳者，皆宜围墙，以使香雾蔓溢；而芭蕉见风碎叶，宜栽于墙根屋角，且无被人顺墙翻越之忧愁；牡丹香花，向阳尤盛，须植于主厅之南，以坐拥优美花姿。小园栽树，适宜落叶植物，以取寒冬时节叶子疏落的空透，达到以小而可呼、缓步而有序的景致；大园栽树，宜适当补充常绿树种，以使旷处有物、以疏补旷，达到顾盼称雄、相映成趣的主宾效果。又如柳树是装点园林的常见树种，古人诗词中屡见杨柳依依的杰作，柳树也是江南园林常见植物。因柳濒水生色，因此园林内、池塘水榭边常植三五成行柳树，使空间有叶重枝密、光透雨漏之致。北国园林，因面积雄大，即使不种植在江河水岸，也因高柳侵云，长条拂水，柔情万千，别具风姿，为园林生色不少。宋人郭熙有名言，"山以水为血脉，以草为毛发，以烟云为神采"，可见园林依势葱茏、绮丽雅淡的景色之趣。

从文明发展史角度来看，园林的出现显然标明人对自然的征服和支配过程，标明人掌握了自然界的规律，懂得如何利用自然、驾驭自然、欣赏自然，让大自然成为人类劳动和思维的对象，成为人类生活和眷恋的空间。所以，园林是自然美的重要表现形式，表现自然的人化，体现脱离荒蛮山野世界的文明象征，是人们可以登山、涉水、泛舟、垂钓、涉猎、踏青、沐浴、吟诗、作画的情趣世界，又以形态迥异的园林景象让人获得赏心悦目的审美享受。

2.1.2 园林的性质及其服务对象

经过上千年不断经营、逐步完善，园林作为人化的自然艺术，已形成特有的造园技法，这使得园林艺术已经形成世代相传的基本特征，并且以独特的艺术感染力刺激人的五官和身心，从而产生充满主观精神的丰富联想和心神激荡的审美愉悦。由于园林所涉及和研究的对象包括地貌土壤、气候物种、历史人文、城市农村、中西文化、哲学经济等范围，在性质上，园林因此区别于其他人类艺术，通常被认为是社会科学中的自然科学，是改造自然很强烈的特殊科学。

关于园林的服务对象，人们常常从不同的角度来看待、理解它。古典园林的服务对象从一开始就有很大的局限性，因为当时占支配地位的是少数的皇族、达官贵人及一些商贾文人。他们建造园林的出发点只是为了显示财权或用于享乐，因此空间比较局促，建筑密度较高，道路流通量小，古代的士大夫与朋友或眷属常常是三五个至多十几个人在此吟诗赏景，情趣清雅。无论是皇家园林还是私家园林，都只为少数人服务。当今社会，全部皇家园林和绝大多数私家园林已转化为公有园林，已由封闭型、内向型的园林转化为开放型的园林。从封闭型转为开放型，自然会有大量游人涌入，这就使已有的园林呈现超荷载状态，园林亟待发展。这样的园林游客必须限制，因此现在除了举办一些观众面较狭窄的古代文化展览、盆景展览等，一般不适宜举办大型活动。

当前的时代是由传统园林向城市大园林转化的时代，人民群众对园林的需求变了，园林的功能也变了。城市的规模急剧膨胀，人口迅猛增加，高楼林立，城市变成人口集中、生产集中、交通集中的污染集中地。脱离了自然环境的城市人渴望能用园林的方法，创造适于人类生存的自然生态环境。由于城市出现的这一系列变化，城市大型现代园林就顺应城市的需要、顺应现代人的需要应运而生，因为只有大园林才能较好地、较全面地满足城市因上述变化而产生的需求，解决城市延伸带来的热岛效应，这成为今天园林发展的必然趋势。现代园林继承又发展了传统园林，它仍坚持师法自然的基本理论，仍然认为文化艺术是园林的灵魂，但又有所发展、有所前进，这使得园林又被历史性地赋予新的功用，即保护环境、改善环境的功用。

现代城市园林是为众多的普通公民服务的，服务对象在量上的改变必然引起园林在诸多方面质的变化。现代城市园林不仅包括公园，还包括其他所有的城市绿化与美化工程，如街道、广场、动植物园及其他各类专用绿地。突出的特点是从城市全局出发，因地制宜，并注重使用功能。像一些近代或现代兴建的公园，通常面积比较大，设施比较全，不同年龄不同文化的人都可以在这里找到游乐项目，因此这样的园林成为供人们游憩的场所，可以满足人民大众多层次多角度的审美需求，还可以利用其环境开展一些有益的活动。举例来说，各地公园利用季节或地区特点在园内举行花卉、工艺品等展览或开展马戏灯谜等游艺活动。这类特色活动对公园的各项工作还有促进作用，可以做到既丰富人民大众的文化生活，又为公园创造更多的社会效益与经济效益。像上海的长风公园经常进行室内室外、国内国外的综合性花卉艺术博览，让人们了解和欣赏现代园林花卉的发展现状；北京的景山公园常年设立貔貅工艺品展销厅，既让人了解玉器的制作工艺和中国文化的承传方式，又具有很大的景观和经济效益。

园林内涵的扩大，使园林不再是单纯地对一个个园子进行建设，而是要从狭隘的造园转入整个城市的园林化，乃至大地园林化。目前园林建设中改善城市总体生态环境质量是园林发展的新要求，如城市的街头绿化、居住区绿地及城市公园等，可以为城市居民提供方便的、经常性的休憩活动空间，改善整个城市环境，而且还可以增加有关现代科技内容，除了可以适当地举办一些科普展览和讲座外，更应该就园林本身的科学价值、养护繁殖知识和植物与人的关系，作为重点加以展示介绍，以引起人们对园林的重视，增加人们种树养花的兴趣。还可以在满足观赏的同时尽量加大群众的参与性，多辟些活动场地和健身娱乐设施，不仅可以满足群众的要求，而且活动内容的多种多样，可以收到扩展延伸园林文化内涵的效果。

　　园林之所以不同于其他艺术，主要是基于形象特征和游赏功能。现代人作为园林的使用者在趣味层次上的多样化，导致了园林功能上的多样化，功能反过来又影响形式。目前国际上的统计仅公园的类型就有 17 大类，如主题公园，文化、艺术、雕塑公园，历史、古迹公园，体育、康复公园，博览公园，民俗公园等。而城市园林作为塑造城市风貌特点的一个重要手段，在每个城市都要求有自己特征的前提下，也需要以多元化的面貌出现，为城市增色添彩。

2.2　园林美及其表现形式

2.2.1　园林美概述

　　从美学角度划分，园林美属于自然美范畴，但不同于单纯自然的是园林美烙上了鲜明的人类改造大自然的痕迹，是一种特殊的人造美，而且这种特殊使得荒山变绿洲、树木被修葺、猛兽被驯服，使得园林成为人类征服自然、支配自然的象征。由于在中国文化里，营造园林通常被称为"构园"，这"构"字就体现"园以景胜，景以园异"的造园思想，即通过筑山叠石、理水引泉、营造厅堂、栽花植卉，反映人工景观和自然景观的和谐统一，所以园林美还是一种艺术美，可以调动游赏者眼耳鼻身的全部感官，明朝计成在《园冶》里称之为"秀色堪餐"，这足见园林艺术的浓厚感染力。

　　综合起来，园林美有这样 3 层意思：

　　一是以模拟自然山水为目的，把自然的或经人工改造的山水、植物、建筑等物质元素按照一定的审美要求组成园林的整体美。也就是说园林美是通过巧妙构思，将人化物质环境与自然风景合二为一，形成一个集中人化自然的审美整体，又以自然景观、建筑空间、动植物、季节变化等手段来表达审美情趣和人生理想。园林摆脱了一般建筑物所受到的功能上的束缚，表现更多的精神内容，其审美要求远远超过物质功能要求。

二是以体现诗情画意的内容，体现幽静淡雅的文人趣味或旖旎整齐的田园风光，重视对自然精华的摄取，并运用曲折灵活手法形成有形的轴线和多变的景观，表现园林的曲折美。中外园林都将园中小径视作一条把全园景观、建筑串连起来的中心线索，中国园林还注重布置众多似隔却接的空间，让观赏者沿曲折转幽的狭小通道，感受到景观中所蕴含的丰富情致。所谓"曲径通幽处，禅房花木深"，就是表现了园林绰约的风韵。

三是以假山、瀑布、小桥、流水、曲径、奇石以及花卉树木等人化自然景观，和楼、台、亭、榭、阁、轩、堂、斋等人化休憩的建筑区域，使园林形成一个"可居、可观、可游"的人工生态环境，表现园林的多元美。唐代白居易是一位善于描述生态综合效应直接感受的诗人，在他的《冷泉亭记》里写了这样的话："春之日，吾爱其草薰薰，木欣欣，可以导和纳粹，畅人血气。夏之夜，吾爱其泉渟渟，风泠泠，可所蠲烦析酲，起人心情。"所谓"导和纳粹"就是这种园林整体美所营造的生态效应，可以使人的生理与心理得到放松，并产生"起人心情"的诗意灵感。

因此可以理解，园林美是大自然造化的典型概括，是自然美的再现，园林艺术具有融表现、再现于一体的整体特性。园林美又具有裁剪自然千姿百态的曲折多元性，表现在构成园林的多元素和各元素的不同组合形式之中。可以这么说，重视意境的创造、诗情画意的写入，是中国古典园林美的最大特点；追求简洁、豪放、井然有序的形式美是西方古典园林的特色。

2.2.2 园林美的来源

园林的出现和发展，与经济和文化的积淀有着密切的关系，园林美的产生离不开丰富的文化发展土壤，往往融合了诗词、绘画、雕刻、建筑等艺术形式，这使得园林建造不只是造园技术，更多是倾注了人们的思想感情和美学理想。

我国园林艺术发源最早，素有"世界园林之母"的称誉。远在5000多年前，随着刀耕火种的野蛮时代进入到灌溉耕作的文明生产，国家渐渐形成，并出现了按照礼仪制度组织起来的人类活动，构成了最初的城市生活方式。《诗经·郑风·出其东门》里就有关于城市生活的记载："出其东门，有女如云。虽则如云，匪我思存。缟衣綦巾，聊乐我员。"将城东门外的热闹场景，其间城市居民郊游的场面写得十分热烈生动。人口众多和拥挤使身

2.2 园林美及其表现形式

居城市的统治者们日益加深对大自然的怀念,于是开始利用自然山泽、林泉花草、鸟兽鱼虫等进行初期的造园活动,将自然界的山水圈围起来,供帝王狩猎和娱乐享用,也兼作征战演习、军事训练。后来为了观天象、通神明,统治者们又用土堆筑成高台,帝王登上象征高山的高台,便觉得可以通达天上的神明,同时也享受到登高远眺、观赏风景、望察灾祥的奇妙乐趣。所以殷商、周代时期,帝王诸侯建造"美宫室""高台榭"成为一时时尚。至今还可以在中国古代神话里,读到关于西王母居住的瑶池和黄帝所居的悬圃的模样,都是景色优美的花园,这足见园林建设是以"景色优美"为构造主题的。

据古代文献资料记载,中国奴隶社会后期,殷周出现了方圆数十里的皇家园林——囿,如周文王为满足狩猎和通神的需要,营建了一个方圆35km的囿,里面有灵台、灵沼、灵囿等建筑物和珍禽异兽、奇花异草。青山碧水,这正是人们梦寐以求的生活环境,也是中国早期的意识形态在园林中的反映,即天人合一思想、君子比德思想、迹近神仙思想,这些一直影响着中国园林的发展方向,成为品德象征和精神寄托。

秦汉时期,则产生了气势更加宏伟,占地面积达数百里,通过在自然山水环境中布置大量离宫别馆而形成的山水宫苑。例如,秦始皇建造了上林苑,宫殿、园池、台榭蔓延150km;汉武帝又营建了规模更为宏大的甘泉苑,周围270km,苑内宫殿楼台百余处,还在建章宫内开辟了太液池,在池

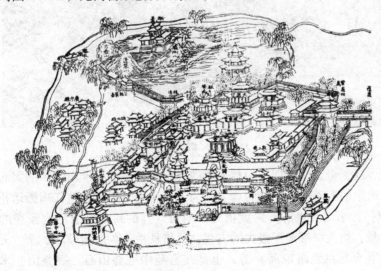

图 2-1 建章宫图

中布置海上三神山——"蓬莱""方丈""瀛洲",开创了三神山的造园手法(图2-1)。

魏晋时期,儒、释、道的思想,导致园林化的寺庙——寺庙园林的产生,皇家园林和宅园也造入了寺中,而此时朴素的山水诗、山水画又带动了文人士大夫园林的发展。例如,大同的北魏云岗石窟,一开始就把庙宇修成园林的形式,有"山堂水殿、烟寺相望"的景色,而陶渊明的"采菊东篱下,悠然见南山"又是那个时代另一种景色,表现了居家美化的园林意趣。

唐宋时代,山水诗、山水画处于颠峰状态,因此写意山水园应运而生。不仅帝王宫苑大为发展,更重要的是私家园林的崛起,并出现了许多由诗人、画家所营建的园林,被称为"诗画、山庄园林"。如唐代著名诗人兼画家王维所营建的"辋川别业"(图2-2)和诗人白居易所营建的"庐山草堂",就是他们以诗画意境所设计的园林。

图2-2 辋川别业

宋、辽、金、元时期,园林艺术的突出成就是叠石堆山艺术的兴起,尤其以宋徽宗的万寿山艮岳最为著名。为了修建这一园林,从江南搬运花石的"花石纲",小说《水浒传》就描写了当时这样的封建官僚巧取豪夺的农民起义背景,给人民带来了极大的灾难,可惜艮岳不久即遭破坏。金、元时的琼华岛(今北京北海琼岛)等,也是在宫苑中堆叠山石,把叠山艺术推到了新的水平。

到了明清时代,写意山水园的发展达到高潮,造园艺术更趋成熟、完

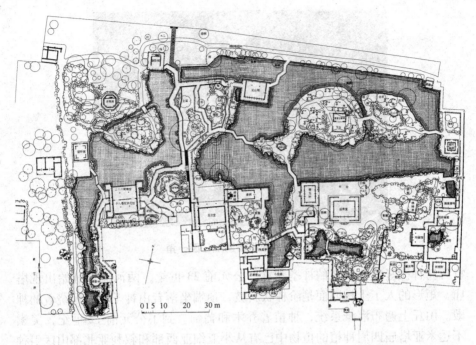

图 2-3　拙政园平面图

美。这一时期是中国古代造园艺术的又一高峰，也是古典造园艺术的一个大总结。如苏州的拙政园（图2-3），明代计成著有《园冶》、文震亨著有《长物志》、清代李渔著有《一家言》等专书和专论。与此同时还出现了米万钟、计成、张涟、张然等造园叠石名家和工匠，"山子张"成了叠山的世袭家族。这一时期的另一大成就是集景式园林的发展和对外来因素的吸收，如北京的圆明园、清漪园、承德避暑山庄等，都争相把全国各地的名园胜景、著名建筑仿建于园内。圆明园中的西洋楼再现了西洋园林建筑，为中国园林增添了新的内容（图2-4）。当时，无论是帝王将相，还是文人士大夫，都在园林中追求着更真实的生命体验，寄托着更多的审美情怀与社会理念。这就使中国园林带有了强烈的象征特色。

　　园林是人工创造的美的户外空间。它起源于人类对环境开始产生美的要求并已具备必要的造园能力，不同内容园林的出现自然也同时证明不同内容园林美感的产生。在世界范围内，古代园林不仅有许多发源地，而且在一个地区和一个民族中，园林的出现也是多源脉的。

　　从世界范围上看，在公元前27世纪的埃及金字塔中就有壁画和镂刻，反映古埃及神庙是园艺事业和推动园林设计的中心，当时每座神庙都包括由

图 2-4　圆明园遗址公园一角

特有树种横竖成行栽成的神圣丛林。公元前 23 世纪，两河流域开始出现塔庙，矩形的人工土丘四面是阶梯状斜坡，顶端坐落着由神圣丛林环绕着的神殿。山丘上遍布灌溉系统，种植着乔木和葡萄。到了公元前 12 世纪，美索不达米亚塔庙四周种植的植物中已有从小亚细亚西部和叙利亚北部山区引种的雪松、黄杨、果树、灌木以及末药等芳香植物。这些园林雏形是直线条、规划式，具建筑风格的，有栽种水生植物的水池或水渠。这种原始的规则式园林在西亚以后的各个历史时期流传下来，并影响整个世界的园林文化。

　　从可考的历史看，西方园林始于古希腊。公元前 8 世纪前，希腊出现了神圣丛林，同时在河流经过的地方出现了水神庙，有石筑的贮水池并让水溢流，在小丘上筑祭台，附近种遮荫树；有的还有雕像加以装饰。同时我们也看到，园林只能出现在社会生产力的发展有了一定的积累之后，在早期必然只有财富的掌握者才能享用。因此为创造更舒适的消闲环境所建造的大型园林，最初的设计必然为满足富有者的审美标准。像公元前 800 多年巴比伦建造的金字塔形、在四面成阶梯状的空中花园，是在塔庙园林形式的基础上形成的。在罗马共和国后期——公元前 1 世纪，意大利的统治者与富豪们拥有许多大别墅，其中有长而直的林荫道、模纹花坛、雕像、池沼、小溪、运河及其他水景，还有用于远眺的高塔。在另外圈起来的大片自然林野中则放养动物供狩猎取乐。

　　到了公元前 5 世纪，古希腊贵族的住宅有了庭园，周围环以柱廊，庭中有喷泉、雕塑，栽有蔷薇、百合等植物。在一些公共场所，有大片绿地，其中有凉亭、小径。古代罗马时期的园林没有大的造作，这些都是地中海和整个希腊文化控制地区以及欧洲园林的主要原型。当古代的科学知识无法解释

2.2 园林美及其表现形式

大自然中为什么一些事物给人带来幸福而另一些却降给人类以苦难时，人们认为其中必定有个万能的主宰者，这个主宰者理当隐藏在大自然中。因此，早期园林审美内容之一是使信仰得到寄托。我们的祖先把大多数自然物看成是有灵魂的，这便是神的由来，人们崇敬日月星辰、河流土地，当然也崇敬大地上的山林树木。由此，庙宇大多建在园林之中，一直发展到近代和现代，形成各种宗教、墓、祠园林的独特形式。

直到15~17世纪，随着文艺复兴，园林才焕发了生机，西方园林形成了意大利、法国、英国3种风格。

意大利盛行台地园林，秉承了罗马园林风格。16世纪后半叶的意大利庄园，在结构上为台地园，格调严整，各层台地之间及各层台地本身的各部分，都能相互联系成为有机的构成部分。贯穿连接各个部分的线索是中轴线，从各个庄园的平面图可以看出明显的中轴线，依着中轴线左右前后对称布局，这显然运用了建筑设计的原则。在内部形式方面，不论是中轴线的，或轴线的延伸部分、风景线、焦点线、局部的构图中心其主体不外乎是理水的形式，或为喷泉、水池、运河、承水槽，或为雕刻品、壁砻等。各种技巧的、别出心裁的、意象上刻意加工的各种理水方式，表明理水的技巧达到了高度的水准。还十分注意光和暗的对比、水的闪烁、水的乐音、水中倒影相互渗透，交织成一幅幅美丽的水景。以水为主题的景色，成为意大利庄园中的主景。如位于罗马东面40km的蒂沃里（Tivoli）城的爱斯特别墅园（Villa D'Este）。该园始建于1549年，它是意大利文艺复兴极盛时期最雄伟壮丽的一个别墅园（图2-5）。它的特点是：①选址优美。在罗马东面远郊区，利用一块缓坡地，古柏树尖参天，在柏树后还可看到遗留的老城残墙，向西望的日落点正好是罗马。这里的春天，大路两旁柏树、冬青挺立，深色的玫瑰与之相衬，红紫荆落花如雨。当时有人对它作了可爱的描述，认为它是意大利别墅园中选址最好的一个。这说明该园选址是与当地环境和周围远处的大环境统一考虑的，取得了很好的联系。②规模宏伟。占地面积大，为200m×265m。自1549年伊波利托·爱斯特（Ippolito D'Este）被教皇保罗三世指定为蒂沃里的地方官起，爱斯特决定在这里修建他的住宅，只有他能获得如此多的土地来建造花园。为了扩建，还拆毁部分村庄，以墙围起，作为保留用地。③布局壮丽。纵向中轴线，从高处住宅往下一直贯穿全园。横向主要有3条轴线，居中的横轴与纵轴交叉处，设一精美的龙喷泉池，是全园的中心所在；在龙喷泉上面的横轴为百泉廊道，廊道东端为水剧场，西端有雕塑；在龙喷泉后面的第三条横轴是水池，水池东端为著名的"水风琴"，总体布局，共有六层台地，高低错落，整齐有序，十分壮丽。

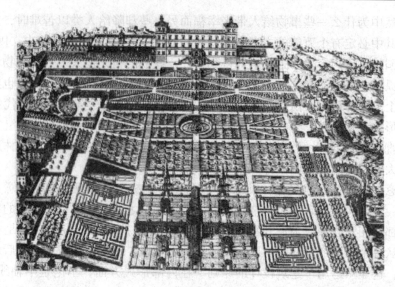

图 2-5　埃斯特别墅园鸟瞰图

意大利文艺复兴时期建筑家马尔伯蒂在《论建筑》一书提出了造园思想和原则，他主张用直线划分小区，修直路，栽直行树。直线几何图形成为意大利园林的又一个特征。

法国园林受到意大利园林的影响，法国人在16世纪效仿意大利的台地园林。到了17世纪，逐渐自成特色，形成古典主义园林。园林注重主从关系，强调中轴和秩序，突出雄伟、端庄、几何平面。法国的凡尔赛宫园林是其代表作（图2-6）。凡尔赛宫园林分为3部分，南边有湖，湖边有绣花式花坛，中间部分有水池，北边有密林。园中有高大的乔木和笔直的道路，皇家大道两旁有雕像，水池旁有阿波罗母亲雕像和阿波罗驾车雕像，表明这座宫廷园林的主题歌颂了太阳神，是积极进取的。这时期的园林把主要建筑放在突出的位置，前面设林荫道，后面是花园，园林形成几何形格网。法国古典主义园林的集大成者是勒诺特尔，他开创了法国园林的特色和新时代。

英国园林突出自然风景。起初，英国园林先后受到意大利、法国影响。从18世纪开始，英国人逐渐从城堡式园林中走出来，在大自然中建园，把园林与自然风光融为一体。早期造园家肯特和布朗都力图把图画变成现实，把自然变成图画。如经布朗改造的布伦海姆风景园（图2-7），其将远处桥的尺度进行了调整，整治了河流景色，使之形成了自然式湖泊景色。他还改造自然，如修闸筑坝，蓄水成湖等。他创造的园林景观都很开阔、宏大。18世纪后半期，英国园林思想出现浪漫主义倾向，在园中设置枯树、废物，渲

图 2-6　法国凡尔赛宫

图 2-7　经布朗改造的布伦海姆风景园自然湖泊景色

染随意性、自由性。

　　欧洲园林是人类文化的宝贵遗产，它大多是方方正正，重视几何图案，不太重视园林的自然性，这跟他们的文化传统讲究理性主义有关。他们修花坛、造喷水池、设计露天雕塑，都体现了人工性，具有很浓的个性色彩。这正如1712年英国作家丁·艾迪生撰文指出，"英国园林师不是顺应自然，而是尽量违背自然，每一棵树上都有刀剪的痕迹""树木应该枝叶繁茂地生长，不应该剪成几何形"，指出了西方园林太注重人工雕凿这个特点。

无论何种角度，园林美的产生是同人类的生活实践分不开的，是自然美、生活美和艺术美三者高度统一而融为一体的过程，包括视觉、听觉、嗅觉、触觉等生理感受和心理感受中的美，是人们拥抱大自然、享受大自然，对人化大自然的客观把握和艺术理解。

2.2.3 园林美的特征

概括园林美的特征，离不开滋生人类丰富的物质和精神的肥田沃土，离不开人类对自然规律、社会规律的发现，离不开体现人类才智的审美感受，离不开艺术欣赏和创造的规律，也离不开不同民族的风物人情。园林美是对园林的审美感受，必须从生理、心理、自然、社会、历史、民族等各个角度去分析"人"这一特定审美主体在造园和游赏中的美学要素。因此通过园林艺术，展现人和自然之间关系的多层和谐性就是园林美的基本特征。就像陈从周先生在《续说园》中所说的那样："风花雪月，客观存在，构园者能招之即来，听我驱使，则境界全出。"园林美的和谐因素建立在园林漫长的发展演变过程，其规模、景象、情调、实用和艺术等造园要素体现了人类再造空间的动静其妙，如诗如画。

大体而言，园林美具有如下5个特征：

(1) 形式性

园林是由各种自然因素和非自然因素构成相对封闭、相对独立的人工环境，具有随势造型、因地制宜地创造优美新巧意境的形式特征。法国伏尔泰在《哲学辞典》里称赞中国圆明园是"涧流之旁，叠石饶有野趣，或突前或后退，咸具匠心，有似天成，非若欧式河堤之石，皆为墨线所裁直者也。其水流或宽或狭，或如蛇行，或似蜿折，一若真为山岭岩石所进退者。水旁碎石中有花繁植，恍如天产，随时令而变异焉。……世传之神仙宫阙，其地沙碛，其基磐石，其路崎岖，其径蜿蜒者，惟此堪比拟也！"显然圆明园自然式的造园形式倾倒了欧洲人，体现了园林艺术比真实山水所呈现的魅力更凝练。

(2) 辩证性

园林中的建筑、植物、山水、石等具有高度生命力的人格化生态化环境，既体现设计师的匠心妙运，又满足人们物质和精神需求，体现人类对自然既征服又协调的辩证关系。园林既不是对自然照搬照套的复制，也不是设计师随心所欲的虚构，而是根据人的意志，把客观物象即自然界美景变成人的审美意象，再由人的审美意象转化成艺术形象即园林。因此，设计师在设计园林时都会倾注对自然的理解，即敬畏和痴情，使园林获得人类生命的灌注。例如，华裔建筑大师贝聿铭设计的苏州博物馆庭院内，每一棵树都有来历和讲究。贝聿铭对树的要求是：姿态要优美，线条要柔和，树站立的位置也有讲究，因为建筑本身是硬的，只有刚柔相济，才能相得益彰。紫藤园内那棵从拙政园院内当年文征明手植紫藤上嫁接过来的紫藤，虬龙盘旋，气派非凡，成为沟通古今的时光隧道，成为苏州文脉的延续象征（图2-8）。

（3）综合性

园林作为一种实用和审美相结合的艺术，由于时代、民族、地域、环境等因素影响而存在表现形式区别，又因优秀造园者的社会实践、

图2-8 苏州博物馆庭院内的紫藤

审美意识、审美经验、审美修养、审美想象、审美理想和审美意趣的不同，使园林艺术呈现了五彩缤纷、美不胜收的风姿，体现了自然因素和人文因素的优化组合。例如，坐落于昆山马鞍山麓的亭林公园，是民国初年兴建的，原为"慧聚寺"旧址，收藏有明代文华殿大学士顾鼎臣的"崇功专祠"及镌刻着林则徐手迹楹联的"林迹亭"等古迹。1939年，为了纪念元末诗人顾仲瑛，由叶恭绰等人组织了"顾园遗址保管委员会"，对顾氏在昆山正仪的故居进行了修葺。但不久，又将一部分遗物移至亭林公园，其中有非常有名的"天竺千叶莲"（即并蒂古莲）。之后又引入了被誉为"天下无双独此花"的琼花，陈设著名的观赏石"昆山石"，并被誉为公园乃至昆山的"三宝"。新中国成立后，园内又建造了顾炎武纪念馆，以陈列清代思想家顾炎武的史料、史迹，这一切使公园不仅疏朗自然、绿荫葱茏，更将各古迹名胜有机地组织起来，成为既有人文景观又有自然风光的公众游憩之地。

（4）空间性

园林艺术的真正价值在于园林空间，空间的大小、开合、高低、明暗的变化具有过渡和收敛视觉的尺度感，所谓"豁然开朗""山重水复""壶中天地""柳暗花明"就是构园的空间效果。例如，江南私家园林，一条条的

花径，一道道的走廊，一座座的桥梁，一堆堆的假山，一片片的池塘，一重重的花墙，一丛丛的花草，一株株的树木，一间间的厅堂楼阁，一式式的亭台轩榭，颇有"路横斜，花雾红迷岸；山远近，烟岚绿到舟"的经年良辰美景。还如北京颐和园中的"湖山春意"，向西望去，可见到近处有西堤和昆明湖，远处有玉泉山和山上的宝塔，更远处还有山峦，层层叠叠，景色如画，空空疏疏，四面生情，真是风花雪月，招之即来。

（5）时景性

古人有"爽借清风明借月，动观流水静观山"之说，即建造园林时不仅要取法自然，更要利用自然。园林艺术巧妙利用自然中变化的日月风雨、春夏秋冬、早晚晨昏，使园林发挥多维空间的艺术境域，由真实的美景结合光影色彩的瞬息万变，形成如诗如画的变化美，体现园林遵循四季次第而建造的景色特征。像杭州的平湖秋月、苏堤春晓，承德避暑山庄的锤峰落照、北枕双峰、南山积雪、四面云山，这些景点吸引游客领会造景的古雅寓意，达到望峰息心、窥谷忘返的观赏效果。

黑格尔曾经说："自然美只是心灵美的反映"，而"艺术对于人的目的，在使他在对象里寻回自我"。作为艺术化的园林美，包括了自然环境和社会环境，体现了生态环境的综合协调的美，体现了人类这一审美主体有意识的自我表现自我欣赏，让人们感受到天然之趣和人的情感的相融相合，获得精神的陶醉和升华。

2.2.4 园林美的表现要素

2.2.4.1 物质生态要素

园林的构建离不开物质要素，像山水、建筑、植物、天时等都是园林的重要构成因素。这些物质元素如果不符合生态环境，必定不伦不类，起不到漫步园林、心旷神怡的审美作用。因此园林建设必须要重视其物质生态要素，要利用各种要素天性，加以合理改造，使园林有款款摇曳，犹如苍古柔美，令人遐想联翩。

（1）造园"四要素"

山、水、建筑、植物，被称为造园"四要素"。我国当代著名古典园林艺术家陈从周在《说园》中说："中国园林是由建筑、山水、植物等组合而成的一个综合艺术品，富有诗情画意。"言简意赅地道出了中国园林艺术的要旨。

春秋战国时期，周文王在长安建灵囿、灵台、灵沼，开始了皇家园林的兴建，已大体上具备了园林的4个基本要素。另据记载，吴王夫差在苏州修建的姑苏台，也已经是一座以游赏为主、功能完备的园林了。汉武帝扩建的上林苑，更是空前绝后，是中国历史上最大的一座皇家园林，山、水、植物、建筑齐备，而且都经过严谨的规划布局。到了唐朝，山水诗和山水画开始影响造园艺术，诗情画意开始渗透到园林艺术中，从利用山水到人工叠山理水，造园"四要素"被参与造园的文人概括、提炼，形成了独特的文人山水园林的风格。

在中国园林历史上，宋代已经完全确立了山水诗、山水画、山水园林互相渗透的密切关系。诗画意境运用到园林艺术中，进一步促进了文人写意山水园的发展，并逐步成为造园艺术的主流。最典型的例子是宋徽宗亲自参与设计建造的"艮岳"，无论是规模还是艺术手法，均可称得上人工山水的极至。北宋时期苏舜钦的"沧浪亭"，更是文人写意山水园的一个典范。元代"文人画"的兴起，山水题材的意兴更加浓郁，"山水"成为文人移情寄兴的对象和文人自我人格与个性的表现，并对明清两代山水画影响极大。

运用造园"四要素"趋于成熟的时期，应该是宋元明清时期，相继出现了一大批综合"四要素"的著名园林，如苏州的狮子林、拙政园、留园、网师园，扬州的个园、何园、小盘谷，无锡的寄畅园、梅园，北京的清华园、萃锦园，广州番禺的余荫山房，上海的豫园……这些园林无不以山、水、建筑、植物为主景，以"四要素"取胜的。

①山：为表现自然，筑山是造园的最主要的因素之一。秦汉的上林苑，用太液池所挖土堆成岛，象征东海神山，开创了人工造山的先例。东汉梁冀模仿伊洛二峡，在园中累土构石为山，从而开拓了对神仙世界向往，转向对自然山水的模仿，标志着造园艺术以现实生活作为创作起点。魏晋南北朝的文人雅士们，采用概括、提炼手法，所造山的真实尺度大大缩小，力求体现自然山峦的形态和神韵。这种写意式的叠山，比自然主义模仿大大前进一步。唐宋以后，由于山水诗、山水画的发展，玩赏艺术的发展，对叠山艺术更为讲究。最典型的例子便是爱石成癖的宋徽宗，他所筑的艮岳是历史上规模最大、结构最奇巧、以石为主的假山。明代造山艺术，更为成熟和普及。明代计成在《园冶》的"掇山"一节中，列举了园山、厅山、楼山、阁山、书房山、池山、内室山、峭壁山、山石池、金鱼缸、峰、峦、岩、洞、涧、曲水、瀑布等17种形式，总结了明代的造山技术。清代造山技术更为发展和普及，造园家创造了穹形洞壑的叠砌方法，用大小石钩带砌成拱形，顶壁一气，酷似天然峭壑，乃至于喀斯特溶洞，叠山倒垂的钟乳石，比明代以条石封合收顶的叠法合理得多、高明得多。现存的苏州拙政园、常熟的燕园、

图 2-9　春　山

图 2-10　夏　山

图 2-11　秋　山

图 2-12　冬　山

上海的豫园，都是明清时代园林造山的佳作。

扬州个园的四季假山是叠石中的精品（图 2-9 至图 2-12），用石笋代表春天，用湖石叠出夏山，夏山全是用太湖石叠成，秀石剔透玲珑。人行其间，只见浓荫披洒，绿影丛丛。秋景则以黄石粗犷豪放的直线表现雄伟阔大的壮观。配置红枫体现秋景。冬山采用了一块块形似小狮子的象形宣石，在叠山时又非常注意因势制宜，使整个冬山高低、疏密、大小相互呼应，远远望去，好像有无数的小狮子在雪中嬉戏，一只只顾盼生情，憨态可掬。使寂寥的冬季充满了无限的生机。所以冬山被人称为"群狮戏雪图"或"雪压百狮图"。

筑山是造园最重要的因素之一。山，由于体量高大，耸峙如屏，本身就美。如土山的不同坡面，可随势种植树木花卉，点缀楼阁亭台，构成不同特色的风景点。石山，可依不同的石材，不同的形状、色彩、纹饰，营造或峭拔凌空，或娇巧玲珑，或悬崖飞石，或洞窟如屋，或峡谷山涧，给人以雄秀奇险的美感，将园林遮挡、分割成不同的空间，引游客登高远眺，游目骋怀，还可回转隧洞，嬉戏题词，趣味无穷。

园林中的山有真有假。北京香山公园，承德避暑山庄，大连的老虎滩公园，都是选择佳山秀水，因而真山和园林山相映成趣。但这样的真山又不同于自然山，入园林的山脉要恰当进行改造，增瀑添溪，种树植草，修亭建阁，重新安排布局，以营造高山流水的趣景。

假山则涉及叠石，这是我国独创的一门建筑艺术，园林假山叠石按位置可分为庭山、壁山、楼山、池山等类型。其中庭山是庭院内的叠石，多在园林建筑前；壁山是依墙壁叠石或就墙中嵌石山，称为贴壁山；楼山以叠石为楼阁基础，池山则是在水中叠石而成。受绘画的影响，我国园林叠石艺术常常展现出山水画的特点，运用写意法，在静而无动的一池死水边叠出斑驳石岸，叠成若干港汊、窟穴、湾头，使人浮想联翩，产生源流无尽的错觉，造成"死"水变"活"的艺术效果。叠石艺术还主张"有林则生，有水则媚，有路则活""横看成岭侧成峰，远近高低各不同"的空间构图。有的叠石还能象形肖物，如前文提到的扬州个园，分别以笋石、太湖石、黄石、宣石堆砌成春山、夏山、秋山、冬山四景；故宫御花园北门东侧一组山石，俏仿十二生肖，寓意天下百姓皆为皇家属民，这是我国园林中体现鲜明个性的杰作。

②水：石涛在《苦瓜和尚语录》中说到园林山川的形貌与精神之间的联系，"山川，天地之形也；风雨晦明，山川之气象也；疏密深远，山川之约径也；纵横吞吐，山川之节奏也；阴阳浓淡，山川之凝神也；水云聚散，山川之联属也；蹲跳向背，山川之行藏也"。这显然说明水是园林的血脉，古人还缘此称水是造园第一要素。我国古典园林的水体形式主要有湖泊、池沼、河流、溪涧，以及曲水、瀑布、喷泉等水型。中国园林里，常常引水入园，开池蓄水，旱园水做，水面随园林的大小及布局情况，或开阔舒展，或流体幽深，使空间充满延伸、变幻的风情。当山石植物与漫延碧水结合一起时，当树木倒影和泉瀑涟漪结合一起时，真有风凉清幽、呦呦鹿鸣的写意。

不论哪一种类型的园林，水是最富有生气的因素，无水不活。自然式园林以表现静态的水景为主，以表现水面平静如镜或烟波浩渺的寂静深远的境界取胜。人们或观赏山水景物在水中的倒影，或观赏水中怡然自得的游鱼，或观赏水中芙蕖睡莲，或观赏水中皎洁的明月……自然式园林也表现水的动态美，但不是喷泉和规则式的台阶瀑布，而是自然式的瀑布。池中有自然的肌头、矶口，以表现经人工美化的自然。正因为如此，园林一定要理池引水（图2-13）。古代园林理水之法，一般有3种：

掩映池岸 以建筑和绿化，将曲折的池岸加以掩映。临水建筑，除主要厅堂前的平台，为突出建筑的地位，不论亭、廊、阁、榭，皆前部架空挑出

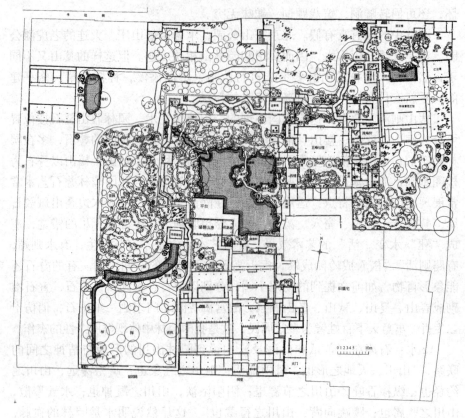

图 2-13 留园平面图

水上,水犹似自其下流出,用以打破岸边的视线局限;或临水布蒲苇岸,杂木迷离,造成池水无边的视角印象。

横断隔水 或筑堤横断于水面,或隔水净廊可渡,或架曲折的石板小桥,或涉水点以步石,正如计成在《园冶》中所说,"疏水若为无尽,断处通桥"。如此则可增加景深和空间层次,使水面有幽深之感。

乱石为岸 水面很小时,如曲溪绝涧、清泉小池,可用堆砌乱石作为池岸,形成怪石纵横、犬牙交错的视觉效果,并配置以细竹野藤、红鱼翠藻,那更似有深邃山野风致的审美感觉,将园林清润、明悦的感觉展现出来了。

山与水之间的关系,古人还有"溪水因山成曲折,山溪(路)随地作低平"的说法,体现水石交融的美妙境界。写情自然山水,将客观存在的蓝本加以艺术加工和提炼,按照特定的艺术构想"移天缩地",在有限的范围内,将水光山色、四时景象、贵贱雅俗等荟萃一处,"纳千顷之汪洋,收四时之烂漫",以借景生情,托景言志,以情取景,情景交融,使人足不出户而领略多种风情，于潜移默化中受到大自然的陶冶和艺术的熏陶。

③建筑：建筑的本质是人造的生活环境，通过综合运用建筑语言——空间组合、比例、尺度、色彩、质感、体型以及某些象征手法等——构成一个丰富复杂如乐曲般的错综组合体系，形成一定的意境，并以其巨大的体积迫使人们产生共鸣和联想，从而表现出强烈的艺术感染力。建筑中为了扩大意境，十分注意建筑物与周围环境的关系，例如，中国园林采用借景、分景、隔景等手法来布置空间、组织空间和创造空间，其建筑物往往具有很大的观赏性，可分亭台楼阁这样的主要建筑、舫榭廊桥塔这样的次要建筑。

古典园林都采用古典式建筑。古典建筑斗拱梭柱，飞檐翘起，具有庄严雄伟、舒展大方的特色。它不仅以形体美为游人所欣赏，还与山水林木相配合，共同形成古典园林风格。

园林建筑物常作景点处理，既是景观，又可以用来观景。因此，除去使用功能，还有美学方面的要求。楼台亭阁，轩馆斋榭，经过建筑师巧妙的构思，运用设计手法和技术处理，把功能、结构、艺术统一于一体，成为古朴典雅的建筑艺术品。它的魅力，来自体量、外型、色彩、质感等因素，加之室内布置陈设的古色古香，外部环境的和谐统一，更加强了建筑美的艺术效果，美的建筑、美的陈设、美的环境，彼此依托而构成佳景。正如明代文震亨所说："要须门庭雅洁，室庐清靓，亭台具旷士之怀，斋阁有幽人之致，又当种佳木怪箨，陈金石图书，令居之者忘老，寓之者忘归，游之者忘倦。"

园林建筑不像宫殿庙宇那般庄严肃穆，而是采用小体量分散布景。特别是私家庭园里的建筑，更是形式活泼，装饰性强，因地而置，因景而成。在总体布局上，皇家园林为了体现封建帝王的威严，和美学上的对称、匀衡艺术效果，都是采用中轴线布局，主次分明，高低错落，疏朗有致。私家园林往往是突破严格的中轴线格局，比较灵活，富有变化。通过对比、呼应、映衬、虚实等一系列艺术手法，造成充满节奏和韵律的园林空间，居中可观景，观之能入画。当然，所谓自由布局，并非不讲章法，只是与严谨的中轴线格局比较而言。主厅常是园主人宴聚宾客的地方，是全园的活动中心，也是全园的主要建筑，都是建在地位突出、景色秀丽，足以能影响全园的紧要处所。厅前凿池、隔池堆山作为观景，左右曲廊回环，大小院落穿插渗透，构成一个完整的艺术空间。苏州拙政园中园部分，就是这样一个格局，以"小飞虹"廊桥连接其他主体建筑，布置了一个明媚、幽雅的江南水乡景色（图2-14）。

古典园林里通常都是一个主体建筑，附以一个或几个副体建筑，中间用

图 2-14 拙政园小飞虹

廊连接，形成一个建筑组合体。这种手法，能够突出主体建筑，强化主建筑的艺术感染力，还有助于造成景观，其使用功能和欣赏价值兼而有之。

常见的建筑物有殿、阁、楼、厅、堂、馆、轩、斋，它们都可以作为主体建筑布置。宫殿建在皇家园林里，供帝王园居时使用。它气势巍峨，金碧辉煌，在古典建筑中最具有代表性。为了适应园苑的宁静、幽雅气氛，园苑里的建筑结构要比皇城宫廷简洁，平面布置也比较灵活。但是，仍不失其豪华气势。还有亭、舫、榭、廊、桥等建筑可以作为副体建筑加以映衬。

第一，亭台楼阁。

亭 是园林建筑物中最常用、最不可少的，故有人称园林为亭园。亭的主要功能是观赏园林景致，其本身为园林中的景物，同时亭也是供人休憩的场所。其建筑形式灵活多样，平面有正方形、长方形、三角形、正八角形、正六角形、十字形、扇形、梅花形等；立面为攒尖顶，单檐、双檐和三重檐。亭以方亭最为常见，因为它简单大方，质朴可观，在园林里山傍桥侧最常用。有名的如北京先农坛西面的陶然亭，安徽滁县琅琊山的醉翁亭，西安兴庆公园里杨贵妃所倚的沉香亭，成都杜甫草堂中的茅亭，长沙岳麓山下的爱晚亭，浙江王羲之醉写《兰亭集序》的绍兴兰亭，北宋苏舜钦修建的苏州沧浪亭等。

台 是一种高而平的建筑物。它或是单独的建筑，或是许多附属建筑物的台基，或为单纯的台基。台有很多特定的作用，有专为眺望游览用的高大平台，有作为传烽举火的台，也有作观测天象用的台，不一而足。一般来说,"台"都是风景秀丽的自然景观与色彩斑斓的人文景观相结合的建筑。现作为旅游景点、供游人观赏的名台有河南登封县城东南周公庙内我国最古老的一座天文台——观星台,汉阳月湖之滨相传是春秋时楚国著名音乐家俞伯牙拨琴的古琴台。此外,像众多的钓鱼台、读书台、观景台、望月台、古炮台、拜将台等,也是我国重要的园林文化遗产资源。

楼 又叫重屋,意思是重叠起来的房屋。楼的具体形制有多种,按年代看,战国时期主要是两层楼建筑,汉代开始五层式望楼;按作用看,有古楼、城楼、民居楼等。归结中国的楼,结构上有挑楼、竖楼、带廊子楼,有二、三、四、五等层楼,楼房屋顶常用歇山顶和硬山顶或用硬山悬山(挑山)顶。有名的如唐诗人王之涣所登的鹳雀楼,北宋政治家文学家范仲淹所抒写的实未登临的岳阳楼,昆明的大观楼,山西万全县的飞云楼,嘉兴的烟雨楼,成都的望江楼,这些楼至今还是旅游胜地。另外,还有钟楼、鼓楼,这是古代城市在市中心或高处修建的楼,也有把钟鼓合建在一座楼上的,叫钟鼓楼。

阁 本是四周有壁、储存什物的房屋,后来逐步发展成与大殿、高楼并提的巨型建筑,作储物、藏书、供佛及登高游览之用。唐代文学家王勃的名作《滕王阁序》中的传世之句"落霞与孤鹜齐飞,秋水共长天一色",写的就是登临南昌滕王阁观赏远景的感受。全国现存的阁数以千百计,建筑形式上,有长方形的、正方形的、八角形的、圆形的等;建筑结构上,不仅有木结构,还有砖石结构的等;建筑材料上,有琉璃的、铜铁铸造的等,如北京颐和园的宝云阁全部用铜铸成。我国各地历史上有名的阁举不胜举,如北京雍和宫万福阁、承德普宁寺大乘阁、汉中的凌霄阁、九江的倚天阁、登州的蓬莱阁、杭州的云汉阁、宁波的经纶阁、福州的澄澜阁、漳州的齐云阁、汀州的天香阁、南阳的升仙阁、贵阳的扶摇阁等。

第二,舫榭廊桥塔。

舫 是仿船的造型而造的水边建筑,又称旱船(图 2-15)。舫的原意是船,一般指小船,下部船体通常用石砌成,上部船舱则多用木构建筑,其形似船。舫建在水边,一般是两面或三面临水,其余面与陆地相连,最好是四面临水,其一侧设有平桥与湖岸相连,有作跳板之意。南方园林中的舫是仿画舫而建成的,分三舱,前舱较高、中舱略低、后舱高起成两层楼,可登高眺望。扬州瘦西湖大门外,大虹桥东南角的石舫,是可以登高眺远的建筑。还可以像苏州拙政园中的香洲,建于水边,形似画舫,并与他岸以桥相接,犹如跳板以登船。

榭 也是园林中的水边建筑,它的突出特点是建于水边,突露出岸,架

图 2-15　苏州狮子林石舫

临水上,故又名"水榭"。古代的榭是台上建屋的意思,后来演变到园林中的借景建筑。一般榭是长方形或略呈方形的单层建筑,建筑格式常用歇山屋顶,结构轻巧,立面开敞。跨水部分由水中的石柱支撑,上架木板,边设栏杆。《园冶》上记载"榭者借也,借景而成者也,或水边,或花畔,制亦随态",说明榭是一种借助于周围景色而见长的园林游憩建筑。辛弃疾在《永遇乐·京口北固亭怀古》里吟咏的"舞台歌榭,风流总被雨打风吹去",写出榭边似水流年的慨叹来,也见出榭作为建筑,在宋朝就已经出现了。

　　廊　指的是厅堂周围的间室。汉魏时已有庭院之间以廊连接的记载,唐大明宫内太液池南岸曾建筑廊数百间,那时廊还不是独立的建筑。直到宋朝,廊才成为园林中独立的观赏建筑,起着建筑间的交通作用。在现在的园林艺术里,廊常被视为导游路线,起着山与水、建筑与建筑间的巧妙过渡作用,既供游人行走、避阳避雨,同时又增加景色。廊下多安坐凳和栏杆,有方便休憩和装饰的功用。廊的形式很多,如直廊、曲廊、复廊、爬山廊、涉水廊、双层廊、万字廊、花廊、游廊等。廊的造型可直可曲,但一般以曲为妙,"廊宜曲宜长则胜",曲廊或随形而变,或依势而曲,多出现于江南园林中,如苏州拙政园的柳荫复曲廊、上海豫园的绿波廊等。

　　桥　是架在水面上连接两岸的建筑物。在园林中既能方便游客跨越园林中的水体,也能连接风景点,点缀景观,丰富水面的层次,增加园林的自然情趣。桥的形式以配合环境、为园境增色者为佳,常见的有曲桥、拱桥、亭桥等,如九江甘棠湖上通烟水楼的曲桥、颐和园的玉带桥、扬州瘦西湖上的五亭桥等。

　　塔　在佛教中原是坟的意思,来源于释迦牟尼圆寂火化后八国国王分取了舍利,并建造塔这样的建筑来供奉舍利。后来建造的塔多用以供奉佛教中高僧的舍利或贮藏珍贵的佛经,塔也因此成为佛教徒的一种拜物,又称佛塔、宝塔。塔在材质上有石塔、砖塔、铁塔、砖木混合塔、琉璃塔之分;立面上有圆形、四方、六面、八面的不同;外观上有单层、密檐、楼阁式、喇嘛式等多种塔型。我国的塔初期为实心塔,不能登临远眺,仅是象征性的纪

2.2 园林美及其表现形式

念物，如嵩山的少林寺塔林。继而为楼阁式，或位于江河之滨，或位于崇山之巅，或围封于古刹之中，如杭州六和塔，高大的外形与重叠的楼阁，与寺庙原有高层楼阁或亭台形式相结合，显得体态匀称，形式整齐。有的塔还装上风铃，以防鸟虫的侵蚀。现在园林中建造的新塔常兼有民用水塔的功能，像上海大观园里的红塔。

园林中的建筑还有组合而成的，如亭桥、廊桥等，并起着组合作用。像北京颐和园效仿杭州苏堤而筑的西堤，上面建有豳风桥、镜桥、练桥、柳桥等亭桥。这些桥在西堤游览线上起着点景休息作用，在远观上打破上堤水平线构图，起着对比造景、分割水面层次作用。有的园林组合建筑还起着入口的作用，像桂林七星岩的廊桥，就是通往入口的公园第一个景观建筑。另外，还有用石头做的特殊的桥——步石，又称汀步、跳墩子。这是最原始的过水形式，最适合浅滩小溪跨度不大的水面，在园林中调集应用，可以形成有趣的跨水小景，发挥古雅情趣作用，也使人走在汀步上，有脚下清流、游鱼可数的亲水感。

一组优秀的建筑作品，犹如一曲凝固的音乐，给人带来艺术的享受，但终究还缺少些生气。园林建筑是构成园林的重要因素，但是要和构成园林的主要因素——园林植物搭配起来，才能对景观产生很大影响。园林中的建筑同绿化结合在一起时，通常要考虑对景与借景、隔景与障景、诱导与暗示、渗透与延伸、尺度与比例、质地与肌理等因素，这些都是建筑绿化中惯用的手法。如果建筑师不顾及周围的园林景观，一意孤行地将其庞大的建筑作品拥塞到小巧的风景区或风景点上，就会导致周围的风景比例严重失调，甚至犹如模型，使景观受到野蛮的破坏，因为建筑的线条往往比较硬直、板滞，而植物线条却较柔和、活泼。因此建筑与园林植物之间的关系应是相互衬托、相互补充、相互坐对的协调关系，使景观获得声光、影形、风香的精妙绝伦。

④植物：是造山理水不可缺少的因素。植物犹如山峦之发，水景如果离开植物也没有美感。自然式园林着意表现自然美，对植物的选择标准，一讲姿美，树冠的形态、树枝的疏密曲直、树皮的质感、树叶的形状，都追求自然优美（图2-16）；二讲色美，树叶、树干、花都要求有各种自然的色彩美，如红色的枫叶，青翠的竹叶、白皮松，斑驳的榔榆，白色的广玉兰，紫色的紫薇等；三讲味香，要求自然淡雅和清幽，最好四季有绿，月月有花香，其中尤以蜡梅最为淡雅、兰花最为清幽。植物对园林山石景观起衬托作用，又往往和园主追求的精神境界有关。如竹子象征人品清逸和气节高尚的君子，有"未曾出土先有节，纵凌云处也虚心"品格，松柏象征坚强和长

图 2-16 拙政园海棠春坞

寿，莲花象征洁净无暇，兰花象征幽居隐士，玉兰、牡丹、桂花象征荣华富贵，石榴象征多子多孙，紫薇象征高官厚禄等。

古树名木对创造园林气氛非常重要。古木繁花，可形成古朴幽深的意境。所以如果建筑物与古树名木矛盾时，宁可挪动建筑以保住大树。计成在《园冶》中说："多年树木，碍箭檐垣，让一步可以立根，研数桠不妨封顶。"构建房屋容易，百年成树艰难。除花木外，草坪也十分重要，平坦或起伏或曲折的草坪，也令人陶醉。

造园"四要素"，不是简单的物质，而是造园者的精神物化，具有时代特征的文化符号。由这"四要素"还构成中国古代园林组景的方式，如对景、借景、夹景、框景、隔景、障景、泄景、引景、分景、藏景、露景、影景、朦景、色景、香景、景眼、题景、天景 18 种。如苏州留园中的石林小院，院北是揖峰轩，院南是石林小屋（半亭），两者相对而观，相距只有 10m，但觉得无别扭之感，这正是因为园中有数立峰，因此相互对视，景时隐时现，较为含蓄。又如苏州怡园的藕香榭向北望，隔池是假山林丛，山上一个亭，即"小沧浪"点缀其间，形成以自然为主的景观，可谓美不胜收；反之，人在亭中观藕香榭，也甚为观止，而且一仰一俯，足现造园者的匠心功夫。

园林艺术中，树木花卉的栽植不仅绿化了环境，而且使环境具有诗情画意，风景常新。宋代郭熙认为，"山以水为血脉，以草为毛发，以烟云为神采。"合理的园林植物配置可以使园林"一丘藏曲折，缓步百脐攀"，俯仰之间，获得富有诗情画意的审美享受。宋代张先词中"云破月来花弄影""娇柔懒起，帘压卷花影""柳径无人，随风絮无影"被誉为"张三影"，其实就是园林植物所营造出的特有氛围，其空间感和声色感扫尽陈言，让人幽思深远。

栽种园林植物，需要运用艺术技法把各种植物的所有要素组合起来，要求植物在形状、色彩、风格等方面统一布局，要求植物栽植的高低、疏密、浓淡、远近、长宽具有交替性和协调性，要求主体和从属植物具有丰富的四季景象变化，以美的形式使园林植物的形象美和基本特性得到最充分的发挥，创造出美的环境。

园林植物是构成园林景物必不可少的要素。例如，有的园林就是以植物命名的，像种植大量柳树烘托主题的"柳浪闻莺"（图2-17），种植大量荷花烘托主题的"曲院风荷"。大到一个城市的总体园林风格也是用绿化来烘托城市主题的，像以杨柳为其主要绿化的扬州有诗云"绿杨城郭是扬州"、南京有诗云"白门杨柳好藏鸦"。高大成片的林木，古木交柯，雄健挺拔，浓郁如盖，还可增添山林浑厚苍劲的气势，增添园林深邃幽奇的情趣。如桂花是我国传统园林花木中的珍品，常栽植于假山之旁、凉亭之际，且多与松树配置，或者大片种植形成"桂花山""桂花坡"等景观。牡丹则常辟为专类集中栽培，亦可与建筑物相配置，构成园林景物或作小区绿化街头小景。若在庭园一角点植几株，宜配以湖石和其他花木，围以矮栏，则很富有画意。月季在园林艺术中常用于布置花坛的重要材料，可以将各色月季品种大量群植，形成专类园，不论大小，都非常美观；若将其点缀于小庭园一隅，再配以山石小品，杂以其他芳香，则可显出如诗的画面，且意境深远。梅花在园林中多以开辟专类园及大片群植于山坡或溪畔，也可点植于庭园一角，配以山石造景，或于山崖巉岩与竹林相伴，或小桥流水处与松为邻。菊花是园林中花坛用花的优良材料，既可盆栽鉴赏，也可植于庭园之隅，或装饰园林。杜鹃花在传统园林建筑中，主要植于古松之下，路旁水边，常绿树前，假山一隅，或群植于林间岩际，山坡草坪之中，花时烂漫如锦，也可辟为专类园，数种混植，都很美观。兰花花叶并茂，香味清幽，色彩脱俗，单株亭亭玉立，多株成丛，摇玉溢翠，若将兰花栽于小型庭园，配以山石野花，情趣十分高雅。山茶枝叶繁茂，四季常青，植于林缘路旁，生长最佳效果好。若旁植假山，可成山石小景；散植亭台、廊榭一侧，则显美观雅致；数种混植，可辟为山茶园，花开时艳丽夺目。荷花花大叶丽，清香远溢，栽植于湖池中，可为园林或庭园增加景色。水仙株丛矮且整齐，开花繁茂而浓香，在园林中可建造花坛，也可植于小径旁、疏林下、草坪边或用作地被植物都很适宜。可见在园林艺术里，大花小花，自

图2-17　杭州柳浪闻莺

有天地，游园观景，宛如融入一幅幅晨露晚霞、秀润鲜丽的画轴长卷之中。

园林植物还可以植物的种植来起到分隔空间或创造安静休憩小空间的作用等。无论居住、宗教、宫廷的园林建筑，自然的植物被引入到人工的建筑环境之中，就能使建筑与庭院绿化相结合，显得生机盎然，也形成了人与自然的亲切交往。《园冶》上说的"梧荫匝地，槐荫当庭；插柳沿堤，栽梅绕屋；结茅竹里"，就是对这种气氛的具体描述。植物的柔软、弯曲的线条还可以打破建筑平直、呆板的线条，植物的各种色调还可以调和建筑物的色彩气氛，产生生动的景观效果。

盆景是园林植物的特殊栽种方式，被称为无声的诗、立体的画、生命的艺雕，缩龙成寸，以小观大，具有"一勺则江湖万里，一石则太华千寻"的效果（图2-18）。中国盆景大体有五大流派：苏派、扬派、岭南派、海派、川派。作为重要的园林布置，以树桩作盆景，重剪裁技巧，截枝蓄干，看重整体构图布局，造型或苍劲雄浑，或潇洒轻盈，富有山林野趣，形似大树缩影，追求回归自然，表现刚劲挺拔、飘逸豪放的意境。虽是缩小的种植艺术，但也要任其自然，就像明朝文震亨在《长物志》中所说的那样，"或水边石际，横偃斜披；或一望成林；或孤枝独秀"，具有宛自天然，不落斧凿的功夫。当然清代龚自珍《病梅馆记》关于文人以病梅为美，扭曲梅花的天性，将梅花框于盆景，这显然是以物寓事的别话，借以抨击时政。

造园"四要素"的有机组合使山水移天缩地、建筑丰富多彩、植物意蕴隽永，人的创造性得到最大限度的发挥，从而构成了变化无穷的景色，这是我们的先人创造的最具民族代表性的艺术成就之一，也是我们打开中国古

图2-18 盆 景

2.2 园林美及其表现形式

典园林艺术殿堂之门的钥匙,值得研究和借鉴。

(2) 天时

天时,本意是气候条件。在园林艺术中,天时显然指植物的种植和生长条件。宋朝沈括在《梦溪笔谈·采草药》里"缘土气有早晚,天时有愆伏",说的就是天气对植物的多种影响,对采摘取用植物作药材有十分重要的影响。中国农历的二十四节气就是农事实践的归纳,汉朝《逸周书·时训》里又分一年为七十二候,每候五天,如"立春之日东风解冻,又五日蛰虫始振,又五日鱼上冰。雨水之日獭祭鱼,又五日鸿雁来,又五日草木萌动。惊蛰之日桃始华,又五日仓庚鸣,又五日鹰化为鸠。春分之日玄鸟至,又五日雷乃发声,又五日始电"等。

南宋浙江金华的吕祖谦(1137—1181)实测了南宋淳熙七年和八年(1180—1181)两年间金华(婺州)的蜡梅、桃、李、梅、杏、紫荆、海棠、兰、竹、豆蓼、芙蓉、莲、菊、蜀葵、萱草等24种植物的开花、结果时间,这是世界上最早凭实际观测而得到的植物生长记录,后人就由此编制成"二十四番花信风":

小寒	一候梅花	二候山茶	三候水仙
大寒	一候瑞香	二候兰花	三候山矾
立春	一候迎春	二候樱桃	三候望春
雨水	一候菜花	二候杏花	三候李花
惊蛰	一候桃花	二候棠梨	三候蔷薇
春分	一候海棠	二候梨花	三候木兰
清明	一候桐花	二候麦花	三候柳花
谷雨	一候牡丹	二候酴醾	三候楝花

明朝末年,徐光启从利玛窦、熊三拔等外国教士学得了不少西洋的天文、数学、水利、测量的知识,知道了地球是球形的,在地球上有寒带、温带、热带之分等。这些新知识更加强了他的"人定胜天"的观念。他在《农政全书·农本》一章中说:"凡一处地方所没有的作物,总是原来本无此物,或原有之而偶然绝灭。若果然能够尽力栽培,几乎没有不可生长的作物。即使不适宜,也是寒暖相违,受天气的限制,和地利无关。好像荔枝、龙眼不能逾岭,橘、柚、柑、橙不能过淮一样。"徐光启明确指出植物生长过程中天时因素十分关键,为作物合理选择播种时节提供了富有科学精神的分析。

我国地处亚洲东部,大陆性气候显著,冬冷夏热,气候变化剧烈。冬季,南北温差十分悬殊,到了夏季,则又相差无几。秦岭在地理上是黄河、长江流域的分水岭，在气候上是温带和亚热带的分界。苏轼谪居惠州的时候，对岭南四季如春的物候多有描绘，如"罗浮山下四时春，卢橘杨梅次第新。日啖荔枝三百颗，不妨长作岭南人。"（《食荔枝二首》）。而在《石鼻城》里则吟咏道，"渐入西南风景变，道边修竹水潺潺"，写出了南方以竹子为植物标志的特点。王之涣在《凉州词》里诗云，"羌笛何须怨杨柳，春风不度玉门关"，将河西走廊春天的荒漠写得形神具备，绘声绘色。所以造园过程中，山石布局、花木扶疏都有天时的问题，只有调停妥帖，才可能获得妙手天成的胜境。

园林植物的种植还具有时空的季候感。园林的秀媚缘自树木葱茏，繁花似锦，栽种能够室外生长的花木，以造就春有花、夏有香、秋有果、冬见绿的效果，使得松柏之苍劲、翠竹之挺秀、杨柳之多姿、海棠之富艳、兰花之典雅给人们带来多种审美感受，营造出良好的生态环境，也赋予建筑物以时间和空间的季候感。植物的四季变化与生长发育，使园林环境在春、夏、秋、冬四季产生季相的变化。如杭州，地处亚热带的北缘，植物丰富，四季分明，一年四季花开不断，色彩、形状、香韵应时而变，春兰、夏荷、秋菊、冬梅，鲜花葱郁，沁人心脾，且具有区域个性特色，像孤山秋鹤亭的梅花，满堂陇的月桂，花港观鱼的牡丹，九里松的黑松，黄龙洞的秀竹等，植物和周边环境相互掩映，令人襟怀爽畅。

园林意义上的天时显然还跟地势分不开，因为不同的气候条件，所带来的地貌状况是不一样的。明代计成在《园冶》相地章介绍了他做相地工作的实际经验，认为园林上用土要着眼于造景的有利条件，例如，是否有山林可依、是否有水系可通、能不能与交通繁忙道路有一定的隔离，以及有无利用原有大树、植被等条件，而且要注意地势（如"环曲""铺云"等动向趋势），以及"培高控低"利用的可能性，克服地形、地貌上的缺点来筹划方案，以便于眺望田野景趣，便利园主兼享城市生活。

相地章还把园址的用地归纳为6类，即山林地、城市地、村庄地、郊野地、傍宅地、江湖地，并进行了评价。计成认为最理想的用地是山林地，所谓"园地惟山林最胜"；最讨巧的用地是江湖地，只要"略成小筑，足徵大观"；最需要运用造园技法加以改造的是村庄地，主要是地形的改造，所谓"十亩之基，须开池者三，……余七分之地，为垒土者四"；在郊野地中，以选"平冈曲坞"的丘陵地形而又有"叠陇乔林"的处所为佳。至于城市地和傍宅地上选址建园，是为了"护宅""便家"的生活功能。计成在论述其建园适宜的内容和设计意境等，都服从明确的功能目的。显然这些思考都与他重视客观世界的天时物候所产生的园林建造基础，也是我们今天讲天时必须要谈谈地势问题的缘故。

外国园林对天时也有顺应自然的问题。如日本,由于四面临海,潮湿温润的气候使得日本取苔藓为最常用的园林植物。漫步日本园林,常常可以看到小溪之旁、山石之身、树根树躯乃至石灯笼和洗手石钵上覆盖着鲜绿的苔藓,有的园林如西芳寺,苔藓蔽路,满目绿苔。置身其中,不由得使人产生幽古、静寂、隐逸和孤独之情怀,联想起深山幽谷、幽玄之境。至于苔藓所蕴涵的日本园林的精神追求,则无不同天时有着密切的联系。同样地,西方人喜欢种植雪松,圣诞节在雪松上张挂各种礼物,都是天时所演延的文化特征,让西方人在漫长的冰雪时节可以获得来自自然的生命征候。对园林艺术来说,天时永远是不以人的意志为转移的物候,永远磊磊落落,构成永恒的园林艺术情趣。

2.2.4.2 精神生态要素

(1) 品题

在园林艺术中,品题即给风景名胜命名,是以具有书法艺术特征的文字,对湖山、草木、建筑等景象作富有诗情画意的描绘,以在翘足而待之际,引领游客进入曲径通幽、层峦奇岫、寒瀑飞空的美妙想象世界。如赣州古"八景"命名:三台鼎峙、二水环流、玉岩夜月、宝盖朝云、储潭晓镜、天竺晴岚、马崖禅影、雁塔文峰,描绘出了一幅幅各具特色的景观,既显现了早、晚、阴、晴、明、晦等不同时段、不同状态,又囊括了山、水、台、寺、塔等不同景点,风采各异,给人以生动形象、丰富多彩的美的享受。

名胜风景的命名,往往不是肤浅的直接表露,大多是从景观美中提炼神韵,两者渗透融合,以引发游人的审美情思,拓展游人的诗意想象,显得典雅含蓄,立意深邃,是自然景观的一种诗化,帮助游人将视野、思路引向外在的广阔空间,亦使物景获得"象外之境,境外之景,弦外之音"的情思神采。

除了命名,园林中最常见的品题是匾额、楹联,它们透露了造园布景时的文学渊源,表达了园主和文人的品格才情,是园林艺术传神之笔。园林中的匾额、楹联,大多采撷自古典诗文中的名言佳句,并运用文学艺术的修辞方法,如象征、比喻、拟人、状景、双关等手法来品评景观,将景观中不易表达的思想感情,用"题"的形式加以抒发,写历史、写古人、写人生、写情感、写风景、写风物,使景观突破空间限制,景中生情,情中生景,虚实相间,情意盎然,引起观赏者的联想,神游于境外,获得言外之意、画外之韵、文秀之美,达到"不囿造化,随我安排"的天地纯德。

如沧浪亭匾额，题名取自《楚辞·渔父》，表明园子主人仕途曲折、摄情田园的隐逸思想。康有为所作的苏州拙政园得真亭楹联"松柏有本性、金石见盟心"，用松柏的不畏严寒，象征人们的坚贞、高尚的品格，反映了作者的意志。又如苏州沧浪亭仰止亭楹联"未知明年在何处，不可一日无此君"，意思是不知道明年此时身在何处，但不能一天没有竹子伴随在身边，以咏竹寄情，把竹子人格化，表现了古代文人雅士的普遍风气。留园命名"汲古得绠处"的书房有句对联，"汲古得修绠、开琴弄清弦"，联句取自韩愈《秋怀》诗中"归愚识夷涂，汲古得修绠"两句，意思为钻研学问，必须以一线索持之以恒，像用一根绳子系着吊桶去汲取深井的水一样；弹琴要先打开琴袋，调弄五弦，才能获得清音。读书、弹琴，这是古人的风雅之事，联句既悦情，又深刻，语意双关，具有哲理趣味。

(2) 书法

书法作为一门艺术，能给人审美怡悦，给人精神享受。一个受过传统文化教育的人在观赏书法作品的线条节奏和结体韵致时，能触摸到作者的感情脉搏，激发想象，启动灵思，使整个身心沉浸在超然的境界之中。苏东坡曾深有体会地说："明窗净几，笔砚纸墨，皆极精良，亦自是人生一乐。"可以想象书法那清淡的渲润渗化、干裂的枯涩飞白，将春草的凄迷玄机、千秋的苍劲老辣表现得筋骨分明，情状品汇，气象万千。

汉代杨雄说："书，心画也。"中国书法是一种以笔墨线索来表达情感的艺术，与绘画密切相关，在表情方面与建筑艺术、音乐有共同性。由于它采用的物质手段单一，可以更自由地运用形式美的规律来表现人的情感、气度以及个性。像晋唐宋元书法驾驭水墨色，融汇精气神，有傲立不屈之韵，无畏缩颓唐之像，历经风雨沧桑，仍见气魄风度。书画家在为书画提神的创作过程中，树魂立根，心灵升华，进入状态，有序传承。因此，书写工具的现代化并不妨碍书法继续作为一种艺术而存在。在中国园林艺术中，书法不仅构成园林趣味的重要元素，荟萃了清风明月、物我共化、天人合一的诗性文化传统，更是表达园林主人的品格和理想，其浓重的书卷气使园林文雅可掬，思接千载。

园林中的书法还具有标明和确认园中构筑、景点的功用，室内装饰幅式一般有匾额、中堂、条幅、横批、扇面，室外多采用书条石、摩崖石刻。例如，对联通常置于中堂两侧或者居室洞窗左右，楹联可悬挂在门廊左右或者室内对称立柱上。如上海豫园卷雨楼楹联："邻碧上层楼，疏帘卷雨，幽槛临风，乐与良朋数晨夕；迭青仰灵岫，曲涧闻莺，闲亭放鹤，莫教佳日负春秋。"卷雨楼在仰山堂楼上，楼台曲折美观，取唐代王勃"珠帘暮卷西山雨"之意，面临荷花池，隔池与江南最巨大的黄石假山相对。联语高度概括地描绘了微风细雨中的亭台楼阁和曲槛假山间的鹤语莺鸣，抒发了莫负眼前良辰美景的怡然情怀。作者笔下的景物像一幅五彩的画卷，似一曲无声的乐章，诗情画意间"疏""幽""曲""闲"四字，恰到好处地形容景致的状态，起到了借景传情的妙用。

(3) 绘画

绘画通过一定的色彩、线条等，以精确具体的、个性化的图像来反映生活，再现现实。绘画的艺术形象展现在二维空间之中，不像雕塑展现于三维空间，但是通过透视、色彩、光影、比例等方法，可以造成视觉上的空间立体感，表现事物的纵深内容和多侧面，因而它比雕塑更富有写实能力。绘画的题材对象很广泛，可以包括人物、环境、景物等各种可见事物。在表现对象的形貌特征和丰富色彩方面，绘画达到再现艺术的极致。

绘画语言中运用色彩配合、明暗变化、线条及色块的节奏、构图的动与静等手段，使之具有极大的情绪表现力。在中国，有诗画结合的传统。中国画论中的气韵生动、以形写神、意趣意境和写意，都是为了使再现与表现两种功能结合，并倾向注重它的表现功能，西方现代绘画则极度地发展了绘画的表现方面。晚清画家松年在《颐园论画》里说："西洋画工细求酷肖，赋色真与天生无异，细细观之，纯以皴染烘托而成，所以分出阴阳，立见凹凸。"在达芬奇、拉斐尔等画家的画作那里，我们的确可以找到西方传统绘画的技法。但是进入现代社会，毕加索、莫奈、康定斯基等画家的作品，表现性就十分强烈。

园林中的绘画，古时候有渲染张扬园林意趣、表现主人志向喜好的意味在里面，如山东曲阜孔府，收藏有历代名人画作，像元代赵孟頫所画的《孔子像》《三圣图》，画出孔子及其弟子颜回、曾参的谦虚和睿智，画笔飘逸流畅，神韵精美，同周围厅堂一起构成珠联璧合、天衣无缝的人品真巧。现代园林中的绘画如苏州留园门厅的大型漆雕屏风上，扬州艺人用2500块玉石镶嵌而成的留园全景图，既有导游示意的作用，有起到胸中丘壑的一览留园山林野趣的作用。

(4) 雕刻

雕刻是一种静态艺术，在构园过程中，以人或动植物的形体外貌，集中概括地表现人类精神的完备性和整体性力量，表现内容宽泛、寓意深长的崇高的正面形象。中国古代雕塑，表现人体多采用装饰化、图案化的手段，富有象征性、寓意性。明清以后，园林建筑雕刻逐渐兴盛起来，窗门隔扇，梁柱斗拱的木雕，门前石狮，屋脊殿角走兽，碑座桥梁，宝塔的石雕，门楼山墙的砖雕都表现出极高的工艺水平。

木雕 常用于建筑物内部装饰的梁柱、隔扇、门、窗、栏杆、撑牙、挂落、雀替、斗拱等，表现出一种特别的图案美，如扬州何园，集中众多木雕艺术，走廊梁架上刻象头，梁头上雕双鱼，雀替上是蝙蝠浮雕，厅内梁头雕花也是鱼形。四周方窗外雕金钱如意边框，中嵌杏花花饰，窗下内为板壁、外为花框，以木棱组合成花纹。檐柱间的挂落皆以按空三花框，翘角处的撑牙以木雕竹节，上刻竹叶浮雕，或以牡丹花做成梁头，使人时时想到变化之趣（图2-19）。

图2-19 扬州何园

砖雕 常用于建筑物外部装饰，我国以砖为材砌房造屋历史十分悠久。战国时期的宫殿，砖块瓦当上就有高浮雕的角兽造型，以后以砖雕为饰几乎成为建筑时尚。苏州园林就长于砖雕，如明中叶建造的溪南村老屋阁，梁架、斗拱装饰雕刻精美，上面的人物、山水、亭台、楼阁都是在烧好的砖块上刻成浮雕，不仅富于装饰性，而且很有国画韵味。

石雕 常用来作为厅堂殿宇、楼塔桥梁的材料，如河北赵州桥上栏板石雕就是"蚊龙穿岩"的形象，虽是栏板装饰，但艺术价值极高，轮廓分明，转折有力，体型矫健，龙头作回顾之状，龙身类似穿山甲之属，刻此形象，分明取其能穿岩通水之意。明清时皇家园林刻意追求石雕装饰，北京圆明园西洋楼尽管仅剩几根断柱残梁，但皆为高浮石雕，将西洋雕塑特色与我国石雕传统工艺相结合，是欧式建筑的民族化。

可以说，无论是内部空间美还是外部空间的美，中国园林艺术的审美趣味很多都是通过雕塑手段实现的。但西方园林中雕刻则沿袭古希腊罗马的雕刻传统，注重表现人或动植物的神性，以对位法和蓄势法表现了现实和理想的完美平衡，如法国的凡尔赛宫这座以巴洛克风格著称的花园内，传说人物和半人半神的巨型雕塑摆放出各种喜怒哀乐的姿态，表现人类潜藏的戏剧化世界的艺术真实，以非凡的想象力吸引游客去感受不可征服的令人震撼的艺术魔力。

(5) 宗教

宗教对园林布局和艺术境界的形成有着非常重要的影响。我国园林构建中，由于佛教、道教和伊斯兰教的深广影响，众多金碧辉煌的神像造形和壁画艺术构成了园林特有的文化内涵。各种宗教文化以其独特的思想方法和生活方式，把人的精神生活推向另一个新的世界。例如，佛教中否认有至高无上的"神"，认为事物是处在无始无终、无边无际的因果关系之中，强调主体的自觉，并把自己的解脱与拯救人类联系起来，这就使红墙青瓦、宝殿琼阁的园林意境里增添了许多教义思想和信仰礼仪，如佛教讲求普度众生、回头是岸；道教力主返璞归真、顺其自然；伊斯兰教以顺从和信仰宇宙独一的最高主宰安拉及其意志，以求得两世的和平与安宁。

当然，佛教的影响最大，自东汉以来在我国广泛传播的佛教有极为重要的现实意义。一方面，出于政治的需要，统治者开始极力予以推崇，出现了大量由国家出资兴建的寺庙，甚至还有像梁武帝那样到铜泰寺舍身为僧的故事，这就使佛教从形式上得到了推广和普及。另一方面，连年的战乱给人们带来了痛苦和"生命无常"的悲哀，而佛教的教义则向人们灌输"因果报应"和"修炼来世"等宿命思想，使人们极易接受而沉湎于这种虚幻的解脱之中，于是佛教思想得到了进一步的流传。正是这种种原因，在封建时代，"舍宅为寺"的做法非常流行，以至于许多府宅在瞬息之间就转化成了佛寺。而园宅的植物环境也由此被带入了寺庙之中，出现了相应的园林，成了后人所谓的"寺观园林"。在苏州地区，类似的寺院为数不少，都是经"舍"后变为佛寺。寺院、佛塔和石窟这三大佛教建筑最初建造在山麓洞穴中，因此园林布局往往兼山林之胜、深谷之幽，构成神秘庄重的氛围。例如，东晋时期的"顾辟疆园"，堪称这一时期在追求自然的造园实践中最成功的一个实例。顾辟疆曾任郡功曹、平北参军，是当地颇有地位的要员。其园宅以竹树、怪石闻名于当时，有"池馆林泉之胜，号吴中第一"之誉。人们曾以"辟疆东晋日，竹树有名园""柳深陶令宅，竹暗辟疆园"以及"辟疆旧园林，怪石纷相向"等诗句来赞美它。相传东晋著名书法家王献之前往会稽，途径吴门，慕名到园中参观。

在中国古代园林中占了不少数量的寺观园林现在留存下来的很多，如北京碧云寺、潭柘寺、承德殊像寺、须弥福寿之庙，苏州戒幢寺西园，扬州大明寺西园，杭州灵隐寺，成都文殊院等，都是园林艺术里具有浓厚宗教气氛的地方。寺观不仅本身有园林，而且它的楼台殿阁、宝塔也成为大型园林风景中的重要部分，"南朝四百八十寺，多少楼台烟雨中"，组成了一幅优美的昔日金陵风景图画。由于中国文化是儒、道、佛三教合一，因此园林艺术在民间也具有了相应的信仰和学识，成为牧童渔翁、织妇耕夫、白面书生、青衿子弟、黄冠白羽、缁衣大士、缙绅先生可以共同享受的文化空间，像江南四大才子、八仙过海的神通故事或传统戏曲里，我们都可以找到相关的痕迹。

2.3 园林美与园林艺术

2.3.1 园林艺术概述

可以这么说，园林是利用自然因素和人文因素所创造的景观，是运用艺术技巧，凭借山水、植物、建筑等组合而成的实体形象。广义的园林还属于建筑艺术的一种类型，是一种实用与审美的有机结合，以形体、线条、色彩、质感、装饰、空间组合等为艺术语言，建构成实体形象的造型与空间艺术。园林艺术的基本特征包括造型的形式美追求，环境的人格化体现和多重的象征性意味。

园林艺术的形成跟世界造园体系有很大的关联，国际风景园林师联合会1954年的维也纳大会上，英国造园家杰利克把世界造园体系分为中国体系、西亚体系、欧洲体系三个体系。从此，关于不同园林体系的差异就成为人们建造园林时可以驾驭和甄别的重要特征了。

商朝末年，帝王和奴隶主开始圈地蓄养禽兽、种植刍秣，纯粹是作为供他们狩猎游乐享用的地方，这样的场所称作"囿"。《诗经》曰："囿，所以域养禽兽也。"从殷墟出土的甲骨文卜辞中多有"田猎"的记载，可以看出，殷代的帝王、贵族都喜欢狩猎。在田野中打猎，千军万马难免践踏庄稼而引起民愤，于是帝王和贵族开始圈地建囿。一般都是利用自然的山峦谷地围筑而成，范围很大。天子的囿方圆百里，诸侯的囿方圆40里。

公元前11世纪，周灭殷，建立了中国历史上最大的奴隶制王国。与此同时开始了史无前例的大规模营建城邑和皇家囿苑活动。周文王在今西安以西曾修建过规模甚大的"灵囿"，方圆70里。《诗经》有具体的描写："王在灵囿，鹿攸伏。鹿濯濯，白鸟翯翯。王在灵沼，於鱼跃。"可见囿中的鹿、白鸟、跃鱼等动物已成为观赏的对象。文王以后，囿的大小已成为封建统治者的政治地位的象征。学术界认为，囿是中国园林最初的形式，到了秦汉时代，随着社会生产力的发展和提高，囿的生产功能逐步弱化，观赏游乐功能成为主要目的。

秦汉时期，专为帝王游乐的场所又有了"苑"的名称。古代的苑、囿二字本意是相通的，均指蓄养禽兽、供打猎的场所而言。从秦开始，直到最后一个王朝——清代，仍将皇家园林称作"国朝苑囿"。历史上，一般都将苑囿归入皇家园林，而把"园"归入文人士大夫和官僚富商的私家园林。童寯在《江南园林志》中写道：園（园）之布局，虽变幻无尽，而其最简单需要，实全含于"園"字之内。今将"園"字图解之："囗"者围墙也。"土"者形似屋宇平面，可代表亭榭；"口"字居中为池；"衣"在前似石似树。构筑园林的几大要素山、水、建筑、植物，都蕴涵在一个字中。这个"園"字，我们可以从众多的私家园林中找到诠释。

私家园林最早出现在汉代。《西京杂记》记载西汉文帝第四子、梁孝王刘武喜好园林之乐，在自己的封地内广筑园苑。其中"兔园"中山水相绕，宫观相连，奇果异树，珍禽怪兽毕备。魏晋南北朝时期，老庄哲学得到发展，隐逸文化盛行，士大夫钟情山水，竞相营建园林以自乐，私家园林一时勃兴。北魏首都洛阳出现了大量的私家园林，成为我国第一次私家造园的高潮。当时的园林虽已基本具备山水、楼榭、植物等造园要素，但园林不仅是游赏的场所，甚至作为斗富的手段，造园艺术尚处粗放阶段。西晋石崇的金谷园，是历史上著名的私家园林。唐代是我国历史上一个国力鼎盛的时代，园林的发展也达到一个新的高度，与当时的文化艺术并驾齐驱，园林创造追求诗情画意和清幽、平淡、质朴、自然的园林景观，著名诗人、画家王维与辋川别业是那个时代的典型，并对后世产生深远的影响。宋代徽宗在汴京兴建了中国历史上规模最大的人工假山——艮岳。由于宋代重文轻武，官员多半是文人，私家造园进一步文人化，促进了"文人园林"的兴起，特别是江南园林的发展，已基本形成自己的独特风格。明清两代，园林的发展由宋代的盛年期升华为富于创造的成熟期，特别是江南园林艺术达到了典雅精致、趋于完美的境界，出现了一大批具有典范意义的园林，皇家园林如"颐和园"、"承德避暑山庄"，私家园林如拙政园、留园、何园、个园、瞻园、寄畅园、豫园等。至今，在全国范围内保存完好或尚好的仍有百来座。

西亚体系，主要是指巴比伦、埃及、古波斯的园林。它们采取方直的规划、齐正的栽植和规则的水渠，园林风貌较为严整，后来这一手法为阿拉伯人所继承，成为伊斯兰园林的主要传统。西亚造园历史，可追溯到公元前，基督圣经所指"天国乐园"（伊甸园）就在叙利亚首都大马士革。伊拉克幼发拉底河岸，远在公元前 3500 年就有花园。传说中的巴比伦空中花园，始建于公元前 7 世纪，是历史上第一名园，被列为世界七大奇迹之一。

相传，国王尼布甲尼撒二世为博得爱妃的欢心，比照宠妃故乡景物，命人在宫中矗立无数高大巨型圆柱，在圆柱之上修建花园，不仅栽植了各种花卉，奇花常开，四季飘香，还栽种了很多大树，远望恰如花园悬挂空中。支撑花园的圆柱，高达 75 英尺，所需浇灌花木之水，潜行于柱中，水系奴隶分班以人工抽水机械自幼发拉底河中抽来。空中花园高踞天空，绿荫浓郁，名花处处。在空中花园不远处，还有一座耸入云霄的高塔，以巨石砌成，共 7 级，计高 650 英尺，上面也种有奇花异草，猛然看去，比埃及金字塔还高。据考证，这就是《圣经》中的"通天塔"。空中花园和通天塔，虽然早已荡然无存，但至今仍令人着迷。

作为西方文化最早发源地的埃及，早在公元前 3700 年就有金字塔墓园。那时，尼罗河谷的园艺已很发达，原本有实用意义的树木园、葡萄园、蔬菜园，到公元前 16 世纪演变成埃及重臣们享乐的私家花园。比较有钱的人家，住宅内也均有私家花园。有些私家花园，有山有水，设计颇为精美。穷人家虽无花园，但也在住宅附近用花木点缀。

古波斯的造园活动，是由猎兽的围逐渐演变为游乐园的。波斯是世界上名花异草发育最早的地方，以后再传播到世界各地。公元前 5 世纪，波斯就有了把自然与人为相隔离的园林——天堂园，四面有墙，园内种植花木。在西亚这块干旱地区，水一向是庭园的生命。因此，在所有阿拉伯地区，对水的爱惜、敬仰，到了神化的地步，它也被应用到造园中。公元 8 世纪，西亚进入被回教徒征服后的阿拉伯帝国时代，他们继承波斯造园艺术，并使波斯庭园艺术又有新的发展，在平面布置上把园林建成"田"字，用纵横轴线分作四区，十字林荫路交叉处设置中心水池，把水当作园林的灵魂，使水在园林中尽量发挥作用。具体用法是点点滴滴，蓄聚盆池，再穿地道或明沟，延伸到每条植物根系。这种造园水法后来传到意大利，更演变到神奇鬼工的地步，每处庭园都有水法的充分表演，成为欧洲园林必不可少的点缀。

欧洲体系，在发展演变中较多地吸收了西亚风格，互相借鉴，互相渗透，最后形成自己"规整而有序"的园林艺术特色。

公元前 7 世纪的意大利庞贝，每家都有庭园，园在居室围绕的中心，而不在居室一边，即所谓"廊柱园"，有些家庭后院还有果蔬园。公元前 3 世纪，希腊哲学家伊比鸠鲁筑园于雅典，是历史上最早的文人园。公元 5 世纪，希腊人通过波斯学到了西亚的造园艺术，发展成为宅院内布局规整的柱廊园形式，把欧洲与西亚两种造园系统联系起来。

公元6世纪,西班牙的希腊移民把造园艺术带到那里,西班牙人吸取回教园林传统,承袭巴格达、大马士革风格,以后又效法荷兰、英国、法国造园艺术,又与文艺复兴风格结成一体,转化到巴洛克式。西班牙园林艺术影响墨西哥以及美国。古罗马继承了希腊规整的庭院艺术,并使之和西亚游乐型的林园相结合,发展成为大规模的山庄园林。公元2世纪,哈德良大帝在罗马东郊始建的山庄,覆地广袤,由一系列馆阁庭院组成,园庭极盛,号称"小罗马"。庄园这一形式成为文艺复兴运动之后欧洲规则式园林效法的典范。其最显著的特点是,花园最重要的位置上一般均耸立着主体建筑,建筑的轴线也同样是园林景物的轴线,园中的道路、水渠、花草树木均按照人的意图有序地布置,显现出强烈的理性色彩。

欧洲其他几个重要国家的园林基本上承袭了意大利的风格,但均有自己的特色。法国在15世纪末由查理八世侵入意大利后,带回园丁,成功地把文艺复兴文化包括造园艺术引入法国,先后在巴黎南郊建枫丹白露宫园、巴黎市内卢森堡宫园(图2-20)。路易十四于1661年开始在巴黎西南经营凡尔赛宫,到路易十五世王朝才全部告成,历时百年,面积达$1500hm^2$,成为闻名世界的最大宫园。英国在公元5世纪以前,作为罗马帝国属地,萌芽的园林脱离不了罗马方式。首见记载的是12世纪英国修道院寺园,到13世纪演变为装饰性园林,以后才出现贵族私家园林。文艺复兴时期,英国园林仍然模仿意大利风格,但其雕像喷泉的华丽、严谨的布局,不久就被本土古拙纯朴风格所冲淡。16世纪的汉普敦宫,是意大利的中古情调,17世纪又增添了文艺复兴布置,18世纪再改成荷兰风格的绿化。18世纪中叶以后,中

图2-20 巴黎圣母院外景

国造园艺术被英国引进，趋向自然风格，由规则过渡到自然风格的园林应运而生，被西方造园界称作"英华庭园"。之后，这种"英华庭园"通过德国传到匈牙利、沙俄和瑞典，一直延续到19世纪30年代。

至于美国园林，那是从17世纪初，英国移民来到新大陆，同时也把英国造园风格带到美洲大陆的。美国独立后逐步发展成为具有本土特色的造园体系：造园作为一项职业，在美国影响深远，并使美国今日"风景园林"专业处于世界领先地位。

园艺作为专门的艺术，在德国还只有150年的历史，上世纪五六十年代才开始在德国举办园艺展，主要是展示蔬菜、园艺和园林设计方案。在德国，园林专业所从事的可以被称作风景园林，包括大片风景管理、装饰植物及嫁接、蔬菜种植、水果种植、绿树种植及嫁接、墓地花艺建设（图2-21）。蔬菜也是园艺的一部分，像大白菜、小白菜、辣椒、番茄都要求可以生吃，而且水果、蔬菜还可以作为观赏植物。由于城市景观建设和墓地建设跟国家、租赁等有关，具有很强的经济利益，所以设计有较强的功利因素。其他跟自然相关的园林设计虽然经济利益不突出，但非常讲究路、小池塘、小桥、小亭子、养护、土壤等园林元素。园林行业同建筑行业不能分开，在德国又是专业划分很细的工作。例如，房屋建造，房子由建筑设计师做，园林由园艺设计师做，建筑风格和园林风格的统一则由施工组织者来安排。可见园林艺术的形成同一个民族一个国家的社会经济、文化发展有很大的关联。

图2-21　德国田园风光

总之，园林艺术的总体特征为浓缩的自然、综合的形式和意境的追求，愉悦人的身心，给人带来生态平衡的环境，透过有限的自然景观来展示无限的生命底蕴，倡导虚实相生、有无统一、形神兼备、情景交融，追求景外之情、象外之象，引导游人在山水楼台之中体悟妙境，酣寝在绿野仙境的植物世界。

2.3.2 园林艺术风格

中西方园林的艺术风格受各自的文化传统影响，有很大的不同。

一般地说，中国园林具有以下5个特点：

一是园林布局讲究曲折幽深、移步换景，以达到"虽由人作，宛自天开"的境界。利用天然地势，设置建筑、经营山水、开辟道路，构成园小体精、曲径通幽的特点。中国古代园林中，有山有水，有堂、廊、亭、榭、楼、台、阁、馆、斋、舫、墙等建筑。人工的山、石纹、石洞、石阶、石峰等都显示自然的美色。人工的水，岸边曲折自如，水中波纹层层递进，也都显示自然的风光。所有建筑，其形与神都与天空、地下自然环境吻合，同时又使园内各部分自然相接，以使园林体现自然、淡泊、恬静、含蓄的艺术特色，并收到移步换景、渐入佳境、小中见大等观赏效果。

二是叠山理水贵在师法自然，范山模水，贴近自然山水，讲究小中见大的深远广大的艺术效果。因为追求自然情致，所以古典园林都喜欢将自然山水缩小，辅佐以独运匠心，叠石掇山都添上高度诗画素养，因此具有豁然开朗、别有洞天的写意效果。这里的"师法自然"，在造园艺术上包含两层内容：一是总体布局、组合要合乎自然，也就是山与水的关系以及假山中峰、涧、坡、洞各景象因素的组合，要符合自然界山水生成的客观规律；二是每个山水景象要素的形象组合要合乎自然规律。如假山峰峦是由许多小的石料拼叠合成，叠砌时要仿天然岩石的纹脉，尽量减少人工拼叠的痕迹。水池常作自然曲折，高低起伏状。花木布置应是疏密相间，形态天然。乔灌木也错杂相间，追求天然野趣。

三是注重山石建筑、草木鱼虫、动植物的配合，讲求四季光景的变化、野生趣味的蕴藉。这主要是中国大部分地区四季分明，不同季节的自然环境有很大的不同，古人在营造园林时充分考虑到这些，希望在浓缩的山水中也有四季分明的理想景观，因此注重自然野生的多种品味。宋代郭颐在《林泉高致》中描绘的四时季相变化为"春山艳冶而如笑，夏山苍翠而如滴，秋山明净而如妆，冬山惨淡而如睡"。正是受这自然界色彩斑斓、多姿多彩的园林的启发，才造就了中国古典园林独树一帜的园林形式——自然之美，由时间表现出园林的"季相"变化，实现园林在时间和空间作用下的形象交感。如上海，地处南方，又是海滨城市，街头最常见的悬铃木，在春末夏初，其树叶是绿中带黄的，等到秋风一起树叶则变成略微带红的枯黄色，非常美丽，同时落叶树形成了冬天的"阳光地带"，形成了垂直意义上的空间感。此外，为了使绿色更富有层次感，上海的不少公园和小区里也种植了大量色调偏冷的树种，如棕榈树、柏树、冬青等。这些色调偏冷的树种，即使在冬天，树叶也不会脱落、变色，能使上海一年四季都有绿色的陪伴。

四是选地讲究因地制宜，利用园内外的景点环境，丰富景色内容，使空间有限的园林艺术达到高超的境界。中国园林分景、借景等造园手法体现了心远地旷的文化心理，通过这样的方式使有限的空间获得无限的想象，使园林内外成为和谐统一的生命媒介。如中国古代园林用种种办法来分隔空间，其中主要是用建筑来围蔽和分隔空间。分隔空间力求从视角上突破园林实体的有限空间的局限性，使之融于自然，表现自然。如漏窗的运用，使空间流通、视觉流畅，因而隔而不绝，在空间上起互相渗透的作用。在漏窗内看，玲珑剔透的花饰、丰富多彩的图案，有浓厚的民族风味和美学价值；透过漏窗，竹树迷离摇曳，亭台楼阁时隐时现，远空蓝天白云飞游，造成幽深宽广的空间境界和意趣。中国古典园林因受长期封建社会历史条件的限制，绝大部分是封闭的，即园林的四周都有围墙，景物藏于园内。而且，除少数皇家宫苑外，园林的面积一般都比较小。要在一个不大的范围内再现自然山水之美，最重要也是最困难的是突破空间的局限，使有限的空间表现出无限丰富的园景，这也是中国古典园林的精华所在。

五是构园讲究苍古意趣，以对联、字画、砖刻、石刻等营造文人雅兴，注重不在言中的寄托意韵。这同中国成熟的书画理论有密不可分的关系，这使中国园林独立于世界园林的重要因素，是最具有中国园林风格的特征。因此，中国园林又名之为"文人园"，它是饶有书卷气的园林艺术。北京香山饭店，是贝聿铭先生的匠心之作，因为建筑与园林结合得好，人们称之为有"书卷气的高雅建筑"，足以证明谈论中国园林总是离不开传统诗文。汤显祖为《牡丹亭》而写的"游园""拾画"诸折，不仅是戏曲，而且是园林文学，是教人在感动崔莺莺动人的爱情追求里领会着中国园林的精神实质。像"遍青山啼红了杜鹃，那荼䕷外烟丝醉软""朝日暮卷，云霞翠轩，雨丝风片，烟波画船"，表现了汤显祖借剧中人物兴游移情之处，表露自己情钟于园的真情。文以情生，园缘情生色，真所谓"我见青山多妩媚，料青山见我应如是"，园林终是脱不开诗文，而这也是中国造园的主导思想。所以，园林中除大量的建筑物外，用人工仿照自然山水风景，或利用古代山水画为蓝本,参以诗词的情调,构成许多如诗如画的景观。

2.3.3　中西园林艺术美比较

　　中国园林艺术和西方园林艺术是世界园林艺术的两大流派,风格迥异,表现形式也迥然不同。如西方人喜好雕塑,在园林中有着众多的雕塑;而中国人却喜欢在园内堆假山。中国人看树赏花看姿态,不讲求品种,甚至赏花只赏一朵,不求数量;而西方人讲求的是品种、数量,以及各种花在植坛中编排组合的图案,他们注重欣赏的是图案美。中西园林艺术因此在美学思想上是很不一样的。

　　(1) 中国园林讲求自然美,西方园林讲求人工美

　　中国人对自然美的发现和探求所循的是另一种途径。中国人主要是寻求自然界中能与人的审美心情相契合并能引起共鸣的某些方面。中国人的自然审美观的确立大约可追溯到魏晋南北朝时代,特定的历史条件迫使士大夫阶层淡漠政治而遨游山林并寄情山水间,于是便借"情"作为中介而体现湖光山色中蕴涵的极其丰富的自然美。中国园林虽从形式和风格上看属于自然山水园,但绝非简单地再现或模仿自然,而是在深切领悟自然美的基础上加以萃取、抽象、概括、典型化。这种创造却不违背自然的天性,恰恰相反,是顺应自然并更加深刻地表现自然。在中国人看来审美不是按人的理念去改变自然,而是强调主客体之间的情感契合点,即"畅神"。它可以起到沟通审美主体和审美客体之间的作用。从更高的层次上看,还可以通过"移情"的作用把客体对象人格化。庄子提出"乘物以游心"就是认为物我之间可以相互交融,以致达到物我两忘的境界。中国的园林艺术成熟于传统绘画,因而从一定的意义上可以说是传统绘画的又一表现形式,喜欢将建筑自然化,表现出形象的天然韵律之美,"诗情画意"是中国古典园林追求的审美境界。

　　西方园林的起源可以上溯到古埃及和古希腊。萌芽时期的西方园林体现着人类为更好地生活而同自然界恶劣环境进行斗争的精神,它来自于生产者勇于开拓、进取的精神,通过整理自然,形成有序的和谐,体现的是"天人相胜"的观念和理性的追求。从历史上看,西方哲学都十分强调理性对实践的认识作用。公元前6世纪的毕达哥拉期学派就试图从数量的关系上来寻找美的因素,这种美学思想一直顽强地统治了欧洲几千年之久。它强调规整、秩序、均衡、对称,推崇圆、正方形、直线,欧洲几何图案形式的园林风格正是在这种"唯理"美学思想的影响下形成的。西方人认为造园要达到完美的境地,必须凭借某种理念去提升自然美,从而达到艺术美的高度,

也就是一种形式美。西方园林所体现的是人工美，不仅布局对称、规则、严谨，就连花草都修整得方方正正，从而呈现出一种几何图案美，从现象上看西方造园主要是立足于用人工方法改变其自然状态。西方园林以科技为缘，将建筑自然化，表现出抽象性的人工技能之美。因此，西方造园的美学思想是人化自然而中国则是自然拟人化。

(2) 中国园林侧重意境美，西方园林侧重形式美

中国造园注重"景"和"情"，景自然也属于物质形态的范畴。但其衡量的标准则要看能否借它来触发人的情思，从而具有诗情画意般的环境氛围即"意境"。这显然不同于西方造园追求的形式美，这种差异主要是因为中国造园的文化背景。古代中国没有专门的造园家，自魏晋南北朝以来，由于文人、画家的介入使中国造园深受绘画、诗词和文学的影响。而诗和画都十分注重于意境的追求，致使中国造园从一开始就带有浓厚的感情色彩。清代王国维说："境非独景物也，喜怒哀乐亦人心中之一境界，故能写真景物、真感情者谓之有境界，否则谓之无境界。"意境是要靠"悟"才能获取，而"悟"是一种心智活动，"景无情不发，情无景不生"。因此，造园的经营要旨就是追求意境。中国造园走的是自然山水的路子，所追求的是诗画一样的境界。如果说它也十分注重于造景的话，那么它的素材、原形、源泉、灵感等就只能到大自然中去发掘。越是符合自然天性的东西便越包含丰富的意蕴，因此中国的造园带有很大的随机性和偶然性，不但布局千变万化，整体和局部之间却没有严格的从属关系，结构松散，以至没有什么规律性，正所谓"造园无成法"。甚至许多景观却有意识的藏而不露，"行到水穷处，坐看云起时""山穷水尽疑无路，柳暗花明又一村""峰回路转，有亭翼然"，这都是极富诗意的园林境界。

西方人认为自然美是有缺陷的，为了克服这种缺陷而达到完美的境地，必须凭借某种理念去提升自然美，从而达到艺术美的高度，也就是一种形式美。前面提到了早在古希腊，哲学家毕达哥拉斯就从数的角度来探求和谐，并提出了黄金分割。罗马时期的维特鲁威在他的论述中也提到了比例、均衡等问题，提出："比例是美的外貌，是组合细部时适度的关系"。文艺复兴时的达芬奇、米开朗琪罗等人对人体构造的研究，古典时期的黑格尔则合目的、合规律等形式美的法则使西方园林那种轴线对称、均衡的布局，精美的几何图案构图，强烈的韵律节奏感都明显地体现出对形式美的刻意追求。一个好的园林，无论是中国或西方的，都必然会令人赏心悦目，但由于侧重不同，西方园林给我们的感觉是悦目，而中国园林则意在赏心。

(3) 中国园林追求神仙生活，西方园林追求世俗生活

羡慕神仙生活对中国古代的园林有着深远的影响，秦汉时代的帝王出于对方士的迷信，在营建园林时，总是要开池筑岛，并命名为蓬莱、方丈、瀛洲以象征东海仙山，从此便形成一种"一池三山"的模式。而到了魏晋南北朝，由于残酷的政治斗争，使社会动乱分裂，士大夫阶层为保全性命于乱世，多逃避现实、纵欲享乐、遨游名山大川以寄情山水，甚至过着隐居的生活。这时便滋生出一种消极的出世思想。陶渊明的《桃花源记》里就描绘了一种世外桃源的生活，并深深地影响到以后的园林。文人雅士每每官场失意或退隐，便营造宅院，以安贫乐道、与世无争而怡然自得。因此与西方园林相比，中国园林只适合少数人玩赏品位，而不像西方园林可以容纳众多人进行公共活动。

在诸多西方园林著作中，经常提及上帝为亚当、夏娃建造的伊甸园。《圣经》中所描绘的伊甸园和中国人所幻想的仙山琼阁异曲同工。但随着历史的发展西方园林逐渐摆脱了幻想而一步一步贴近了现实。法国的古典园林最为明显，王公贵族在园林中经常宴请宾客、开舞会、演戏剧，从而使园林变成了一个人来人往、熙熙攘攘、热闹非凡的露天广厦，丝毫见不到天国乐园的超脱尘世的幻觉，而是一步一步走到世俗中来的人间天堂。

在园林发展中，中西方的园林相互影响，有同有异。西方园林追求物质形式的美、人工的美、几何布局的美、一览无余的美。中国园林追求意韵的美、自然与人和谐的美、浪漫主义的美、抑扬迭宕的美。如17~18世纪，英国开始接受中国造园思想。1670年，在法国凡尔赛建造的蓝白瓷宫，就仿效了南京的琉璃塔。而中国园林，在明清时代已受到西方文化影响。清代，在都城郊外修建了号称万园之园——圆明园，它是中西园林艺术的融合。园中的山水布置与庭院设计都是中国式的，而大量的雕塑、楼阁却是西方式的。圆明园虽被八国联军毁了，但从残柱断梁却可以看到西方的纹饰图案，如远瀛观、海晏堂、方外观等都是西式建筑。晚清，随着租界的出现，西方文化加大了对中国的渗透，长江流域出现了一些模仿西式风格的园林。如上海中山公园具有迄今上海保存最完整的英国古典园林风格，上海复兴公园中部的毛毡花坛（又名"沉床园"）具有法国勒诺特尔风格，无锡锡山南坡的水阶梯具有意大利台地园风格。从晚清到民国年间，私人园林也在西化。如无锡的梅园、蠡园，都被称为中西合璧的园林。一些官僚、买办、商人、文士受西方思想影响最快，他们的宅园几乎无不西化。

总的来说，中国古典园林是以含蓄、蕴藉、清幽、淡泊为美，重在情感上的感受，对自然物的各种形式属性如线条、形状、比例、组合，在审美前

意识中不占主要地位。空间上循环往复，峰回路转，无穷无尽，追求含蓄的境界，是一种摹拟自然、追求自然的封闭式园林，是一种"独乐园"。西方园林则表现为活泼、规则、奢侈、热烈。造园中的建筑无不讲究完整性，以几何形的组合达到数的和谐。西方园林讲究的是一览无余，追求人工的美，是一种开放式的园林，一种供多数人享乐的"众乐园"。可以这么说中国园林基本上是自然的、写意的、重想象；而西方园林基本上是直观的、重人工、重规律。

➢ 复习思考题

1. 简述园林性质和园林服务对象。
2. 谈谈园林美的基本特征。
3. 为什么说造园"四要素"是打开中国古典园林艺术殿堂之门的钥匙？试举例说明。
4. 简述园林美的物质生态要素和精神生态要素。
5. 简述中国园林的艺术风格以及中西园林的差异性。
6. 古今中外绝大多数园林都离不开自然美，但并不局限于自然美。以著名的佛教园林胜地灵隐寺为例，东晋咸和元年（公元326年）印度和尚慧理云游到那里，他独具慧眼，一下子就看出了这是西湖边风姿绰约、景色如画的宝地，认为是块很适宜仙灵隐居的地方，于是他在那里结庐修炼。据说，灵隐寺就是慧理和尚修建的，并因他的话得名。到了唐代，灵隐寺便已经颇具规模了。"天下名山僧占多"，宗教园林和山明水秀的自然美之间有不可分割的联系。

　　试查找和结合有关佛教流传的历史，从自然因素和社会因素两个方面谈谈灵隐寺的园林特征。

7. 王致诚是中国清朝乾隆皇帝的西洋画师，曾赞美圆明园："其别墅则甚可观，所占之地甚广，以人工垒石成小山，有高二丈至五、六丈者，连贯而成无数小山谷，谷之低处，清水注之，以小涧引注他处，小者为池，大者为海，……谷中池畔，各有大小匀称之屋数区，有庭院，有敞廊，有暗廊，有花圃花池及小瀑布等，一览全胜，颇称美妙。由山谷中外出，不用林荫宽衢如欧式者，用曲折环绕之小径，径旁有小室小石窟点缀之。进入第二山谷，则异境独辟，或由地形不同，或由屋状迥别也。山丘之上遍植林木，而以花树最多……真人世之天堂也。涧流之旁，叠石饶有野趣，或突前或后退，咸具匠心，有似天成，非若欧式河堤之石，皆为墨线所裁直者也。其水流或宽或狭，或如蛇行，或似腕折，一若真为山岭岩石所进退者。水旁碎石中有花繁植，恍如天产，随时令而变异焉。……世传之神仙宫阙，其地沙碛，其基磐石，其路崎岖，其径蜿蜒者，惟此堪比拟也！"

　　以圆明园为例，试从造园"四要素"角度谈谈园林美的表现要素。

复习思考题

8. 中西园林是有很大差异的,下面是6条关于中国园林的"出口工程",试结合相关资料,分析这些走向世界的中国园林现象产生的原因。

①1979年,美国纽约大都会艺术博物馆"明轩"庭院,这是中国第一项出口园林工程。馆方对庭院给予了很高评价。

② 1984年,赠送日本东京鹤岗八幡宫神社"牡丹园"假山石峰,这是苏州园林景品首次进入日本。同年,还赠送日本池田市"水月公园"齐芳亭。

③ 1985年,在加拿大温哥华中山公园建"逸园",获温哥华城市协会"杰出贡献奖",国际城市协会"特别成果奖",后者是迄今为止我国出口的园林工程在国际上获得的最高奖。

④ 1989年,在美国纽约花卉展上建"歇山亭"(惜春园),荣获花会展"银光杯奖"。

⑤ 1991年,新加坡裕华园内建"蕴秀园"。

⑥1992到1993年,美国佛罗里达建"锦绣中华"公园,这是中国境外最大的旅游开发项目,建筑面积63 000m^2,按1:15比例建造了中国著名景点50余处。

9. 从植物习性上看,梅花能离开天然环境,斫直、删枝后放在紫砂花盆里,陈列于雕案镂几之上,供人欣赏。晚清思想家龚自珍却痛惜梅花自然生机被摧残,并以此为喻写下了《病梅馆记》,塑造了病梅、病梅者和疗梅者3种形象,强烈地表达了作者要"疗之、纵之、顺之",要"毁其盆,悉埋于地,解其棕缚",揭露了不合理的病态社会对人性的摧残。陈毅赞青松"挺且直",但到国画家笔下便又变得蜷蜷曲曲如虬如蛇。明末朱耷(号八大山人)画的荷花,是一种艺术美,如果池塘里生长的荷花,真的像他画的荷花一样,是不会有人喜欢的。

试再找些类似的反常态的例子,从园林精神生态角度谈谈正面和反面的审美价值形态。

10. 越剧《孟丽君》有首名叫"游上林苑"的对唱,试分析歌词中所表现的皇家园林的一些功能:

[皇] 君臣上马缓缓行,不由寡人喜在心。

[郦] 他假言入宫议朝政,原来邀伴游上林。

[皇] 上林三春好风光,君悦臣欢同玩赏。

[郦] 层楼飞阁多玲珑,画栋雕梁好辉煌。

[皇] 你看那鸿雁飞过声声鸣,卿可知此鸟乃是恩爱禽?

[郦] 臣只闻此鸟识礼仪,你看它该后不前排字行。

[皇] 君赐臣一幅湖山收眼底。

[郦] 臣报臣万家忧乐常注心。

[皇] 信步来到龙池边,见龙池中对对游鱼嬉水中,我与卿水里照影影成双,正好一龙一凤喜相逢。

[郦] 水里纵有双影照,只见龙来不见凤,如今是红日西沉月东斜,微臣国事未料先辞君。

［皇］郦卿啊，人言富贵在青春，莫使明月对空樽。
［郦］明月纵观千杯酒，我视富贵如浮云。

▶ 推荐阅读书目

1. 《园冶》文化论. 张薇. 人民出版社, 2006.
2. 长物志图说. 文震亨, 海军, 田君. 山东画报出版社, 2004.
3. 中国古代园林史. 汪菊渊. 中国建筑工业出版社, 2006.
4. 看园林的眼. 陈从周. 海南文艺出版社, 2007.
5. 园林艺术. 屈永建. 西北农林科技大学出版社, 2006.

第3章 园林美的创造

[**本章提要**] 园林美的创造，不仅与其意境、整体的构思和形式美法则的运用、空间组织的独特艺术手法密切相关，还与我国悠久传统文化有着密不可分的联系。本章着重阐述中国古典园林美的历程、园林形式美的创造、园林美创造的基本原则、园林美的创造技巧和园林审美意境。

3.1 中国古典园林美的历程

3.1.1 园林美的生成——秦汉时期

中国古典园林，是把自然的和人造的山水以及植物，建筑融为一体的游赏环境。在世界三大园林体系（中国、欧洲、西亚）中，中国园林历史最悠久，内涵最丰富。

园林是人工创造的美的户外空间。它起源于人类对环境开始产生美的要求并已具备必要的造园能力。不同内容园林的出现自然也证明不同内容园林美感的产生。

早期园林审美内容之一是使信仰得到寄托。当古代的科学知识无法解释大自然中为什么一些事物给人带来幸福而另一些却降给人类以苦难时，人们认为其中必定有个万能的主宰者；这个主宰者理当隐藏在大自然中。因此，我们的祖先把大多数自然物看成是有灵魂的，这便是神的由来。人们崇敬日月星辰、河流、土地，当然也崇敬大地上的山林树木。由此，庙宇大多建在园林之中，一直发展到近代和现代，形成各种宗教、墓、祠园林的独特形式。

周文王建灵囿，"方七十里，其间草木茂盛，鸟兽繁衍。"最初的囿，就是把自然景色优美的地方圈起来，放养禽兽，供帝王狩猎，所以也叫"游囿"。天子、诸侯都有囿，只是范围和规格等级上的差别，"天子百里，诸侯四十"。古代园林，主要是为了满足帝王、诸侯的精神需求，将圈起来的地盘加以点缀，作为游玩赏乐之所。据《诗经·大雅·灵合》记载："经始灵台，经之营之，不日成之。经始勿亟，庶民子来。王在灵囿，鹿鹿攸

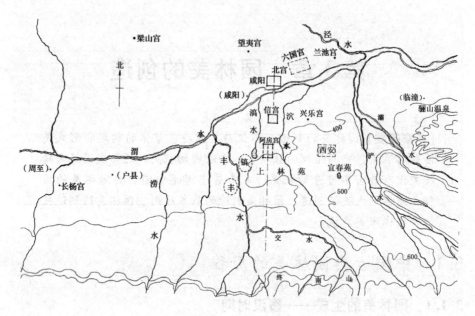

图 3-1　秦咸阳主要宫苑分布图

伏。……"这是我国有文字记载的园林形态。此阶段园林的特征：一是王家的，二是有功能的（游赏并狩猎）。"囿"对于功能的满足对象有了明确定义，并追求自然风光的美，是古人对于园林美学观形成的雏形。

到了秦始皇时代，在咸阳之郊建上林苑，这是更大规模的皇家宫苑（图3-1）。阿房宫，就是当时园林中的最大规模的建筑。但是，由于历代人为的破坏，已经无法看到它繁荣昌盛的景象，这不得不说是一个很大的遗憾。汉朝在秦朝的基础上，把早期的游囿分化发展为以园林为主的帝王苑囿行宫，除布置园景供皇帝游憩之外，还举行朝贺并处理朝政。汉武帝刘彻时代，皇家苑囿的兴建达到一个高潮。建元三年（前138年），上林苑是汉武帝在秦时旧苑基础上扩建的，离宫别院数十所。当时汉武帝已至晚年，他听信道士之说，为求长生不老，在太液池中修建三座土山，相传为"蓬莱""方丈""瀛洲"，岛上建宫室亭台，植奇花异草，自然成趣，称之为海上"三山"。虽然当时表现出造园主的避世心态和求仙思想，但也反映出此时的人们已经将对自然景观的审美追求，由低级的感官愉悦提高到了精神的层面。

3.1.2　园林美的开拓——魏晋至唐宋

这一阶段具有以下两个特色：

(1) 私家园林异军突起

魏晋南北朝时期,由于大一统帝国的衰落和少数民族的入侵,社会处于动荡不安的境地,人民流离失所,许多士大夫和文人产生了及时行乐和隐逸的风尚。如一世枭雄曹操都慨叹"对酒当歌,人生几何,譬如朝露,去日苦多。"阮籍、刘伶等7人淡泊名利,隐居竹林,诗书自娱,被人称为"竹林七贤"。社会上出现这些思潮和当时的政治、经济、文化的状况有直接的关系。魏晋南北朝时期,皇权衰落,豪门兴起,豪门士族为了争豪夸富,也为了过奢靡安逸的生活,争相建造私人园邸;当时儒道玄学并起,打破了儒家一统的局面,道家崇尚清静无为,玄学家崇尚自然,而园林最富自然情趣,许多人受了道玄两家思想影响,都建起了私家园林。文人隐逸之士在喜爱自然和逃避世俗方面尤为突出,如大书法家王羲之和41位文人聚集在绍兴的兰亭,举行修禊活动,实行曲水流觞,依次饮酒咏诗,将所咏之诗汇集成册,由王羲之书写了序言,就是流传千古的书帖《兰亭集序》。王羲之在序言的一开头就描述了修禊所处之地的景致是"有崇山峻岭,茂林修竹;又有清流激湍,映带左右,引以为流觞曲水。列坐其次,虽无丝竹管弦之盛,一觞一咏,亦足以畅叙幽情"。对山景的简单描述,道出了王羲之等人对自然情景之喜爱(图3-2)。陶渊明除了有《归去来辞》和"采菊东篱下,悠然见南山"等脍炙人口的诗文外,他在《归去来辞》中还有一段描述其小园的词句:"园日涉以成趣,门虽设而常关。策扶老以留憩,时矫首而遐观。云无心以出岫,鸟倦飞而知还。景翳翳而将入,抚孤松而盘桓。"从这首清新隽雅的诗文中,可想而知以陶渊明为代表的文人是如何钟爱自然淡泊名利,又是如何以其喜爱向往之心情来营建其园林的。不仅文人雅士建造田园式的私园,连富可敌国的大富豪石崇,也建了一座富有山林情趣的金谷

图3-2 兰亭修禊图

园。潘岳在《金谷集作诗》对该园是这样描述的:"回溪京曲阻,峻版落威夷;绿池泛淡淡,青柳何依依;栏泉龙鳞澜,激波连珠挥。前庭树沙棠,后园植乌椑,灵囿繁石榴,茂林列芳梨;饮至临华沼,迁坐蹬隆坻。"大富豪石崇整天过着奢靡的生活,竟然也建起了如此清雅的园林,当然是附庸风雅之举,但也可见热爱自然之风影响的深远。从以上数例可清晰看出,及时行乐的思想、隐逸的思想和热爱自然的情致,主导了当时私园的建设,这样的私园数量很大,不仅开了后世文人园林之先河,也对后来的皇家园林起了一定的影响作用。

(2) 诗词书画与园林的融合达到了从未有过的境界

唐宋时期是诗词书画最为发达的时期,唐太宗时政治稳定,实行轻徭薄役,与民生息,经济走向繁荣,古称"贞观之治"。盛唐时期,在政治稳定、经济繁荣的基础上,文化也取得了长足的发展,除了继承发扬传统文化外,还吸收了不少西域文化。当时在文坛、诗坛和书画界,先后涌现了王维、李白、杜甫等一系列大诗人,出现了王勃、韩愈、柳宗元等一批大文人,书画界出现了褚遂良、颜真卿、柳公权、吴道子、李思训等一大批名家,灿若群星。当时政府开科取士,很多文人得以进入仕途。文人做官有了钱,为了能够有个自娱和接待宾客的场所,也为了致仕退休之后能有个诗书自娱的清静环境,就都纷纷修建起自家的园邸。大诗人白居易就很爱建园,居官杭州时整修了西湖,筑了白堤,沿堤种了树,建了亭阁,成了个风景区。在九江当司马时,建了庐山草堂。后来在洛阳的履道坊又建了宅园,园建成后还写了篇记述其园的韵文《池上篇》,序中说:"每至池风春,池月秋,水香莲开之旦,露青鹤唳之夕,拂扬石,举陈酒,援崔琴,弹姜《秋思》,颓然自适,不知其他,酒酣琴罢,又命乐童登中岛亭,合奏《霓裳·散序》,声随风飘,或凝或散,悠扬于竹烟波月之间者久之。曲未尽而乐天陶然,已醉睡于石上矣。"白居易字乐天,从其记述中也可略窥其豁达乐观的性格,他的这种性格自会融进建园的设计。柳宗元被贬永州时,参与建园,把泉、石、岛等处分别命名为愚泉、愚池、愚岛、愚堂、愚亭、愚溪、愚沟,这些命名表示了他是"以愚获罪"遭致贬谪。大诗人王维建有辋川别业,其中有20个景点,有山、岭、坞、湖、溪、泉,植物相当茂盛,建筑不多,从其所提如文杏馆、斤竹岭、柳浪、白石滩等名称即可知风景一定很秀美。王维工诗善画,他所营造的辋川别业当然会是很有诗情画意的。这时的文人园林已从出世隐逸转为入世养性。

宋代的园林之多创了历史记录,北宋的东京,文献登录的皇家、私家园林就多达150余个,其他寺观园林、衙署园林、茶楼酒肆附设的园林更是不计其数。南宋的临安,不仅有皇家建的御园,私家园林更是层出不穷,形成了"一色楼台三十里,不知何处是孤山"的盛况。当时临安享乐的风气很盛,以至有人慨叹"暖风吹得游人醉,误把临安当汴梁"。

唐宋时期把中国园林推向了第二个高峰。

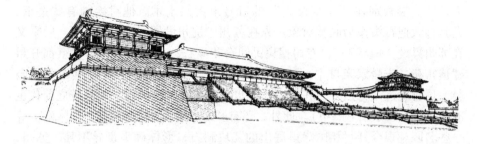

图 3-3 唐大明宫含元殿复原图

唐在长安及其附近建了不少皇家园林,如三苑、大明宫(图 3-3)、兴庆宫、华清宫、九江宫、曲江池等,唐长安的皇家园林都是宫苑合一。如兴庆宫的规模稍逊于三苑,是唐玄宗当太子和太上皇时所住之地,就是北宫南苑。李隆基常和宠妃杨玉环游玩于此,杨贵妃喜爱牡丹,苑中有座沉香亭,是用沉香木构筑的,亭前植有各色牡丹,一次玄宗和贵妃赏牡丹时,召李白来赋诗助兴,李白当即挥笔写成千古名篇《清平调》三章:

　　　　云想衣裳花想容,春风拂槛露华浓;
　　　　若非群玉山头见,会向瑶台月下逢。

　　　　一支红艳露凝香,云雨巫山枉断肠;
　　　　借问汉家谁想似,可怜飞燕倚新装。

　　　　名花倾国两相欢,常得君王带笑看;
　　　　解释春风无限恨,沉香亭北倚栏杆。

名苑得此名诗,声名更是大振,至今西安仍有兴庆宫公园。

唐朝,造园家与文人、画家相结合,运用诗画传统表现手法,把诗画作品所描绘的意境情趣应用到园景创作上,甚至直接用绘画作品为底稿,寓画意于景、寄山水于情,逐渐把我国造园艺术从自然山水园阶段推进到写意山水园阶段。唐朝王维建造的私家园林就充分体现了这一思想。他辞官隐居到蓝田县辋川,相地造园,园内山风溪流,堂前小桥亭台,都依照他所绘的画布局建筑，如诗如画。诗人白居易也是一位有名的园林设计师，从他的《草堂记》和致友人元稹书中，可以领略到他所建的庐山草堂的山野园林的意趣。

宋朝造园作为古代造园的一个兴盛时期，其突出的体现是用石方面有较大发展。宋徽宗在"丰亨豫大"的口号下大兴土木。他对绘画有些造诣，尤其喜欢把石头作为欣赏对象。先在苏州、杭州设置了"造作局"，后来又在苏州添设"应奉局"，专司搜集民间奇花异石，舟船相接地运往京都开封建造宫苑。宋徽宗亲自主持建造的艮岳，把艮岳建造成一个专供游赏的园林。艮岳除这一特点外，在筑山、理水、建筑和种植植物方面，较之前代也有了很大的发展（图3-4）。此外，还有"琼花苑""宜春苑""芳林苑"等一些名园。现今开封相国寺里展出的几块湖石，形体确乎奇异不凡。苏州、

图3-4 艮岳平面设想图

扬州、北京等地也都有"花石纲"的遗物,均堪称奇观。这期间,大批文人、画家参与造园,进一步加强了写意山水园的创作意境。

在这一时期寺观园林也有了很大发展,寺观园林所以能够得到发展,一是因佛道两家都是力主出世之说,喜欢在山清水秀的地方建寺观,以接近自然远避尘世;二是因佛道两家日趋世俗化,为了吸引香客和游人,也需要建造园林式的寺观,所以就蓬勃地发展起来。

3.1.3 园林美的升华——元明清

从唐宋至清,历史又发展了1000多年,到了清朝的康熙、雍正、乾隆时代,园林已臻成熟,成熟的标志是园的规模渐小,工艺却日趋精致。此时私家园林、寺观园林、皇家园林遍布各地,无论是数量,还是造园水平,都超越了历史上的各个朝代。从造园的风格上看,已形成了以苏杭为代表的江南派;以广东为代表的岭南派;以皇家园林为代表的北方派三大园林派系。

皇家园林圆明园的建成,是中国园林已臻成熟的典型代表作。

圆明园是圆明园、长春园、绮春园三园的统称,历经康熙、雍正、乾隆、嘉庆、道光5位皇帝的建造,历时100多年,占地5000亩。

圆明园水域约占一半,是平地起园,水景为主。全园共有大小建筑120余处,是个宫苑合一的园林,有景区景点123个,是个集锦式的园林。全园的建屋、堆山、理水和植物配置,都达到了极为精致的程度。如建筑,按功能划分,有宫殿、住宅、戏楼、市肆、藏书楼、陈列馆、庙宇、船坞码头及后勤用房;按造型分,则大大突破了宫式规模的束缚,广征博采南、北方民居形式,而且出现了许多从来未见过的眉月形、万字形、工字形、口字形、书卷形、田字形等千姿百态、小巧玲珑的园林建筑,最为高超的是在院落的组合上极尽其所能,全园120余处建筑群落无一雷同。全园把建筑、山水、植物融合为一体,山复水转层层叠叠,有堆景、透景、障景,变化中有联系,形成动景。特别是全园的水系,有开有合,联为一体,既便于游览观景,又是通行的航道。西方人把圆明园称为"万园之园",此言不谬,它确实是平地造园的一处杰作(图3-5)。

元明清作为中国园林美的升华,主要表现在以下5个方面:

(1) 造园理论技法之总结

2000多年来,我国的园林设计师、造园工匠们在实践过程中不断总结经验,创造出了许多设计理论与造园技法。这在明以前的历史文献和诗赋文章中屡见不鲜,但作为造园的专著,则是从明代后正式出现的。其中以明代崇祯七年(1634年)计成著的《园冶》为代表。另有元代陶宗仪的《辍耕

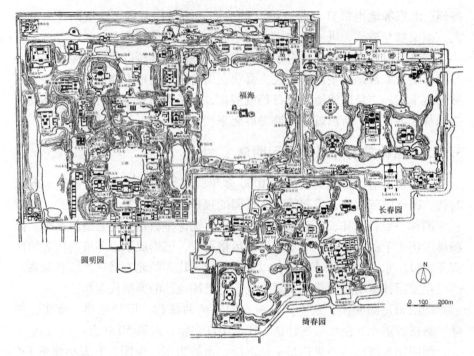

图3-5　乾嘉时期圆明园三园平面示意图

录》、明代文震亨的《长物志》和清代李渔《一家言》。

(2) 造园名家辈出，造园工匠继起

明代叠石造园名家首推米万钟，以漫园、勺园、湛园为代表。南方造园名家以计成为魁首。明代还有北京的高倪、江苏的林有麟等。清代的张涟、张然父子亦是一代造园名家，尤以叠石著称。李渔则长于园林建筑。造园名家在清代还有营造畅春园的青浦人叶洮、广西梧州人道济、会稽人周师濂、江西人王松、广东潮阳人陈英猷、扬州青年叠石家仇好石等也都是当时的造园名家。

(3) 外来因素的吸收

自公元1世纪前后中国与欧洲、亚洲各国发生交往以后，中国园林不断吸收外来的建筑因素，丰富自己的内容。如园林中的古塔即是吸收印度等国建筑艺术因素不断创造发展的范例。在宫苑、私家园林中除吸收西方建筑因素外，还吸收了西洋园林的音乐、美术的一些技法，但因为中国园林有着深厚的传统、独特的风格，外来因素或被融合，或被同化吞噬，逐渐中国化了。

(4) 集景式园林的大量发展

中国古典园林规模宏大，兼包并蓄，移天缩地，不断发展成集景式园林。其中以圆明园、清漪园（今颐和园）和避暑山庄为代表。集景式园林，是清代大型宫苑通常采用的一种布局手法，也是这一时期造园的特点和成就之一。

(5) 园林艺术向精深完美发展，达到造园艺术的高峰

这一时期的园林总结了几千年的造园经验，明、清是中国园林创作的高峰期，皇家园林创建以清代康熙、乾隆时期最为活跃。当时社会稳定，经济繁荣给建造大规模写意自然园林提供了有利条件，如圆明园、避暑山庄、畅春园等。私家园林是以明代建造的江南园林为主要成就，如沧浪亭（图3-6）、休园、拙政园、寄畅园（图3-7）等。同时在明末还产生了园林艺术创

图3-6 沧浪亭平面图

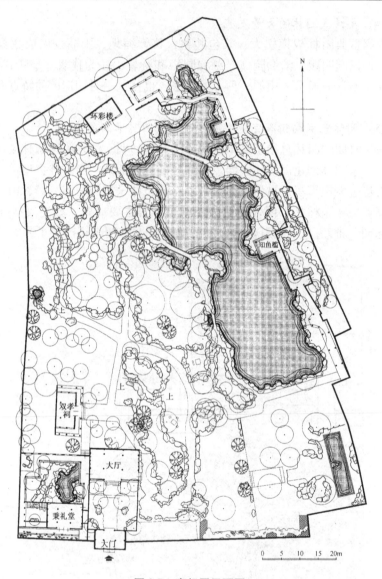

图 3-7 寄畅园平面图

作的理论书籍《园冶》。它们在创作思想上仍然沿袭唐宋时期的创作源泉，从审美观到园林意境的创造都是以"小中见大""须弥芥子""壶中天地"等为创造手法。自然观、写意、诗情画意成为创作的主导地位，园林中的建筑起了最重要的作用，成为造景的主要手段。园林从游赏到可游可居方面逐渐发展。大型园林不但摹仿自然山水，而且还集仿各地名胜于一园，形成园中有园、大园套小园的风格。

自然风景以山、水地貌为基础，植被做装点。中国古典园林绝非简单地摹仿这些构景的要素，而是有意识地加以改造、调整、加工、提炼，从而表现一个精练概括浓缩的自然。它既有"静观"又有"动观"，从总体到局部包含着浓郁的诗情画意。这种空间组合形式多使用某些建筑如亭、榭等来配景，使风景与建筑巧妙地融合到一起。优秀园林作品虽然处处有建筑，却处处洋溢着大自然的盎然生机。明、清时期正是因为园林有这一特点和创造手法的丰富而成为中国古典园林集大成时期。

到了清末，造园理论探索停滞不前，加之由于外来侵略、西方文化的冲击、国民经济的崩溃等原因，使园林创作由全盛到衰落。但中国园林的成就却达到了历史的峰巅，其造园手法已被西方国家所推崇和摹仿，在西方国家掀起了一股"中国园林热"。中国园林艺术从东方到西方，成了被全世界所共认的园林之母，世界艺术之奇观。

以上是中国园林发展的3个阶段，用较多的文字来叙述这3个阶段，不仅是为了看出其一脉相承的发展轨迹，更重要的是为了探寻发展的根基。

3.1.4 当代园林美的创造——新时期

人类文明起源于自然，园林是人造自然，人类伊始就按美的法则去创造世界，人们通过美的形式，形象地表达着赖以生存的家园及周围环境。园林设计不是简单的装饰，是人类在城市历史发展进程中各种社会因素的积淀所客观形成的文化。

任何一个时代的园林，目的都是为人服务，而其形式与风格取决于这个时代人们的生活方式、文化艺术及经济技术水平。古典园林的服务对象从产生开始就有很大的局限性，因为当时占支配地位的是少数的皇族、达官贵人及一些商贾文人。他们设置园林的出发点只是为了显示财权或用于享乐，因此无论是皇家园林还是私家园林都只为少数人服务。从新中国成立起，中国园林美的创造开始进入一个崭新时期。而现代城市园林是为众多的普通公民服务的，服务对象在量上的改变必然引起园林在诸多方面质的变化。现代城市园林不仅包括公园，还包括其他所有的城市绿化与美化工程，如街道、广场、动植物园及其他各类专用绿地。突出的特点是从城市全局出发，因地制宜，并注重使用功能。尤其随着工业的迅猛发展、城市化的不断扩大，环境的恶化已成为全球性的问题。园林又被历史性地赋予新的功用，即保护环境，改善环境。单纯的为满足少数人的享受与审美情趣的园林已满足不了现代城市的需求，但由于以往那种狭隘造园思想的延续，新建园林与城市大环境发生冲突的例子比比皆是，尤其对开敞性公共游园、街道绿化、居住区室外环境等的重视还不够。

现代城市园林内涵的不同使园林不再只为少数文人雅士或皇族服务，而是需要面向大众。一味沿袭古典园林的含蓄意境或皇家气派都是不适宜的。现代的城市风貌、现代的技术材料，再完全采用古典的形式往往难以协调，现代文化艺术讲究自由流畅，追求简洁明快，古典园林繁琐的装饰已不再适应。上班族需要放松身心的休憩绿地，老年人要求有锻炼的场所，儿童寻觅游戏的空间，凡此种种都使得单纯的园林形式已难以满足市民的多种需求。

现代园林的功能不再仅仅是家庭生活的延伸，而是肩负着改善城市环境，为市民提供休憩、交往和游赏的场所。20世纪90年代以来，人类社会越来越强调回归人性感性化，越来越重视个人情感的追求和满足。

20世纪80年代，在深圳兴起一股美化环境，大搞园林绿化的新潮。从此以后，中国园林步入了一个崭新的里程，传统园林风格受到严峻的挑战。西方文明发生在中国特定的经济社会发展阶段，应该说是这个历史阶段注定的，国际式特别是欧式风格，几乎成了中国很多城市园林设计的同义语。也是从此时，园林的风格在中国步入了一个迷乱的时期。园林设计一味追求欧美景观，盲目追求国外大草坪、大色块，不管基地上是否有保留价值的房屋、土丘、河道、池塘，一律挖平填满，砍掉老树；意图创造欧美园景，不切实际地再现加拿大枫叶、夏威夷景色、威尼斯水城。致使我国的园林设计从南到北，从东到西，大城市、小城市都是一个模式，没有地区的、民族的特色。缺少艺术审美的差异性，特别是少了对民族文化的一贯追求，或者说是缺少了文化意义、思想上的"主义"。没有主义，就没有灵魂，就只是跟着别人跑，以至造成了人文环境错位，造成精神品格的庸俗化，千篇一律、没有特色的局面。

正是由于东西方文化存在很大的差异，彼此之间有必要相互了解、相互交流。日本和丹麦的设计之所以享誉全球，在于他们不仅注重不同文化的交流、沟通和融合，善于吸收不同文化的长处，同时注重发扬本民族的传统文化。生态住宅的环境建设是在"以人为本"的基础上，利用和创造自然，有利于建造舒适、健康的生活环境，达到"结庐在人境，而无车马喧，问君何能尔？心远地自偏。"（晋·陶渊明）的境界。何能心远？为园林风格的发展提出了一个很好的课题。

设计的民族性是指各民族地区的差异在设计中的体现，不同的地区有其特殊的地域环境、气候条件、经济情况、人文思想、民族习惯等。"以人为本"人不但有生物属性，更重要的是具有社会属性。表现在园林设计方面，不同地域环境的园林都有自己的特色。例如，北方型，以北京为主，多为皇家园林，其规模宏大，建筑体态端庄，色彩华丽，风格上趋于雍容华贵，着重体现帝王威风与富贵的特色，如颐和园、北海公园、承德避暑山庄等。江南型，以苏州园林为代表，多为私人园林，一般面积较小，以精取胜。其风格潇洒活泼，玲珑素雅，曲折幽深，明媚秀丽，富有江南水乡特点，且讲究山林野趣和朴实的自然美，充分体现了我国造园的民族风格。岭南型，以广东园林为代表，既有北方园林的稳重、堂皇和逸丽，也融汇了江南园林的素雅和潇洒，并吸收了国外的造园手法，因而形成了轻巧、通透明快的风格，如广州的越秀公园。把园林设计放在人本论的立场上看，设计活动和其他活动都成为人类创造自己文化历史的活动。一个民族、一个时代的文化艺术形式特征正是这种历史变迁的里程碑，其表现出来的造型风格就是里程碑的碑文，铭刻着历史发展断层的文化内涵，同样也反映着社会的整体现象，反映着社会精神，反映着社会的变革和人类精神的变化。

园林设计的意义使得园林设计本身在新时代中承担着越来越重要的角色。好的园林设计应该是以人为本，以当今时代为根，以优秀的民族传统为魂。王朝闻先生有句著名的论断："越是民族的，越是世界的。"在这个世界上，个性语言和不同的地域情感是应该存在的，我们传统的园林文明受到了强烈的冲击，自然传承的生活模式和传统培育的技艺必须给予最精心的保护，要宏扬园林文化的旗帜。在当今经济占主流的中国，决不是件容易的事，需要极大的勇气、强烈的民族心态和哲学思维，更重要的是必须以树立我国的人文精神为设计目标。现代园林设计中只有遵循此径才能屹立不倒。

园林景观应该是一个具备社会、自然与艺术多元功能的综合整体，它既要满足生态、环保、休闲和装点城市的社会功能，又要符合植物生物学特性的自然规律，同时，在艺术上既能体现创作哲理，又要突出设计者追求的个性。如果一味地克隆西方园林景观设计，不仅缺乏创新，忽略了地域审美特征，还丧失了中国园林的历史传统和文化精髓，很难令人产生亲和力与归宿感。但历史发展到今天，中国的城市建筑风格早已与世界接轨，城市已由高楼大厦、摩天大楼、宽畅马路、城市广场、住宅小区等组成，再用中国古典园林的造园手法来建设绿地会显得与现代建筑非常的不协调。而人的需要是多方面的，园林设计要满足人的需要包括生理和心理两方面。一些园林设计仅仅强调形式美，把功能理解为休息桌椅、集散广场和活动场地之类最基本的需求。园林设计所要达到的目的是营造适合人生存的、和谐的自然空间，通过对环境的设计使人与自然相互协调、和谐共存。而现在国内的很多景观设计者一味模仿传统的园林景观设计，那是向后看，忽略了我们的时代特征。明朝计成在《园治》所说："古人百艺，皆传之于书，独无传造园者何？曰：'园有异宜，无成法，不可得而传也。'……"，这正说明了造园艺术的深奥所在。以多样性的生态景观来丰富城市环境，这样才能造出有中国特色的大地景观。

理念至为重要，是人本主义还是人与自然相协调？人作为自然中特殊的成员可从自然中相对独立出来，但人毕竟是从属于自然的生物，必须与自然协调才能持续发展。也只有人与自然协调才能产生美。园林就是将人的社会美融入自然美从而形成艺术美。美学家李泽厚先生将园林美学概括为"人的自然化和自然的人化"。园林设计应首先坚持以人为本、使用为本原则，坚持地域性原则。真正的现代园林设计是人与自然、人与文化的和谐统一，融合当地文化，掌握其发展趋势。城市历史中蕴藏着丰富的政治、经济、文化资料，特别是传统的文化特征、城市风貌、历史遗迹，并且了解当地的气候、民风、民俗、生活习惯和周围环境特点，根据此把握基本的创作风格及思路，运用园林文学，借鉴诗文，创造园林意境；引用传说，加深文化内涵；题名题联，赋予诗情画意。充分利用当地的自然资源和特色，达到与当地风土人情、文化氛围相融合的境界。

其次，园林设计要顺应自然。园林是在享有家庭生活的同时，亲近自然、与自然和谐相处的生活空间。在园中，不仅有山水等物质因素，也有统一全园主题或情趣的精神因素。当然，这种精神因素才是最主要、内在的。中国园林在创作和审美中追求的是意境和品格，注重的是寄托和交融，希望在有限的事物中表现出广阔的境界来。"崇尚自然，师法自然"是中国园林所遵循的一条不可动摇的原则。苏州沧浪亭的楹联"清风明月本无价，近水远山俱有情"就表现出园主视己与自然浑然一体，陶然与自然的闲适心情。我国幅员辽阔，各地风光不尽相同。既然造物主给人们一个四季分明的气候，那么就大可享受春之花艳、夏之绿荫、秋之萧瑟、冬之银装。具体而言，将生态健全、景观优美的环境融汇以文化，形成具有文化内涵的自然环境，为人们提供游览和休息的空间。与此相违便是一切问题产生的根源。继往开来的园林设计与时俱进而又万变不离其宗。

园林设计的最终目标与社会生活的形式及内容之间的关系，表明了熟悉和理解生活对于园林设计创作的意义。园林设计是社会生活需要的产物，也在社会形态与社会生活的变化中改变自己的空间形态和环境特质。运用传统的中国造园手法，因地制宜、因势利导、对比借景，吸取西方园林要素，博采众长、古为今用、洋为中用的创新加上当地风土人情、文化氛围，巧于配置，也可以说以创新观点将古代园林与现代园林进行嫁接，最终形成有特色的园林。从皇家园林、宗教园林、私家园林到市民公园再到城市园林和区域景观……当我们深入当代社会生活的大舞台，我们便会发现，随着时代的变化和发展，社会生活也不断地展现新的内容和形式。而从自身所处的特殊的地位和特殊的社会角色来观察社会、思考社会，从中提炼出本质的、典型的、符合社会生活的园林空间形式，这是社会生活的需要，也是丰富社会文化生活的需要，是人类创造性、革新性本能的需要。

3.1.5 未来园林美的发展趋势

园林的历史可上溯至5000年以前。但是在漫长的历史年代中，园林主要是为少数人享用的，为公众服务的园林所占的比重甚微。18世纪中叶欧洲资产阶级革命之后，将一些王公贵族的园林开放，称为"公园"。19世纪下半叶，美国造园大师奥姆斯特德（Frederick Law Olmsted）规划设计了纽约中央公园和波士顿等地的公园绿地系统，把园林从封闭的围墙中扩大到城市整体的范围，并首先称自己的职业为Landscape Architect。1900年哈佛大学开办Landscape Architecture课程，标志着现代园林学科的建立。此后，世界各国都用Landscape Architecture这一名词作为有关园林的通用名词，并于1948年成立了国际风景园林师联合总会（IFLA）。关于Lndscape Architecture的中文译名，全国自然科学名词审订委员会正式审订公布为："园林学"（林学名词审订委员会1989，建筑、园林、城市规划名词审订委员会1996）。特别是建筑、园林、城市规划名词审订委员会在公布名词的前言中作了一段专门说明："在审订中，有些带争议性的名词均经过多次讨论后得到确定。如'园林学'一词，有的专家认为应以'景观学'代替，但考虑到我国多年来习用的'园林学'的概念已不断扩大，故仍采用'园林学'，与英文中的Landscape Architecture相当"。

传统园林是城市发展过程中，由于人们的需要而专门建立的模仿自然、供人观赏、游憩的场所。这个时期，主要是借鉴古典园林的造园思想，在一个个独立的地域内建造一些公园、花园和纪念园等。但毕竟园林还只是一个个独立的园子，与城市建筑、街道等城市设施没有形成相互的联系。园林、建筑、城市设施都是城市建设中的独立体，是一种简单的混合，是园林发展的初级阶段。园林的研究主要偏重于古典园林造型艺术和园林的观赏性方面。

随着我国城市建设的进一步发展，生态恶化导致人们对绿色植物的渴望，因此产生了城市园林绿地系统理论。该理论强调城市园林建设点、线、面的结合，主张城市园林绿地要呈网状、放射状等系统方式渗入城市中。此时的园林虽然注重了改善环境的生态功能，但仍以观赏为主，缺少多重功能兼顾。这个时期，园林开始探索服务大众、与城市结合的途径，有了较大的发展。园林与城市建筑和城市设施虽然还存在距离和区别，但已有了一定的联系，形成了相互的渗透和磨合。这是园林发展的中级阶段，园林研究也进入了生态研究和城市园林系统研究等方面。

近年来形成的大园林思想，是在传统园林和城市园林绿地渐成系统的基础上，继承和借鉴古典园林理论、前苏联城市系统绿地规划理论和起源于美国的 Landscape Architecture 理论发展起来的。其核心是建设园林式的区域、城市甚至国家。实现大地景观规划，其实质应当是园林与建筑及城市设施的融合，也即是说，将园林的规划建设放到城市的范围内去考虑，园林即城市，城市即园林。它强调城市人居环境中人与自然的和谐，以满足人们改善城市生态环境，回归自然、亲近自然的需求；满足人们对建筑室内外空间相互交融，以提供休闲、交流、运动、活动等工作和生活环境的需求；满足人们对建筑等硬质景观与山石、水体和植物共同构筑的环境美、自然美的需求，创造集生态功能、艺术功能和使用功能于一体的城市大园林。因此，大园林理论是城市建设发展的必然，也是园林发展的必然，它使园林进入与城市建筑和城市设施融合的高级阶段，也使园林进入对园林艺术、园林生态和园林功能综合研究的大园林阶段。

我国现代园林的发展经历了曲折的历程，从绿化、美化、系统绿化到现代城市大园林，园林工作者在不断探索中，拓展壮大了园林学。现在园林学领域已经包含了传统园林学、城市园林绿地系统和大地景观规划 3 个层次，已初步形成了以生态园林、城市系统绿化、景观设计等为基础的、有中国特色的、符合现代园林发展规律的理论，我们暂且归纳为大园林理论。

大园林理论的核心是指园林不仅仅是要在有限的绿地上建造公园，也不仅仅是要规划一个城市的园林绿地系统，而是要规划一个区域、城市乃至整个国土的大地景观，即大地景观规划，将整个区域、城市乃至整个国家建设成为一个大园林，实现城市、区域乃至整个国家的园林化。也即是说，现代园林应当结合城市规划和建筑，将它们作为一个整体来考虑，而不是单独割裂开来谈园林。吴良镛教授也曾呼吁实现城市规划、建筑设计与园林设计融为一体的整体性城市建设，并在山东曲阜孔子研究院外环境规划设计中，做了成功的尝试。

大园林理论的实质是园林内涵的扩大，使园林从狭隘的造园转入整个区域或城市乃至大地的园林化，是园林与城市的融合，是由园林绿地系统向系统化城市大园林的转化。大园林理论认为，园林应当是对一个区域或城市人居环境（包括自然的和人工的环境）整体的规划和设计，并将重点放在城市开放空间上，用建筑、山系、水体和植物等园林要素，构建具有生态、艺术和使用三大功能的城市大园林。因此，大园林理论应当建立在统领城市建筑室外空间的基础上，通过对城市规划和城市建筑的协调性研究，进行包括城市道路、路灯、构筑物及其他市政设施等城市设施和绿地，并包括城市依托的自然环境在内的开放空间的环境设计，并积极参与城市规划和建筑外观设计，构筑园林化的城市空间。

（1）大园林是园林生态功能、艺术功能和使用功能的和谐统一

园林是艺术和科学的结合，具有改善生态、净化环境的生态功能，创造意境、美化环境的艺术功能，以及供人游憩、交流等的使用功能。建设城市大园林就是要利用现代设计理念，结合现代城市建筑、设施等，在首先满足城市使用功能的前提下，充分利用植物、山石、水体和建筑，构筑具有丰富文化内涵的、生态的、满足人们生活需要的城市人工环境，以实现园林三大功能的有机结合。

（2）大园林是城市建筑、城市设施与园林艺术的和谐统一

我国传统的城市园林只局限于城市的建筑、道路及其他设施之外的空余地块，也即"建筑优先，绿地填充"。而大园林理论要求园林去关注整个城市的整体性，即在规划设计的城市生态环境中，科学地设置建筑、道路和城市设施。换一句话说，就是要用城市的建筑、城市道路、广场等城市设施，与城市绿地共同构筑一个整体性的城市大园林，实现"城市即园林，园林即城市"的构思。

（3）大园林是人与自然的和谐统一

人居环境是一个囊括人类生活方方面面的复杂体系，其中最具人情味、最能体现人与自然合作的便是园林。园林是人工创造的，源出自然、高于自然的，模拟自然生态的人居环境，园林创造过程实际上就是人与自然直接发生作用的过程，大园林思想就是要力求在人与自然之间找到一个结合点，使人与自然共享与交融，以达到重塑人工模拟自然的城市环境，走出私密性的园居小圈子，走进人与人、人与自然共享与交融的人居环境的大天地。

3.2 园林美创造的基本原则

中国古代文人的精神追求是向往自然、追求自然，甚至把自己融化在山水中，达到"物我两忘"的境地，并把这种精神移植到造园中。古代造园家百般追求"天然图画"，把园林构造与山水诗画结合起来，择取最能诱发人们产生愉悦之感的山、水、建筑、植物，通过概括、提炼，使造园的这4

个要素融合为一体，彼此依托，相辅相成地构成了一种完美的古典园林艺术空间。

就造园外在形式上看，园林是由建筑、山水、植物等组合而成的一个综合艺术品。它采用多种艺术手法，利用植物等的特性，通过和谐的组合，顺乎自然，改进自然，将造园者的诗情画意渗透到园林艺术中，并通过具有表现力的要素，使得悦人的风景更加鲜明地突现在人们面前，创造出雄伟壮阔、激励人们积极向上的或优雅恬静、使人轻松舒畅的艺术境地。因此，园林美的创造，其实质是创造有利于生态平衡的、赏心悦目的环境，是人类自身生活环境的美化。美化环境，设计建造园林，种植花草树木，是人类改造自然的一种实践活动。它必须是一方面遵循自然界内在的发展规律，即合规律性；另一方面，使人类在生产实践过程中满足其改善自身生活的需要，即合目的性。这种内容与形式的统一，目的性与规律性的统一，就是造园的基本原则。

3.2.1 因地制宜，顺应自然

自然天象虽然不能为人把握，但造园艺术家却善于因借，巧于组景，因地制宜，做到"风花雪月，招之即来，听人驱使，作出境界"。所谓"因地制宜"就是在造园相地选址时，充分利用自然山水中地形地貌的有利因素，经过匠心独运的构思立意，将称为中国园林传统四大造园要素的山石、流水、建筑和植物进行有机组合，并且布局灵活，变化有致，使得全园景观协调统一。不过，中国古典园林虽然从形式和风格上看属于自然山水园，但决非简单地再现或模仿自然，而是在深切领悟自然美的基础上加以萃取、抽象和概括，是大自然的一个缩影，是自然美的内在秩序的再现。它虽仍是一种人工创造，但这种创造不违背自然的天性，而是顺应自然并更加深刻地表现自然。

(1) "相地合宜"

造园必先相地，只有"相地合宜"才能"构园得体"。计成于《园冶》中将造园用地分为山林地、城市地、村庄地、郊野地、傍宅地、江湖地等6种。在古人看来，相地是很重要的，相地在地理位置上决定了一座园林或一个胜地胜景的基本面貌。《园冶卷一·兴造论》云："'因'者：随基势之高下，体形之端正，碍木删桠，泉流石注，互相借资；宜亭斯亭，宜榭斯榭，不妨偏径，顿置婉转，斯谓'精而合宜'者也。'借'者：园虽别内外，得景则无拘远近，晴峦耸秀，绀宇凌空，极目所至，俗则屏之，嘉则收之，不分町疃，尽为烟景，斯所谓'巧而得体'者也。""因借体宜"为历代造园者所采用，而由计成总结归纳作为造园的首要技法而提出的。

"因借"作为造园技法主要的美学原则，在于造园宜"因地制宜"，即依所在的地理、地形、地貌、地势设计园林。顺应于自然，不违逆自然条件而强作构建。同时，要求园林内部的山石、水域、道路、植物以及建筑各景点之间相互巧借得体，通过一定技法将园外景致"借"入，构成一个和谐而充满生命意蕴的园景整体。如苏州拙政园，将园外的北寺塔景观借入园内，与园内景色浑然一体（图3-8）。又如拙政园西园的宜两亭，此亭筑在一高高的假山上，紧贴中园的围墙，坐在宜两亭中中园的景色一览无遗（图3-9），而在中园可以将宜两亭的自身一景借入中园，称为互借（图3-10）。因地制宜是指造园时根据不同的基地条件，有山靠山，有水依水，充分攫取自然景色的美为我所用，这实际上也就是园林规划布局中的顺应自然。顺应自然的另一层意思是按自然山水风景的形成规律来塑造园中的风景，使园内景色富有自然天真的魅力。园林艺术的主要目的是创造（或者改造整理）山水风景

图3-8 拙政园中园外借北寺塔

图3-9 宜两亭上俯视中园景色

图3-10 中园借西园宜两亭景色

美,使之更集中、更精练、更便于观赏。祖国的山山水水,婀娜多姿,特别是那些经前人评定的传统山水名胜风景区,更是无山不秀,有水皆丽。美丽的自然景色为园林创作提供了取之不尽的素材,但是造园并不是单纯地模仿自然、再现原物,而是以山水、植物和建筑等组景要素,经过艺术劳动,塑造出比自然风景更美的景色的实践过程。这就要求艺术家认真归纳总结自然山水美的各种不同形式和它们的形成规律,作为自己艺术创作的依据。

(2)"水贵有源"

自古以来,人们就用诗、画赞美水。流动活泼是水的表现特征,而平静的水是很软美的,人们常用柔情似水来形容温柔的感情。水给人亲切感,它的流动使其充满了活力。我国古代的园林设计,通常应用山水树石、亭榭桥廊等巧妙地组成优美的园林空间,将我国的名山大川、湖泊溪流、海港龙潭等自然奇景浓缩于园林设计之中,形成山青水秀、泉甘鱼跃、林茂花好、四季有景的"山水园"格调,使之成为一幅美丽的山水画。

"活泼泼地"是苏州留园西部的一座横跨溪上的水阁,同时也作为溪涧景色的收头。一条清澈的小溪缓缓从枫林中流出,到此水阁下隐去,好像穿阁而过,水虽止而动意未尽。流水、小阁、青翠的小岗,充满了自然风景的活泼生气,实在是园林造景中以人工创自然的妙招,以"活泼泼地"来题名,真是再恰当不过。唐代诗论家司空图在《诗品》中这样写道:"生气,活气也。活泼泼地,生气充沛,则精神迸露,跃出纸上。"园林风景要达到"虽由人作,宛自天开"的艺术效果,就要让园林充满活气,顺应自然地组织山水。像"活泼泼地"一景就是如此,小建筑置于以土为主、间以黄石的假山平岗之中,溪水曲折流出,两岸枫树成林,若在秋高气爽之时,在此小憩片刻,定会使人感到满眼生气,精神舒畅。

具体地讲,园林艺术处理山水(即掇山理水)的规律就是"山贵有脉,水贵有源,脉理贯通,全园生动"。美的自然景观,几乎都少不了水的存在。有水,山才秀,才活,才显灵气;有水树木花草才会茂盛;有水,云霞露雾才能生成。山与水都是美的景观,但二者又各有特点。山基本上比较固定,其变化主要是依据气候、植物等外在条件而"物诱气随",四时不同。而水则没有固定形态,"随物赋行"。汹涌的海洋,潮起潮落,奔腾的江河、溪流,变化多端。即使湖泊、池塘,也是"水面衫来云脚低",水清石现。其实,山有脉络走向,水有源头流向,这是自然山水风景最一般的规律。要是园林中的山无脉络,混成一堆,园中的水又是无源的死水,那么即使亭台建筑设计得再精巧,植物品种再多,整座园林也生动不起来。因此,造园的第一步就是要确定山的脉络走向,疏通园中的水源,并使山水自然地交融在一起。如果园林建在自然山林之中，那么就应该按照自然山岭的脉理走向来构山。明计成《园冶》则总结了造园中的理水原则："高方欲就亭台，低凹可开池沼，卜筑贵从水面，立基先就源头。"历代诸子百家、文人墨客对水的论述与观感，赋予了它更深的文化内容，从而形成了中国独特的水文化。

(3) "山因水活"

拥翠山庄是苏州城外虎丘山的天然坡度，依山势逐层升高。园门南向，十余级朴素的青石踏步将游人引入翠树掩蔽之中的简洁园门。门内有轩屋三间，构筑于岗峦之上的古木中间，是一处深邃幽奇的山中小筑之景。轩北不远处，有突起的平台，台上建亭名"问泉"，与轩屋和一边的陡峭山坡互成犄角之势，是引导游人登山的点景小筑，既增加了小园前后的空间层次，又将人们的视线引向高处。该亭的西、北两面，在真山的悬崖下又堆了湖石假山，气势相连，中间植夹竹桃、紫薇、白皮松、石榴等。园墙隐约于山石花树之间，并不显眼。园内的景色与园外的自然山林景色融合在一起，充满生机和意趣。等到经由自然山石和人工稍为叠砌的蹬道透迤而上，来到主要建筑灵澜精舍的平台上时，往下看，是一片葱翠的虎丘山麓风景；往上望，则是巍巍虎丘古塔。按照自然山水的脉理，人工构筑的小园与大的山水景色协调而统一。拥翠山庄成了虎丘山的著名景致，而虎丘的山林古塔也成了小园不可缺少的借景。

"问渠那得清如许，为有源头活水来。"园林风景中山水的基本关系是"山因水活，水随山转"。只有能流转的活水，才能给山带来生气；只有富有生命力的水，才能活泼泼地映出园林景色。要是园中的水是一潭死水，就会腐臭变质，根本谈不上自然之美。为此，计成在《园冶》中指出：造园在初创阶段就要"立基先究源头，疏源之去由，察水之来历。"自然山水中的园林，得到活水比较容易，只要引进天然水源就可。如杭州灵隐寺的冷泉、无锡寄畅园的二泉水等。有些园林中，泉水源头本身就是很好的一景，如太原晋祠的难老泉、济南大明湖的趵突泉。有的园林中较大的水面被作为城市的调节水源和畜水库，如北京颐和园的昆明湖等。城市园林，也要疏通水的去路，接入天然的河道。古园中的闸桥、闸亭都是为控制外河和内水而设立的（如《红楼梦》大观园中的重要一景沁芳桥便是闸桥）。有些城市园林，实在没有办法接通活的地表水，造园家便因地制宜地在溪池的最深处，打几口井，将园内的地表水和地下活水沟通，来保证水的活力。江南一带地下水位较高的地区，常用这种办法救活水源。

(4) 植物造景

《园冶》里对园林植物配置作过精辟的论述。"梧荫匝地，槐荫当庭，插柳沿堤，栽梅绕屋。结茅竹里，浚一派之长源。障锦山屏，列千里之耸翠。虽由人作，宛自天开"。虽然是以植物属性作为论述，但中国园林植物配置的最大特点还是对于诗格画理的的讲求，在造景特色方面表现得很突出。中国园林植物配置方式根据植物种类、姿态、色彩、香味特点可分为：孤植、对植、群植、丛植。例如孤植，是中国园林中普遍采用的形式，能充分展现出单株花木色、香、姿的特点，适合小空间和近距离观赏，常作为庭园景物主题。有的利用树姿的盘曲扶疏，植于山崖，以衬托岩壁峻峭；或植于墙角、廊边、桥头、路口、水池转角，起配景或对景的作用。

酷爱游赏风景的苏东坡曾这样评价园林中的建筑和植物景观，"台榭如富贵，时至则有。草木如名节，久而后成。"意思是说台榭建筑只要有了钱，马上就可以造起来。园林中的花草树木却不是立刻便能长成，需要十几年或数十年的生长。由此可以看出诗人对园林植物的重视。绿是生命之色，园林中要是没有植物，一片灰黄，就会变得死气沉沉。因此，花草树木是使园林景色富有生气、活泼可爱的必不可少的因素。

园林植物的栽植也同山水造景一样，要顺应自然。我国古园中栽花种树的原则，是让其自然生长，不加人工约束。因此，在古园中几乎看不到西式花园中那种笔直的林荫道，修剪成几何形体的树木和十分对称、规整的花台，园中植物几乎都是姿态舒展、生意盎然的。而且它们往往间杂种在一起，就像在山野中一样。有姿态古拙可以入画的老树，有随时会变化的各色花果，诸如桃、李、海棠、柿子等果树，在园林中互相辉映，给景色平添了不少山野的自然气息。在苏州的一些城市园林中，至今人们还能欣赏到"老榆旁岸，垂杨临水，幽篁丛出"的野趣（拙政园中部池上两岛）和"漫山枫树，桃柳成荫"的城市山林风貌（留园西部小岗）。

植物布置因地制宜，顺应自然的另一个表现是不求品种的名贵和齐全，山野村落中一些常见树种，如榆、槐、杨、柳、银杏等都是园林的座上客。就是一些较低等的植物，如石上的青苔，罗网般缠绕在假山石峰上的络石，山脚石缝裂隙中长出的书带草，伏在地上生长的小灌木、箸竹，在园林中也是随处可见。它们既增加了山石景的自然情趣，又起到遮掩某些残留的斧凿之痕的"藏拙"作用，是造就园林自然活泼景致的很好辅助。

3.2.2 山水为主，双重结构

人们通常把自然风景称为山水，把观赏自然风景叫做游山玩水，把对自然风景的赞美诗冠以山水诗，把描绘自然风景的国画名为山水画，把人工叠山理水的园林称为写意山水园，这是中国特有的山水文化现象。因此，从一定意义上说，山是园林的骨架，水是园林的灵魂。或者说，山石是园林之骨，水是园林的血脉。从人与自然精神关系发展过程来看，山水文化是由不同文化素养、不同追求的人与大自然精神交往过程中，通过人景效应或称风景效应，相应产生的一系列特有文化。所谓人景效应是指人与大自然精神往复作用升华过程中所产生的感应、激发、启迪、陶冶、融合、悟化等复杂的精神心理作用。人景效应强度与自然风景质量成正比，即景越好，强度越大。

  人类就是在山山水水中孕育出来的，自始就与山水相依存。山水，是人类的安身立命之所，构成生态环境的基础，为人们提供了生活资源，好像母亲的乳汁养育着她的儿女；山水，又是人们实践的主要对象，人们在这个广阔的舞台上，从事着多方面的形形色色的活动。人有生存、发展、享受等多种多样的需求，适应这些需求而与山水结成各种对象性关系，在利用和改造山水的过程中，使自身的需求、智慧、能力凝聚于山水之中，也就是使自身的本质力量对象化，从而在悠悠历史长河中积累起丰富的山水文化。自然环境本身不是山水文化，而是它赖以生成的客观条件；山水文化作为人类特有的创造，是人与自然环境交互作用的结晶。山水文化的形成是一个长期的不断创造的过程，随着时代和社会的发展，人类的各个方面的进步，人对山水的需求和关系自然也在演变。山水文化的形成和发展，注入了丰富的历史文化内容，体现出人类文明的演进过程。作为人对自然物质精神相互作用结晶的山水文化，是人类文化宝库中的一个系统。中国的山水园林也很有特色，它是从欣赏山水发展来的。一些著名的山水园林，以假山、池水、植物、建筑为主要因素，善于在造景中运用各种手法，以咫尺山林显示大自然的风光，使身处堂筵而能坐赏山水林泉之乐。这一切显示出中国山水文化日益丰富的内容，也反映出审美需求和审美能力的发展在山水文化形成中的意义。园林艺术的最终产品是立体的风景形象，毫无疑问，山水林泉等自然景物是它的主要部分。虽然有些城市的庭院小景，看上去全被建筑所包围，好像建筑在这些小景中占有很大的比例。其实不然，这时楼馆廊榭多半是一种背景，仅仅起到陪衬的作用，人们观赏的主要对象还是廊边墙前的石峰和花木。有了它们，这种建筑空间才能称之为庭院。因此，园林创作的第一步就是塑造山水地形。

  北京圆明园是我国古典园林中集大成的精品，也是世界园林史上的杰作。它的景色特点是"因水成景，借景西山"，可见真山只是作为远景借入到园内来，主要景色还是来自平地上挖池堆山，人工创造的山水地形。当年修建圆明园的时候，雍正皇帝在《圆明园记》中曾用16个字总结了塑造风景的经验:"因高就深,傍山依水,相度地宜,构结亭榭"。这16个字的概括深得"因地制宜,顺应自然"的要领,说明大型皇家园林的建造也是因高就深地筑山理水,使山水相依傍,这种人工塑造的有高有低的山水地形就是园林风景的骨架,要是没有山水骨架,西山脚下的一片平川是没有多少观赏价值的。

大园如此,小园也一样。苏州环秀山庄2179m^2的小园,得力于清著名造园家戈裕良的深湛技艺,在这有限的面积之内,塑造了以假山为主、溪地为辅的大起大落的地形,使小园现出质朴自然的山林风貌。主山在池东,有前后两峰。前峰突起于水面之上,虽不高,却巨石嶙峋,气势磅礴,是堆叠得极好的峭壁峰。山中构筑有洞。后峰稍矮,两峰之间有幽谷断崖,其间植物有数株古木,阴翳森然。两峰之外,还有几个小峰环卫左右。整座假山均用湖石堆成,层次分明,山峰石壁微微向西南侧倾,加上湖石的纹理体势,给人以形同真山之感。后山在溪北,临水为石壁悬崖,石壁与前山相距仅1m,形成深约5m的峡谷,加强了山形的危峻。园中山有脉,水有源,山分水,水穿山,山因水活,水绕山转,使咫尺小园的山水景呈现出盎然的生机,成为我国古典园林艺术的一处瑰宝。

可见,园林的总体布局中,山水地形的设计极为重要。园林风景是否自然天真,是否有野趣,是否曲折变化,是否余意不尽,都与此有直接的关系。当代园林艺术家陈从周总结为:"山贵有脉,水贵有源,脉理相通,全园生动""水随山转,山因水活。"可见,山水在园林中的重要作用。

然而,地形塑造、山水景的布置,只是造园的第一个结构层次,这一层次只能造景而不能组织游览。欣赏园林艺术和欣赏风景画不同,风景画是山水的平面表现,人们只要面对它看看就行了,而游园必须循着游览路线,进入到艺术品内部去观赏。要是只有第一层结构,没有路、桥可通,没有设计好的游览路线,我们只能像看大盆景那样来"看"林,更谈不上在园林中结合赏景进行读书、宴客、游戏和居住等日常起居活动了。要使园林真正满足游赏和居住功能,还必须在山水结构的骨架上加上道路、桥梁、游廊以及厅堂、亭榭、楼台等第二个结构层次。这一层结构,一方面是组织游览路线,引导人们游赏的需要;另一方面又可以对第一层山水结构进行更好的"精加工"。像园中的亭台建筑固然是人们赏景休息和起居生活必不可少的地方,而它那轻巧的造型和绚丽的色彩点缀在山石林木中,确实可以为景色增添几分妩媚。因此,只有加上了第二层结构,组织了游览,设立了含有多种活动内容的观赏点,并使它和山水结构融合在一起,园林艺术才完善。

苏州环秀山庄假山峻峭雄险,但如果山上没有游路可以通,景区也没有建筑亭台与之相对，这半亩大小的假山将会变成一座巨大的山石盆景，只能看不能游，其艺术魅力就会顿减。事实上，环秀假山之所以会受到中外造园家的重视，是和山上山下游路安排得妥当、建筑布置得巧妙分不开的。这一点园林家陈从周在他的《苏州环秀山庄》一文中有详细的描述："主山位于园之东部，后负山坡前绕水。浮水一亭在池之西北隅，对飞雪泉，名问泉。自亭西南渡三曲桥入崖道，弯入谷中，有洞自西北来，横贯崖谷。经石洞天窗隐约，钟乳垂垂，踏步石，上蹬道，渡石梁，幽谷森严，阴翳蔽日。而一桥横跨，欲飞还敛，飞雪泉石壁，隐然若屏，即造园家所谓'对景'。沿山巅，达主峰，穿石洞，过飞桥，至于后山，枕山一亭，名半潭秋水一房山，缘泉而出，山蹊渐低，峰石参错，补秋舫在焉。东西二门额曰'凝青''摇碧'，足以概括全园景色。其西为飞雪泉石壁，涧有步石，极险巧。"

假山的峭壁、洞壑、涧谷、飞泉、危道、险桥、悬崖和石室等景色，不是亲身游历，是不能领略其中之趣味的。这座占地半亩的小假山，却辟有60余米山径，盘旋起伏，曲折蜿蜒，将山上山下的所有精华之景串在一起，使湖石假山的玲珑剔透、变化万千的美统统显现出来。再加上亭、房、阁、舫等建筑的陪衬点缀，两个结构层次在这小园中达到了完美的统一。

北京北海公园的琼华岛和白塔山是倍受人们喜爱的园林风景。它的美也在于山水和建筑这两个结构层次的互相衬托和互相辉映。现在的塔山山麓，立有不少石碑，其中有一块刻着清乾隆皇帝的《塔山西面记》，上面有这样一段话："室之有高下，犹山之有曲折，水之有波澜。故水无波澜不致清，山无曲折不致灵，室无高下不致情。然室不能自以为高下。故因山以构者，其趣恒佳。"这一段关于园林造景的总结是很有见地的，它说出了地形和建筑两个层次结合的一般规律——互相依托，互相陪衬，相得益彰。北京西城区阜城门内大街北的妙应寺白塔要比北海白塔高大许多（是国内现存元代喇嘛塔中最大的一座），但看上去远没有北海白塔那么突出，那么美丽，其关键原因是那里没有起伏的山地可依靠，没有秀丽的园林环境可相衬。试想一下，如果没有富于地形变化的琼华岛山林给各式各样的园林建筑提供基地，那么山上巍峨的秀塔，北部临水半圆形的长廊、水榭，高踞在峰岭之上的亭台，顺地势蜿蜒起伏的云墙等就如同海市蜃楼一般，缺少了存在的依据。同样，琼华岛要是没有这些建筑的装点修饰，也只不过是一座水中有普通石相间的岛山，绝不会有如此大的名声。

3.3 园林形式美的创造

3.3.1 园林形式美及其要素

形式美是指构成事物外部形象和物质材料的自然属性及其在时间、空间的排列组合规律所显现的审美特性。形式美是美学的一个重要范畴。乔治·桑塔耶纳在《美感》一书中指出：所谓形式，它差不多是美的同义词，往往是肉眼可见的东西，凡是有丰富多彩的内容的事物，就具有形式和意义的潜能。可以说桑塔耶纳第一个提出形式美的概念，同时形式还有一个重要特点，即形式和人们的视觉相关联，人们的视觉所见到的无非是形、线、面、体和色的空间组合，所以形式的构成要素也就显而易见了。就最通常最直接的理解而言，任何园林都是以一定的形式——某种可见、可赏、可游、可触的具体物质的形态存在的，所以园林的创造势必涉及形式。园林创造面临的不是单纯的形式问题。中国的园林思想源远流长，历史积淀深厚丰满，作为承载历史文化的载体，其形式的创造远不是其本身。但是最终要以形展示给世人。我们可以说园林设计师创造的就是形式，但这种形式并不只是某种外在于人的客体对象，它所关注的也远不只是"物"之"理"，而是指一种与作为意识主体的人相互沟通的"类主体"，因而更多地涉及"人"的"情感"和"意义"。事实上，作为为人类提供生活舞台（场所）的艺术，园林不仅是人类容纳生活的"栖息地"，也不单是传统意义上"美学"观念的表达，从根本意义上说，它更是人类生活意向和价值观念的全面体现。

园林的形式意义，在于将园林空间的抽象化演化为具体的形式空间，使形式空间具有积极的意义。这里形式空间对于空间实体、秩序、尺度、比例、色彩与质感有一个适宜的指导，绝对不能将其抽象化，非人性化理解，从而跌入纯形式主义的陷阱。

所谓形式美，指的就是事物的外在形式所具有的相对独立的审美特征，它突出指向事物形式，比如形、声、色一类构成因素及其组合规律。这些构成因素和组合规律，作为人类文化和心理的发展结果，具有相对独立的审美意义，可以脱离事物的具体内容作相对独立的形式分析与研究。

(1) 形式美的构成因素

形式美的构成因素，一般包括点、线、形、色彩、声音、空间等要素，它们是形式美赖以产生的重要条件。这些抽象形式美的因素，对于艺术美的生成是至关重要的。

点、线、形　点的基本特征是聚集,最富于生命意蕴和表现力,百花绽放、战马狂奔、暴风骤雨,甚至舞台上一个身影,乐谱上一个音符,最初都可以凝结为一个点。线,是点的运动轨迹,康定斯基在《论艺术的精神》中提到"线产生于运动,而且产生于点自身隐藏的绝对静止被破坏之后,这里有从静止状态转向运动状态的飞跃"。不同的线,审美特性也不同。水平线使人感到广阔和宁静;垂直线让人感到升腾和挺拔;斜线使人感到危急和不稳定;折线使人感到坚硬和刚强;曲线的特质是流动、柔和、优美和富于变化,历来在审美中最受重视。"形"由"面"和"体"组成。同样,不同的形和体,也给人不同的视觉感受。比如正方形,端正稳健;正梯形,稳定感强;倒梯形,轻巧;正三角形,刺激冲动;倒三角形,倾危感;圆形,柏拉图认为"一切平面形中最美的是圆形",而圆形较其他形更显得柔和流畅,更具有流动、变化的特点,所以更能与人的视觉相适应,带给人生命的愉悦和满足。

色彩　是构成形式美的必不可少的要素。火红的太阳、蔚蓝的天空、翠绿的青山、金黄的麦浪……如果缺乏了色彩,这个五彩缤纷的世界必然要黯然失色。不仅如此,色彩还具有强烈的表情性质和精神意蕴。例如,蓝色给人的感觉是宁静,而当它接近黑色时,表现出超脱人世的哀伤;绿色是最平静的颜色,对疲乏不堪的人是一大安慰;白色是一种孕育着希望的沉寂;而黑色是毫无希望的沉寂等。

声音　作为一种形式美的要素与人的感受和生理条件有着密切的联系。强烈的噪声不仅不能引起美感,而且会损害人的健康,而优美的音乐则能愉悦人的身心。具体说来,声音形式美所包含的因素很多,比如音色、音调、音程等,在此就不再一一叙述。

(2) 形式美的特征

点、线、形、色彩、声音等构成形式美产生的条件,但是,形式美的产生,还不仅仅依赖于这些因素的单独构成,它还要按照一定的法则和规律将这些因素有机地组合起来,这就是形式美的组合规律。包括整齐一律、平衡均衡、调和对比、多样统一等。

因此,园林的形式,是情感的形式、逻辑的形式、形象的形式。从本质上看,美的园林的产生是同人的生命活动相关,同时也是人在认识和改造客观世界的基础上所获得的自由体验。人们之所以认为园林的形式是美的,其根本原因在于这些形式充分表达了人的自由及情感。由此可以看出,园林的形式美特征主要表现在以下几个方面:

——园林形式美是具体的,直接诉诸人的感知形式,它既不是对象的物理、化学结构，也不是高度抽象和概括的逻辑结构。

——园林形式美是一种合乎规律的形式，虽然有主客、内外的关系之分，但不能完全等同于客观规律本身，而却是同这种规律相适应的。

——园林形式美是一种合目的形式，也就是说，园林是与人类生命活动的目的及人类生存需要的满足相关的形式，而不是与人没有任何关系的任何一种形式。因为园林是人类为了生存或生存得更好，并寄托人类心灵的现实生活境域。

——园林形式美是一种显示了人的创造智慧和才能的、具体的有无限多样变化的形式。比之于建筑，园林不是一种固定不变、机械的形式。

——园林形式的创造是人类的欲望、情感、理想的形式，是求真、求善、求美的过程。

3.3.2 园林形式美的基本规律

传统园林形式美，重视的是在形式上整齐划一，层次井然，追求空间方圆规矩和秩序，装饰严谨浑厚，在庄重典雅的背后蕴涵着封建社会的善和美、艺术和典雅、怀古和现性、心理和伦理、信仰和宗教等文化内容。中国园林美的原则有3条：①立意——意念先行，以形取神；②创新——承先启后，破旧立新；③活用——适身合用，灵活生动。园林形式美的基本规律一般概括为多样统一、对称与均衡、对比照应、比例和尺度、节奏与韵律5个方面。下面重点阐述前3个规律。

(1) 多样统一规律

多样统一规律是形式美的最高法则，是对形式美其他一切规律的集中概括，也是艺术创造辩证法思想的体现。多样即指事物之间的差异性和个性，是指构成整体的各部分要有变化；统一则是指个性事物间所蕴含的整体性和共性，是指各种变化之间要有一致的方向。多样统一，一方面展示出形象的诸种形式因素的多样性和变化，同时又在多样性和变化中取得与外在事物联系的和谐与统一。多样统一就是在丰富多彩的变化中保持一致性，故又称"寓变化于整齐"。形式美是基本规律之一。事物的发展变化构成了世界的多样复杂，事物的平衡协调又构成了世界的统一，多样统一即事物对立统一规律在人们审美活动中的具体表现。多样统一又称和谐，是一切艺术形式美的基本规律，也是园林形式美的总规律。多样统一是对立统一规律在艺术上的运用。对立统一规律揭示了一切事物都是对立的统一体，都包含着矛盾，矛盾双方又对立又统一，充满着斗争，从而推动事物的发展。多样统一是矛盾的统一体，用在画面构图中，指画面既要多样有变化，又要统一有规律，不能杂乱。只多样不统一就会杂乱无章,只统一不多样,就会单调、死板、无生气。简而言之,就是构图要繁而不乱,统而不死。影视画面构图的多样统一,是通过一组镜头、一个场面的构图实现的。多样统一法则又称统一与变化法则,是用来确定园林各组成部分之间相互关系的法则。世界上万事万物之间都有着错综复杂的和千丝万缕的联系。在园林艺术的领域中,一件好的、令人身心愉悦的、充分享受美感的造园作品,必定是造园各种要素组合成有机整体结构,形成一个理想的环境空间,体现出一定的社会内容,反映出造园艺术家当时所处的社会的审美艺术和观念,达到内容形式的和谐统一。因此,多样统一规律是一切艺术领域中处理构图的最概括、最本质的法则(图3-11)。

苏州拙政园　　　　　　　北京景山五亭

图3-11　北式与南式古典建筑形式的多样统一

园林从全园到局部,或到某个景物,都是由若干不同部分组成,这些组成部分的形态、体量、色彩、结构、风格……要有一定程度的相似性或一致性,给人以统一的感觉,但要注意,如果园林的各组成部分过分相似一致,虽然能产生整齐、庄严之感,也使人感到单调、郁闷、缺乏生气,反之没有整体统一,会使人感到杂乱无章,因此,园林构图要统一中求变化,变化中求统一。形体的变化与统一如图3-12。

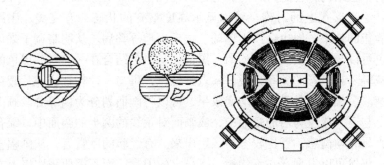

图3-12　形体的变化与统一

园林构图中多样统一法则常具体表现在对比与调和、节奏与韵律、主从与重点、联系与分隔等方面。

(2) 对称与均衡规律

对称是生物体自身结构的一种合规律性的存在方式，均衡是对称的延伸，又多了一些变化。对称均衡比整齐纯一更富有变化，在艺术中体现的是对立的统一。对称的规律是构成几何形图案的基本因素，其他形式美规律则是它的复合、交叉、变异。从起源上讲它是最古老的；从构成法则上讲，它又是最基本的，因此说它是形式美法则的核心。均衡是从运动规律中升华出来的美的形式法则，是形式美的重要因素，它来源于自然事物在力的状态下稳定存在的视觉感受，所以均衡是力与量的视觉平衡。

自然界中到处可见对称的形式，如鸟类的羽翼、植物的叶子等。所以，对称的形态在视觉上有自然、安定、均匀、协调、整齐、典雅、庄重、完美的朴素美感，符合人们的视觉习惯。平面构图中的对称可分为点对称和轴对称。假定在某一图形的中央设一条直线，将图形划分为相等的两部分，如果两部分的形状完全相等，这个图形就是轴对称的图形，这条直线称为对称轴。假定针对某一图形，存在一个中心点，以此点为中心通过旋转得到相同的图形，称为点对称。点对称又有向心的"求心对称"，离心的"发射对称"，旋转式的"旋转对称"，逆向组合的"逆对称"，以及自圆心逐层扩大的"同心圆对称"等。在平面构图中运用对称法则要避免由于过分的绝对对称而产生单调、呆板的感觉。有的时候，在整体对称的格局中加入一些不对称的因素，反而能增加构图版面的生动性和美感，避免了单调和呆板。均衡是绘画构图中一项最基本的法则。均衡通过视觉而产生形式美感。均衡不同于对称。对称是最稳定而单纯的均衡，对称是一种美的形态，主要应用于装饰与图案。中国传统的建筑及寺院，都采用对称格式。人体和一些美丽的昆虫的生理结构，也是对称的。对称的构图法则，在绘画中也同样被应用，但不是绝对形式上的对称。对称显示高度整齐的状态，有完美、庄严、和谐、静止的效果，但也会产生单调、缺乏生趣等弊病。从明暗调子来说，一点黑色可以与一片淡灰获得均衡。黑色如与白色结合在一起时，黑色的重量就会减轻。从色彩的关系来说，一点鲜红色，可与一片粉红或一片暖黄色取得均衡。一幅作品是否达到均衡效果，可以将画面划分为四等分。画面田字形的上与下，或左与右的幅面中，或画面对角线的两半的幅面中，综合各因素是否具有均衡感，就比较容易区别出来。有经验的欣赏者，从画幅整体观察中，仍然可以发现存在不均衡、不稳定的因素，而不需要采取以上方法来检查。其实，画面轻重感觉和理念，是画面各种因素复杂地综合在一起而产

3.3 园林形式美的创造

生的。

中国古典园林具有多功能的特点，园林建筑呈现出严格对称的结构美和迂回曲折、趣味盎然、模拟接近自然的自然美两种形式。皇家园林中的宫殿建筑和私家园林中的住宅建筑，以及寺庙建筑在设计上多取方形或长方形，在南北纵轴线上安排主要建筑，在东西横轴线上安排次要建筑，以围墙和围廊构成封闭式整体，显得严肃、方正、井井有条，是古代封闭性的思维模式和小农经济意识在建筑中的反映。《老子》有"万物负阴而抱阳"之说，但先秦时期还没有确立以面南为尊的意识，随着对皇权的推崇和神圣化，才逐渐明确起来。儒家强调的"三纲五常"伦理哲学，从汉代的董仲舒到宋代理学，越来越严密，位尊者处于中央地位，面东西者次之，面北者最低。四合院以离（南）、巽（东南）、震（东）为吉方，东南最佳。大门为气口，除居吉方外，还须朝向山峰、山口、水流，以迎自然之气。宫殿、坛庙、官署、士大夫宅第之类，都受到封建礼教的约束，为儒家伦理思想所支配，园林宫区的格局，包括结构、位序、配置皆必须依礼而制。如"静明园"整体布局平面呈现的是非规整非对称状，但它的建筑"东岳庙""圣缘寺""含晖堂""书画舫"等呈中轴线对称；颐和园中的"谐趣园"整体布局不对称，全园布局特点是在四周为土山的环境中以游廊串联起来的建筑群围成"L"形水池布置，以"涵远堂"作为全园中心。但"涵远堂""知春堂""澄爽斋""湛清轩""知春亭"等强调中轴线意识（图3-13）。私家园林的住宅部分亦如此，如苏州拙政园住宅部分位于山水园的南部，分成东西两部分，呈前宅后园的格局。住宅坐北面南，纵深四进，有平行的二路轴线，主轴线由隔河的影壁、船埠、大门、二门、轿厅、大厅和正房组成，侧路轴线安排了鸳鸯花篮厅、花厅、四面厅、楼厅、小庭园等，两路轴线之间以狭长的"避弄"隔开并连通。住宅大门偏东南，避开正南的子午线，因这是封建皇权与神权专用。中国的寺庙园林建筑与宫殿和住宅建筑同构，有别于古印度的宗教建筑体系。如杭州黄龙洞园林，整体布局非对称，但园中建筑如山门、前殿、三清殿等则

图3-13 精致、紧凑的谐趣园全景

严格地遵守规则对称的中轴线标准。这类建筑格局，显得均衡、对称、协调，有典雅庄重之美。与儒家的均衡对称相反，中国古典园林山水园部分则遵循追摹自然的原则，返璞归真，呈现出来的是不规则、不对称的布局。环境空间的构成手法灵活多变，藏露旷奥、疏密得宜、曲径通幽、柳暗花明，令人目不暇接、潇洒超脱、逸趣横生。追求天趣是中国古典造园艺术的基本精神，把自然美与人工美高度结合起来，将艺术境界与现实的生活事例融为一体，形成了一种把社会生活、自然环境、人的情趣和美的理想都水乳交融的，可居、可游、可观的现实的物质空间。

西方造园遵循形式美的法则，刻意追求几何图案美，必然呈现出一种几何制的关系，诸如轴线对称、均衡以及确定的几何形状，如直线、正方形、圆、三角形等的广泛应用。尽管组合变化可以多种多样、千变万化，仍有规律可循。西方造园既然刻意追求形式美，就不可能违反形式美的法则，因此园内的各组成要素都不能脱离整体，而必须以某种确定的形状和大小镶嵌在某个确定的部位，以便显现出一种符合规律的必然性。西欧的古典主义园林，是以16世纪意大利文艺复兴时期发展起来的造园艺术思潮为基础，于17世纪下半叶在法国形成的。这种园林在形式上有强烈的中轴线，对称的布局，规则的建筑图案，修剪整齐的树草花圃，人造的水池喷泉，笔直的道路，宽阔的广场和娇柔的石雕像……以比拟神圣的君主集权和森严的等级制度。这些艺术形式的出现，除了有长期的、民族的、传统的历史渊源外，也是当时的社会形态、政治经济和思想意识在造园艺术上的反映。这种古典主义的园林，曾得到当时社会的推崇，其中更多的是诗人、画家们的赞许和歌颂，也就赋予了在当时社会上风行的"诗情画意"和特有的"意境"。

中国古代建筑在平面布局方面有一种简明的组织规律，这就是每一处住宅、宫殿、官衙、寺庙等建筑，都是由若干单座建筑和一些围廊、围墙之类环绕成一个个庭院而组成的。一般地说，多数庭院都是前后串连起来，通过前院到达后院，这是中国封建社会"长幼有序，内外有别"的思想意识的产物。家中主要人物，或者应和外界隔绝的人物（如贵族家庭的少女），就往往生活在离外门很远的庭院里，这就形成一院又一院层层深入的空间组织。同时，这种庭院式的组群与布局，一般都是采用均衡对称的方式，沿着纵轴线（也称前后轴线）与横轴线进行设计。比较重要的建筑都安置在纵轴线上，次要房屋安置在它左右两侧的横轴线上，北京故宫的组群布局和北方的四合院是最能体现这一组群布局原则的典型实例。这种布局是与中国封建社会的宗法和礼教制度密切相关的。它最便于根据封建的宗法和等级观念，使尊卑、长幼、男女、主仆之间在住房上也体现出明显的差别。这是封建礼教在园林建筑布局上的体现。

中、西园林从形式上看其差异非常明显。西方园林所体现的是人工美，不仅布局对称、规则、严谨，就连花草都修整得方方正正，从而呈现出一种几何图案美，从现象上看西方造园主要是立足于用人工方法改变其自然状态。中国园林则完全不同，既不求轴线对称，也没有任何规则可循，相反却是山环水抱，曲折蜿蜒，不仅花草树木任自然之原貌，即使人工建筑也尽量顺应自然而参差错落，力求与自然融合，"虽由人作，宛自天开"。

(3) 对比照应规律

对比照应是形式美最基本的法则。对比，即事物的对立双方的相互比较、相互影响的关系。对比的例子很多：大与小、高与低、动与静、水平与垂直、光滑与粗糙、沉重与飘逸……对比具有变化、生动、果断的性质，可以提高景物的视觉效果。事实上，任何造型艺术都不可无对比。对比是艺术设计的基本定型技巧，把两种不同的事物、形体、色彩等作对照就可称为对比。把两个明显对立的元素放在同一空间中，使其既对立又和谐，既矛盾又统一，在强烈反差中获得鲜明的对比，求得互补和满足的效果。

在自然界中，景物之间的对比是普遍存在的。如山与水、峰与谷、崖与洞、泉与瀑、植物与建筑等，当特性有差异的景物相邻接时，其中一方会因对比关系而显得更美或双方各显其美。"牡丹虽好，仍须绿叶扶持"。因为有了绿叶的对比和陪衬，才使牡丹更显其绚丽娇艳。

正因如此，绘画中有明与暗、浓与淡、藏与露；音乐旋律中有强与弱、高与低、缓与急；诗歌中有刚与柔、朴与丽、曲与直；小说中有情与景、言与行、理与情；戏剧中有虚与实、悲与喜、动与静，这些矛盾着的对立因素常常同时呈现在一个整体中，它们相互依赖、衬托，彼此照应、对照，从而产生强烈的艺术效果。

作为综合艺术的园林，其对比照应具体表现在布局、体量、开合、明暗、色彩、质感、疏密等方面，这些对比关系，使园林造景引发欣赏者产生强烈、激动、突然、崇高、浓重等审美愉悦。

①布局的对比照应：动与静结合是我国传统造园艺术手法之一。所谓"动"，就是造园家在园林空间较大的范围内，通过叠石构洞的山障、曲廊小院的曲障、树障等手法，组成园中有园、景中有景的多个景区，展开一区又一区，一景又一景，各具特色，达到步移景异，时过境迁，画面连续不断的意境。以动态景观为主，着力表现自然物生机蓬勃之动态美。动境由于构景要素的不同又可分为声动、水动、色动和风动水动引来树动花动等。如，声动："两个黄鹂鸣翠柳，一行白鹭上青天"（唐·杜甫）；水动："飞流直

下三千尺,疑是银河落九天"(唐·李白);"惊涛拍岸,卷起千堆雪"(宋·苏轼);色动:"春色满园关不住,一枝红杏出墙来"(宋·叶绍翁);风动水动引起树动花动:柳浪闻莺、万壑松风。所谓"静",也即在有限的园林艺术空间中,坐观静赏园林艺术,在咫尺之地,让人们去领会园林空间的层次、对比、虚实、明暗、阴晴、早晚等多变的艺术效果。以静态景观为主,表达出大自然安谧、幽静的艺术境界。"千山鸟飞绝,万径人踪灭"(唐·柳宗元)即是静境的典型。又如杭州西湖十景之一"云栖竹径",燕京八景之一"琼岛春阴"等皆属此类型。中国古典园林所侧重的是引导人的内省,而西方古典园林侧重的是激起人的欢愉。西方古典园林所担负的这种对外的职能决定了它开放的性质。这和中国古典园林的内敛特质迥然不同。例如,北京的颐和园长廊,全长728m共273间,整个长廊北依万寿山,南临昆明湖,犹如一条彩带,随岸曲折。人行廊中,步移景异,仰视万寿山郁郁葱葱,远望昆明湖茫茫无际,全是一片自然风光美。再如小巧玲珑、曲折幽胜见长的网师园,占地虽不大,但经过对园内山石、水面、厅堂、亭榭等景物的处理,不断交替变换建筑、山水、小品,交错多种空间,使得处处有新意,让游人步行其中欣赏动静有序的景色,体会着曲折多变的意境。

②大小的对比照应:大小是一对互为依存的概念,无大便无小,无小也无从说大。古典园林要以有限的面积造无限的空间,在大小对比中,其主要矛盾方面是小。可以说,园林艺术的创作过程每时每刻都在进行是由小到大的转化。"三五步,行遍天下;六七人,雄会万师",这是古典戏曲小中见大的形式对比。园林艺术也要以少胜多,以小代大,精炼地、概括地使园中一泉一勺现出自然山水林泉的情趣,使游者产生"一峰则太华千寻,一勺则江湖千里"(清·石涛)的感受与联想,从而达到"咫尺之内而瞻万里之遥,方寸之中乃辨千寻之峻"的效果。假山不能太高,但要涧壑俱全;池面虽小,也要现出弥漫深远之貌。一些风景建筑的尺度,在不影响使用的条件下,要尽可能做得小巧,所谓低楼、狭廊、小亭。如廊的宽度不过三尺*,高也多为五六尺;亭子的体量也要与假山小池相配,以矮小为宜,如拙政园的笠亭,留园的可亭、冠云亭,都以小巧玲珑著称,与景色配合得很是默契。园林范围虽小,但在布局结构时还要再度分隔,使之更小,从而强化对比之效果,这也可以说是应用了某种艺术夸张。园景中,比较大的主要山水游赏空间与自由布置的重重小院有机地结合,已成为园林结构形式大小对比的一种特色。大的游赏空间景观自然多野趣,小的庭院则"庭院深深

---

* 1尺=0.33m

深几许",使游人不知其尽端之所在,增加了园景的幽趣。留园东部的重重院落和拙政园从枇杷园到海棠春坞的一组以植物组景的小院均是较典型的例子。

园林的分隔还常常采用大园套小园,大湖环小湖,大岛包小岛等形式。艺术家在这些小的观赏空间内,每每设置很有特色的主题,能给观赏者很深刻的印象,产生较好的对比效果。如颐和园后山的谐趣园,北海的画舫斋、静心斋都是大园中的很有名的小园。南得嘉业堂藏书楼花园是岛中之岛格局的花园,大园四周绿水相绕是一浮于水面上的大岛,而园中又凿池筑岛,形成大岛包小岛的别致结构。杭州西湖的三潭印月是一湖上小园,小岛没有沿用一般园林曲径通幽,山水交融之章法,而是以陆地为水面,成为大湖环小湖的形式。极目望去,青山环抱,苏白两堤上桃柳成行,亭台依稀。清澈的西子湖水轻轻拍打着小岛,眼前则是一平似镜的内湖,几座精巧的建筑错落掩映在绿树中,是结构形式中大小、远近、动静对比很好的实例(图3-14、图3-15)。

图3-14　杭州三潭印月　　　　图3-15　苏州网师园——"小中见大"

③开合的对比照应:中国古典园林艺术"尽错综之美,穷技巧之变",构思奇妙,设计精巧,达到了设计上的至高境界。究其原理,如以园林艺术的形式看,乃得力于园林空间的构成和组合。

空间是由一个物体同感觉它存在的人之间产生的相互联系,在城市或公园这样广阔的空间中,有自然空间和目的空间之分。作为与人们的意图有关的目的空间又有内在秩序的空间和外在秩序的空间两个系列。而园林中的空间就是一种相对于建筑的外部空间,它作为园林艺术形式的一个概念和术语,意指人的视线范围内由树木花草(植物)、地形、建筑、山石、水体、铺装道路等构图单体所组成的景观区域,它包括平面的布局,又包括立面的构图,是一个综合平、立面艺术处理的二维概念。园林空间的构成需具备三因素：一是植物、建筑、地形等空间境界物的高度（H）；二是视点到空间境界物的水平距离（D）；三是空间内若干视点的大致均匀度。一般来说，D/H 值越大，空间意境越开朗；D/H 值越小，封闭感越强。

留园是中国四大名园之一，在空间上的开合对比方面，留园作了恰到好处的诠释，这也是留园最突出的空间特点。曲折狭长封闭的空间先是极大地压缩人们的视野，过后，则使人感到豁然开朗。留园入口部分正是利用这种既曲折狭长又十分封闭的空间来与园内主要空间进行强烈对比，进而使人们穿越它进入主要空间时，便顿觉豁然开朗。对于入口部分的这一段空间极易给人产生单调、沉闷之感，留园则进行了巧妙的处理：进园后第一个小院——狭长多变的曲廊；接着一个内院——又窄又封闭的廊子，隔漏窗窥见园内景物；位于末端的最后一个小院；穿过曲折、狭长、封闭空间后到绿荫，进入主空间——豁然开朗。

④色彩的对比照应：世界是五彩缤纷的，人类生存的每一个空间都充满着绚丽的色彩，色彩既可以装点生活、美化环境，给人一种美的享受，也是社会发展和精神文明的一种体现。

园林配色的原则：首先必须使环境的整体色调和视觉联系在一起。这种联系多时，则产生如何处理园林中支配色的问题。支配色虽然不一定在任何时候都必须和环境同一调和或相似调和，但却必须保持其间有某种调和关系。第二，在处理色调的平衡和颜色层次的渐变时，应尽可能以大的面积和大的单元来考虑。昆明世博园的主入口内和迎宾大道上以红色为主构成的主体花柱，结合地面黄色、红色组成的曲线图案，给游人以热烈的欢快感。第三，目的色或装饰色，容易成为园林的重点。重点是小规模地使用于园林的支配色和对比色，才能有效果。如果有必要形成重点，则要优先考虑全体色调的调和。第四，色调单调或对比过度时，应在这些颜色间加入其他颜色使其分开，可以加入无彩色、白色、灰色、黑色等，都能得到很好的效果，如果加入有彩色时，则应选择把原来二色的明度能明确区分开的色彩，再对色调和色度加以考虑。

在园林植物中，花卉占少数比例，但其色彩多变且艳丽缤纷。为了发挥它们的最大艺术效果，花卉装饰中，应多用补色的对比组合，相同数量的补色对比较单色花卉在色彩效果上要强烈得多，尤其是在大型的铺装广场上、高大建筑物前，作用更大。如常见对比色的花木和花卉主要为同时开花的，黄与紫、青与橙的花卉配合在一起。紫藤与黄刺玫或金盏菊的对比、紫色三色堇与黄色金盏菊的对比、蓝色风信子与喇叭水仙的对比、玉蝉花与萱草的对比等。

⑤疏密的对比照应：疏与密在绘画《六法》中曾有经营位置一说。它不仅关系到绘画的构图处理，而且还涉及书法、篆刻等艺术的布局处理。为求得气韵生动，在经营位置上必须有疏有密而不可平均对待。所谓"疏处可以走马，密处不使透风"所指的就是极强烈的疏密对比。我国传统园林的布局与经营位置毫无例外地恪守着疏密对比这一构图原则。

走进留园，则使人领略到忽张忽弛、忽开忽合的韵律节奏感。建筑上分布极不均匀，有些地方极其稀疏，有的地方则十分稠密，对比异常强烈。以东区为主，石林小屋附近，屋宇鳞次栉比，内外空间交织穿插，使人有应接不暇之感。但西区部分的建筑则十分稀疏、平淡，从而使人弛而不张。当然这种疏密的对比与变化，不仅体现在平面布局上，而且还关系到园林建筑的立面处理。留园中部景区建筑沿园的4个周边排列，则使人处于园内可以同时环顾4个周边的建筑。东南两面建筑排列很密集，另两面则较稀疏。

⑥明暗的对比照应：通过景观要素形象、体量、方向、开合、明暗、虚实、色彩和质感等方面的对比来加强意境。对比是渲染景观环境气氛的重要手法。开合的对比方能产生"庭院深深深几许"（宋·朱熹）的境界，明暗的对比更衬托出环境之幽静。在空间程序安排上可采用欲扬先抑、欲高先低、欲大先小、以隐求显、以暗求明、以素求艳，以险求夷、以柔衬刚等手法来处理。

中国古典园林造园十分注重采用明暗对比，山水映衬和远近呼应的造园手法来实现有限空间内景致风物的无穷转折变换。

园林面积虽然是有限的，但是造园艺术家却用山、石、池、树、房屋将其组成各种不同的空间，并使各个空间时开时合，互相流通渗透：室外空间以山、石、树、池进行划分，并用亭、廊连接，互相流通，室内空间则通过门、窗、廊互相流通，还可以做明暗对比。例如，北京颐和园万寿山前后风景迥然不同，山前开朗，山后幽邃，各具特色，对比十分鲜明。另外，在园林空间的创造中，小中见大，大中有小，虚实相生，在有限的咫尺之地可造成多方胜景。又如苏州园林，山虽不高却峰峦起伏，水虽不深而有汪洋之感，园路常曲，长桥多折，幽深莫测。一墙之隔是实，一水之隔是虚，粉墙漏窗则是实中寓虚。通过一面面不同的窗框，窗外一角空地，凭着一块湖石，几支翠竹，奇花异木，自成一幅立体小景。最重要的空间运用手法是借景，即突破园内自然条件的限制，充分利用周围环境的美景，使园内外景色融为一体，产生丰富的美感和深邃的境界。另如苏州沧浪亭，园外有一湾河水，在面向河池的一侧不设围墙，而设有漏窗的复廊，外部水面开阔的景色通过漏窗而入园内，使沧浪亭园内空间顿觉扩大，游客在有限的空间中体味到了无限时空的韵味。

3.4 园林美的创造技巧

在了解了园林形式美的要素及其一般规律之后，我们再来分析园林美的创造技巧。园林形式美是通过造园的四要素来形成，园林通过这些要素将其建立在一定地形的土地上，并通过特定的园路导向，连接山石、园水、植物、建筑，从而构建出一个完整和谐的园林作品。师法自然，在造园艺术上包含两层内容。一是总体布局、组合要合乎自然。山与水的关系以及假山中峰、涧、坡、洞各景象因素的组合，要符合自然界山水生成的客观规律。二是每个山水景象要素的形象组合要合乎自然规律。如假山峰峦是由许多小的石料拼叠合成，叠砌时要仿天然岩石的纹脉，尽量减少人工拼叠的痕迹。水池常作自然曲折、高下起伏状。花木布置应是疏密相间，形态天然。乔灌木也错杂相间，追求天然野趣。造园的这些物质要素与造园者的精神要素相互融合，因山就水布置亭榭堂屋，树木花草相互协调，通过具体的造园过程，将这些"元素"安排在最为相宜的空间位置上，组成美的秩序，使其成为一个受人喜好的园林。要做到这一点，当然牵涉到园林美的创造技巧。园林美的创造技巧就中国古典园林艺术来说，主要表现为选址布局、掇山理水、建筑经营、植物配置、楹联匾额和景观营造6个方面。

3.4.1 选址布局

（1）选址

造园设计是要创造一种意境，为了创造这种幽、雅、闲的意境，造成一种"天然之趣"，《园冶》把园址的选择（"相地篇"）作为造园的第一件事，因为它是造园设计的基础和根据。

"相地合宜"则"构园得体"，即选址要合理。园址有山林地、村庄地、郊野地、江湖地、城市地、傍宅地。依其天然的条件，"园地惟山林最胜"，它"有高有凹，有曲有深，有峻而悬，有平而坦，自成天然之趣，不烦人事之工"，如能结合不同特点的地形，发挥不同地形的特点，就能创作出不同特点的园林艺术作品。造园相地除了考虑周围环境之外，还要考虑园林基址范围内的立地条件。造园讲究随曲合方，得景随形，只有顺天然之理，才能自然、合宜，故对基址的了解十分重要。

无锡寄畅园，历来以泉而闻名，据王稚登《寄畅园记》所载："环惠山而园者，若棋布然，莫不以泉胜；得泉之多少，与取泉之工拙，园由此甲乙",由于寄畅园"得泉多而取泉又工,故其胜遂出诸园之上"。该园水面占全园1/3,来自惠山脚下之二泉,经过两条渠道流入园内,一为八音涧之源头小池,终日淙淙不绝,泻入湖中;一为自东南角方池中的龙头吐水,经暗管流至湖中,湖水出口在南,与惠山寺之水交汇后流走,虽然其水在园内并不循环,但它与园外之水构成大的循环。

拙政园不似寄畅园有二泉之水可以充分利用,它是在原有的沼地上搜土而成,故其源属于泉水暗涌。因此,其水体循环方式与寄畅园不同,是在大循环中套有多个小循环。至于绍兴青藤书屋,因院小不求其广,而是求其深邃和宁静,仅利用一眼清泉,筑成方池,朴雅而清幽。故上述各园之水体,其形式、景趣各异,但皆需有水之源头,此亦为选择园址的决定因素。取"枕流漱石"典故,天井之上,半被浓郁树冠遮掩,构成一种静与隐的意境。

扬州园林在自然风貌与人工山水的结合上常有匠心独到的运用。以国家重点风景名胜区(蜀冈—瘦西湖风景名胜区)瘦西湖为代表的湖上园林景观是在原有河流、山丘的基础上加以改造利用,充分利用河流、山丘自然风貌的特点,亭廊楼阁依山而筑、傍水而建,桥连廊接,美不胜收。这样的园林景观是能工巧匠的杰作与大自然的完美结合。

清代瘦西湖迤逦近十里,被誉为"两岸花柳全依水,一路楼台直到山",当时在弯弯曲曲、时宽时窄的瘦西湖畔是一家接着一家的私家园林。经修复的瘦西湖湖畔园林仍保持小巧玲珑、精雕细刻的风貌,同时兼具北方园林的雄伟、开阔,更让人有置身于大自然中的感受。在延绵不断的园林景观中跌宕起伏时有大手笔出现,如50m长的莲花桥(俗称五亭桥),就是瘦西湖的画龙点睛之笔。

(2) 布局

园林是由一个个、一组组不同的景观组成的,这些景观不是以独立的形式出现的,是由设计者把各景物按照一定的要求有机地组织起来的。在园林中把这些景物按照一定的艺术规则有机地组织起来,创造一个和谐完美的整体,这个过程称为园林布局。

好的布局必须遵循一定的原则。园林布局的原则主要体现为:

①园林布局的综合性与统一性:园林的功能决定其布局的综合性。园林的形式是由园林的内容决定的,园林的功能是为人们创造一个优美的休息娱乐场所,同时在改善生态环境上起重要的作用,但如果只从这一方面考虑其布局的方法,不从经济与艺术方面的条件考虑,这种功能也是不能实现的。园林构成要素的布局具有统一性。园林构图的素材主要包括地形、地貌、水

体和动植物等自然景观及其建筑、构筑物和广场等人文景观。这些要素中植物是园林中的主体，地形、地貌是植物生长的载体，这二者在园林中以自然形式存在。

②起开结合，多样统一：对于园林中多样变化的景物，必须有一定的格局，否则会杂乱无章，既要使景物多样化，有曲折变化，又要使这些曲折变化有条有理，使多样的景物各有风趣，能互相联系起来，形成统一和谐的整体。

③因地制宜，巧于因借：园林布局除了从内容出发外，还要结合当地的自然条件。园林布局在时间上的规定性，一是指园林功能的内容在不同时间内是有变化的，例如，园林植物在夏季以为游人提供庇荫场所为主，在冬季则需要有充足的阳光。园林布局还必须对一年中植物的季相变化作出规定，在植物选择上应春季以绿草鲜花为主，夏季以绿树浓荫为主，秋季则以丰富的叶色和累累的硕果为主，冬季则应考虑人们对阳光的需求。二是指植物随时间的推移而生长变化，直至衰老死亡，在形态上和色彩上也在发生变化，因此，必须了解植物的生长特性。

苏州园林的布局在局部上表现为咫尺之内再造乾坤。苏州园林往往面积不大，但采用变幻无穷、不拘一格的艺术手法，以中国山水花鸟的情趣，寓唐诗宋词的意境，在有限的空间内点缀假山、树木，安排亭台楼阁、池塘小桥，使苏州园林以景取胜，景因园异，给人以小中见大的艺术效果。

④曲径通幽，庭院深深：江南园林常以大小空间的巧妙组合，互相对比，产生曲折的艺术效果，且使主要空间显得更加开阔。粤晖园是岭南园林的代表杰作，是全国最大的私家园林。粤晖园布局精妙，将岭南园林传统艺术与现代审美情趣融合于一园。楼馆、亭台、水榭、曲廊、石桥、假山等108个园林景点，蕴含着清雅别致的岭南古建筑风格，掩映于青翠欲滴的古树名木之间，曲径通幽，步移景异。一条条清澈的小河在园中回环萦流，将园内各景点串联起来，水随园转，园因水活。庭院深深，荷风四面，杨柳轻垂，极具唐诗宋词之深远意境。

苏州园林在整体布局上一般以水为中心；在结构上以小巧取胜，以小见大，步移景易；色彩上粉墙黛瓦栗柱，顺应自然；空间处理上时而开阔明朗，时而曲折幽深，或藏或露，或深或浅，虚中有实，实中有虚。山水建筑参差起落，花草林木点缀成景，层次丰富，意境深远。如拙政园的自由不对称布局，留园建筑疏密相间，是处理极为成功的佳例。又如网师园是公认的小园，"小而精，以少胜多"，设计上是运用了假山与建筑相对而互相更换的原则。园林景物密易疏难，绮丽容易淡雅难，而拙政园的中部设计是

"疏而不失旷，淡雅不流寒酸"，两者兼得，设计者别具匠心，实在难得。苏州园林虽小，但古代造园家通过各种艺术手法，独具匠心地创造出丰富多样的景致，在园中行游，或见"庭院深深深几许"，或见"柳暗花明又一村"，或见小桥流水、粉墙黛瓦，或见曲径通幽、峰回路转，或是步移景易、变幻无穷。至于那些形式各异、图案精致的花窗，那些如锦缎般的在脚下延伸不尽的铺路，那些似不经意散落在各个墙角的小品……更使人观之不尽，回味无穷。

3.4.2 掇山理水

山水是中国园林的主体和骨架，中国园林素以再现自然山水景致著称于世，而掇山理水则是中国园林造园技法之精华。

(1) 掇山

中国园林的掇山无论是在审美思想上，还是在具体创造手法上都以画论为指导，以具有画境为审美准则。

《园冶》中相地、立基、铺地、掇山、选石、借景篇是专门论述造园艺术的理论，也是全书的精华所在。特别是相地、掇山、借景更是该书精华的精华。山石是中国园林中的重要内容，石块处处有，而园林之妙主要在于设计者胸中要有真山的意境，然后通过概括、创造，使假山的形象有逼真的感觉，也就是"有真为假做假成真""多方胜景，咫尺山林，妙在得乎一人，雅从兼于半土"。

掇山之法首先要掌握石性：形态、色泽、纹理、质地，而作不同的用处。石性有坚、润、粗、嫩……，形有漏、透、皱、顽……，体有大小……，色有黄、白、灰、青、黑、绿……然后依其性，或宜于治假山，或宜于点盆景，或宜于做峰石，或宜于掇山景；或插立可观，或铺地如锦，或植乔松奇卉下，或列园林广榭中。"立根铺以峰石，大块满盖椿头"，然后"渐以皱文而加"使造型"瘦漏生奇、玲成安巧。峭壁贵于直立，悬崖使其后坚。岩、峦、洞、穴之莫穷，涧、壑、坡、矶之俨是"，"路径盘且长，峰峦秀而古"。

《园冶·掇山》列举的掇山之法可造出 17 种山景之多，如"园中掇山，……而就厅前三峰，楼面一壁而已。是以散漫理之，可得佳境也"。计成认为园中掇山，一般只就厅前作成一个壁山，或者楼前掇上三峰而已，如能布置得疏落有致，必能创造出优美的境界。

假山是中国古典园林中独具特色之物，用数块自然之石，进行掇叠，能产生"片山多致，寸石生情"的艺术效果。这就需要对山的形与质有很高的认识和较强的概括能力，计成论掇山，要使主山"独立端严"（园冶卷三·掇山），而次石"次相辅弼，势如排列，状若趋承"（园冶卷三·掇山），观自然界的泰山、黄山，莫不如是。苏州环秀山庄的一组湖石假山，真正体现了人对自然的理解，其假山分为主峰、次峰和配峰三部分，三峰为一整体，形成一向西的动势，意为园外西山余脉，而其自身组合则主宾分明，次峰与配峰向主峰有趋承之势。同时引水入山，形成沟、谷、洞、壑等不同的山间自然景观。在各峰之间，高低错落以飞梁、石桥相通。还利用主次山的体量，虚其腹，筑以石室、石屋。特别是巧妙地运用因近求高、峰回路转等手法，在山石面积不足2亩的地方，使游线长达70余米，正如《园冶》所说："岩、峦、洞、穴之莫穷，涧、壑、坡、矶之俨是。……蹊径盘且长，峰峦秀而古。多方胜景，咫尺山林……"（园冶·掇山）。

掇山用石的质感，对山之形体影响很大，也造成园林意境的不同。湖石以透、漏、瘦为特点，石面多孔，石色苍润，有春夏之意，多产于太湖，杭州灵隐也皆为此类岩石，故这处就成为湖石假山的蓝本。环秀山庄的矶、崖、洞、罅等，顺其石理，做得十分自然。且采光之洞为利用石上之天然孔穴，巧妙得体。而黄石多产常熟、虞山，其质坚，线条挺括，石纹古拙，多秋意，与湖石大异，故其山形亦不同。虞山有以自然黄石而成的桃源涧、石屋涧和闻珠涧，燕园中的黄石山就是据黄石的自然成貌而叠，其洞口层层叠挑，自然而深远，采光为顶部开口，正合黄石自然崩塌而成的石理。这种顺自然之理而成的佳作，即使是尺方空间，也会产生群峦大壑之意境。

从施工角度上说，园林掇山是指用自然山石掇叠成假山的工艺过程。包括选石、采运、相石、立基、拉底、堆叠中层、结顶等工序。选石，自古以来选石多着重奇峰孤赏，追求"透、漏、瘦、皱、丑"。中国古代采石多用潜水凿取、土中掘取、浮面挑选和寻取古石等方法。现在多用掘取、浮面挑选、移旧等方法采石。相石，又称读石，品石，经过反复观察和考虑，构思成熟，胸有成竹，才能做到通盘运筹，因材使用。立基，就是奠立基础。拉底，又称起脚。堆叠中层，中层是指底层以上，顶层以下的大部分山体，这一部分是掇山工程的主体，掇山的造型手法与工程措施的巧妙结合主要表现在这一部分。结顶，又称收头，顶层是掇山效果的重点部位，收头峰势因地而异，故有北雄、中秀、南奇、西险之称。

（2）理水

理水原指中国传统园林的水景处理，今泛指各类园林中水景处理。在中国传统的自然山水园中，水和山同样重要，以各种不同的水型，配合山石、植物和园林建筑来组景，是中国造园的传统手法，也是园林工程的重要组成部分。水是流动的、不定形的，与山的稳重、固定恰成鲜明对比。水中的天光云影和周围景物的倒影，水中的碧波游鱼、荷花睡莲等，使园景生动活泼，所以有"山得水而活，水得山而媚"之说。园林中的水面还可以划船、游泳，或作其他水上活动，并有调节气温、湿度、滋润土壤的功能，又可用来浇灌植物和防火。由于水无定形，它在园林中的形态是由山石、驳岸等来限定的，掇山与理水不可分，所以《园冶》一书把池山、溪涧、曲水、瀑布和埋金鱼缸等都列入"掇山"一章。理水也是排泻雨水，防止土壤冲刷，稳固山体和驳岸的重要手段。

古代园林理水之法，一般有3种：一是掩。以建筑和绿化，将曲折的池岸加以掩映。临水建筑，除主要厅堂前的平台，为突出建筑的地位，不论亭、廊、阁、榭，皆前部架空挑出水上，水犹似自其下流出，用以打破岸边的视线局限；或临水布蒲苇岸、杂木迷离，造成池水无边的视角印象。二是隔。或筑堤横断于水面，或隔水净廊可渡，或架曲折的石板小桥，或涉水点以步石，正如计成在《园冶》中所说，"疏水若为无尽，断处通桥"。如此则可增加景深和空间层次，使水面有幽深之感。三是破。水面很小时，如曲溪绝涧、清泉小池，可用乱石为岸，怪石纵横、犬牙交齿，并植配以细竹野藤、朱鱼翠藻，那么虽是一洼水池，也令人似有深邃山野风致的审美感觉。

自然之水，河、湖、溪、瀑等形式多样，但可归纳为动静两类，杭州之九溪十八涧，为终年不绝之动水，路与水相绕，有几处跨水而过，溪中自然形成多处水中汀步和小型叠水等自然景观，和无锡寄畅园之八音涧一样，把"高高低低树、弯弯曲曲路、叮叮咚咚水"三者结合起来，尤其是在寄畅园八音涧，在水近源处，处理成一个自然叠水小景，出源之水，随山谷之曲折，经过明暗流方式，呈现溪、池等多种形式最终汇入锦汇漪中，做到了叠石与理水的巧妙配合，同样在环秀山庄西北部的细流，也是自山石流下，进入池中，颇有山泉意。

水与石结合紧密，还表现在对水脚的处理上，王维《山水论》有云："山高云寒，石壁泉寒，道路人寒。石看三面，路看两头，树看顶头，水看风脚。此是法也"，故水岸处理要达到自然意境，全在叠石上下功夫，驳岸最忌"排排坐""僧戴帽"，应当高下变化，前后错落。南京瞻园北部水池之石矶，伸入水面，处理得体，与水之结合自然，与富春江畔之鹳山天然石矶相比，难以辨其真假，所谓"做假成真"。江南水乡，水畔随处可见天然浣阶，很多园林在理水时做出浣阶，具有地方风格，使水与人有相亲之感。网师园北部的黄石驳岸，简洁、自然，亦为佳作。

自然风景中的江湖、溪涧、瀑布等具有不同的形式和特点，为中国传统园林理水艺术提供创作源泉。传统园林的理水,是对自然山水特征的概括、提炼和再现。各类水的形态的表现,不在于绝对体量接近自然,而在于风景特征的艺术真实。对各类水的形态特征的刻画,主要在于水体源流,水景的动、静,水面的聚、分,符合自然规律;在于岸线、岛屿、矶滩等细节的处理和背景环境的衬托。运用这些手法来构成风景面貌,做到"小中见大""以少胜多"。这种理水的原则,对现代城市公园,仍然具有其借鉴的艺术价值和节约用地的经济意义。

模拟自然的园林理水,常见类型有以下几种:

①泉瀑:泉为地下涌出的水,瀑是断崖跌落的水,园林理水常把水源做成这两种形式。水源或为天然泉水,或园外引水或人工水源(如自来水)。泉源的处理,一般都做成石窦之类的景象,望之深邃黝暗,似有泉涌。瀑布有线状、帘状、分流、叠落等形式,主要在于处理好峭壁、水口和递落叠石。水源现在一般用自来水或用水泵抽汲池水、井水等。苏州园林中有导引屋檐雨水的,雨天才能观瀑。

②渊潭:小而深的水体,一般在泉水的积聚处和瀑布的承受处。岸边宜作叠石,光线宜幽暗,水位宜低下,石缝间配置斜出、下垂或攀缘的植物,上用大树封顶,造成深邃气氛。

③溪涧:泉瀑之水从山间流出的一种动态水景。溪涧宜多弯曲以增长流程,显示出源远流长,绵延不尽。多用自然石岸,以砾石为底,溪水宜浅,可数游鱼,又可涉水。游览小径须时缘溪行,时踏汀步(见园桥),两岸树木掩映,表现山水相依的景象,如杭州"九溪十八涧"。有时造成河床石骨暴露,流水激湍有声,如无锡寄畅园的"八音涧"。曲水也是溪涧的一种,今绍兴兰亭的"曲水流觞"就是用自然山石以理涧法做成的。有些园林中的"流杯亭"在亭子中的地面凿出弯曲成图案的石槽,让流水缓缓而过,这种做法已演变成为一种建筑小品。

④河流:河流水面如带,水流平缓,园林中常用狭长形的水池来表现,使景色富有变化。河流可长可短,可直可弯,有宽有窄,有收有放。河流多用土岸,配置适当的植物;也可造假山插入水中形成"峡谷",显出山势峻峭。两旁可设临河的水榭等,局部用整形的条石驳岸和台阶。水上可划船,窄处架桥,从纵向看,能增加风景的幽深和层次感,例如,北京颐和园后湖、扬州瘦西湖等。

⑤池塘、湖泊:指成片汇聚的水面。池塘形式简单,平面较方整,没有岛屿和桥梁,岸线较平直而少叠石之类的修饰,水中植荷花、睡莲、荇、藻等观赏植物或放养观赏鱼类,再现林野荷塘、鱼池的景色。湖泊为大型开阔

的静水面，但园林中的湖，一般比自然界的湖泊小得多，基本上只是一个自然式的水池，因其相对空间较大，常作为全园的构图中心。水面宜有聚有分，聚分得体。聚则水面辽阔，分则增加层次变化，并可组织不同的景区。小园的水面聚胜于分，如苏州网师园内池水集中，池岸廊榭都较低矮，给人以开朗的印象；大园的水面虽可以分为主，仍宜留出较大水面使之主次分明，并配合岸上或岛屿中的主峰、主要建筑物构成主景，如颐和园的昆明湖与万寿山佛香阁，北海的琼岛白塔。园林中的湖池，应凭借地势，就低凿水，掘池堆山，以减少土方工程量。岸线模仿自然曲折，做成港汊、水湾、半岛，湖中设岛屿，用桥梁、汀步连接，也是划分空间的一种手法。岸线较长的，可多用土岸或散置矶石，小池亦可全用自然叠石驳岸。沿岸路面标高宜接近水面，使人有凌波之感。湖水常以溪涧、河流为源，其渲泻之路宜隐蔽，尽量做成狭湾，逐渐消失，产生不尽之意。

⑥其他：规整的理水中常见的有喷泉、几何型的水池、叠落的跌水槽等，多配合雕塑、花池，水中栽植睡莲，布置在现代园林的入口、广场和主要建筑物前。

3.4.3 建筑经营

园林中建筑有十分重要的作用。它可满足人们生活享受和观赏风景的愿望。中国自然式园林，其建筑一方面要可行、可观、可居、可游，一方面起着点景、隔景的作用，使园林移步换景、渐入佳境，以小见大，又使园林显得自然、淡泊、恬静、含蓄。这与西方园林建筑存在很大差异。中国自然式园林中的建筑形式多样，有堂、厅、楼、阁、馆、轩、斋、榭、舫、亭、廊、桥、墙等。

中国园林作为一种美的自然与美的生活的游憩境域，历来就十分重视对园林建筑的经营。园林建筑，一定意义说，就是在自然环境中人的形象及其生活理想和力量的物化形态。在中国，不论是在范围很小的古典园林里，还是在大型园林或风景名胜区，都力求把建筑与自然融为一体。

我国古典园林一般以自然山水作为景观构图的主题，建筑只为观赏风景和点缀风景而设置。园林建筑是人工因素，它与自然因素之间似有对立的一面，但如果处理得当，也可统一起来，可以在自然环境中增添情趣，增添生活气息。园林建筑只是整体环境中的一个协调、有机的组成部分，它的责任只能是突出自然的美，增添自然环境的美。这种自然美和人工美的高度统一，正是中国人在园林艺术上不断追求的境界。建筑与环境的结合首先是要因地制宜，力求与基址的地形、地势、地貌结合，做到总体布局上依形就势，并充分利用自然地形、地貌。

其次是建筑体量是宁小勿大。因为自然山水中，山水是主，建筑为从。与大自然相比，建筑物的相对体量和绝对尺度以及景物构成上所占的比重都是很小的。

最后，是要求园林建筑在平面布局与空间处理上都力求活泼，富于变化。设计中要推敲园林建筑的空间序列及组织好观景路线使其突出。建筑的内外空间交汇地带，常常是最能吸引人的地方，也常是人感情转移的地方。虚与实、明与暗、人工与自然的相互转移都常在这个部位展开。因此，过渡空间就显得非常重要。中国园林建筑常用落地长窗、空廊、敞轩的形式作为这种交融的纽带。这种半室内、半室外的空间过渡都是渐变的，是自然和谐的变化，是柔和的、交融的。

为解决与自然环境相结合的问题，中国园林建筑还应考虑自然气候、季节的因素。因此中国南北园林各有特点。比如江南园林中有一种鸳鸯厅是结合自然气候、季节最好的例子，其建筑一分为二，一面向北，一面向南，分别适应冬夏两季活动。

总之，园林建筑设计要把建筑作为一种风景要素来考虑，使之和周围的山水、岩石、树木等融为一体，共同构成优美景色。而且风景是主体，建筑是其中一部分。

东西方园林之中，建筑都是重要的组成部分，因为其是满足人们生活享受和观赏风景所必需的。西方园林中，如法国的古典主义园林，意大利的庄园、府邸和宫殿往往集中式布置，层数一般两到三层，可以居高临下俯瞰全园景色。在中国园林中为满足可行、可观、可居、可游的要求，需配置相应的廊、亭、堂、榭、阁等建筑。从我国发展史来看，园林中建筑密度越来越高，生活居住气息越来越浓。当然建筑也不纯粹作为居游的生活需要来设置，它本身也是供人欣赏的景物之组成部分，融合在园林的自然景色中。自然景色若有人工建筑做适当的点缀，可现出神采而富有魅力，为景观添色。

中国园林建筑经营主要表现在4个方面：巧、宜、精、雅。

(1) 巧

形体巧 中国园林建筑的"巧"主要得之于木构架的灵活性，同时在布局上又很注意以"巧"取胜，它没有西方古典建筑那种庞大的体量，它从结构、造型、空间的处理到建筑的整体布局都是一种巧妙而和谐的安排，它的布局与整体之间是有机地联系在一起的，具有灵活应变、活泼、生长的特征。

与自然环境结合巧 中国园林建筑为适应自然风景式园林的性格及园林

整体环境气氛，就要在布局、空间组织、建筑造型上创造出合乎自己身份的形象来。完全依据环境的特点和要求，配合着各种各样的地形地貌，自由穿插，灵活应变。为配合自然界中的各种典型环境，还创造出了各种不同的造型的建筑类型，每一种类型中又演变出丰富变化的形式。不论是南方、北方，还是同一个地区内的不同环境中，园林建筑总是千差万别，展示着与具体环境相吻合的强烈个性，因此总给人一种自由、灵巧、变幻的感觉，处处做到"巧而得体"。

空间处理上巧 中国园林建筑巧妙地处理了内外空间的围透、联系与过渡，并创造了各种各样的空间形式。平面上，不一定是封闭的四边形，可以是三角形、多边形、弧线形；在剖面上，不一定在一个平面上，可以错落、咬合；各空间之间自由流通、渗透，互相补充、借用，空间的不定性与整体上的完整性是结合在一起的。空间的组织，有直有曲，有静有动，有大有小，有虚有实，有正有变，有疏有密，有隐有显……相辅相成，辩证统一，创造了富有活力的，奇巧变幻的空间境界。

（2）宜

宜，就是合宜、适用。首先表现在对待人的态度上，中国人建造园林追求的是自然之美，获得身心上切实的美的感受与满足，园林建筑的中心课题，就是一切为了人，制造出人的空间、人的尺度、人的环境，因此它的空间总是合人之情，合结构与自然规律之理，不是强迫人去被动接受某种建筑物所给予的强调，而是自然而然给人以某种情绪上的满足。因此，了解人，并运用当时可能的物质手段来满足与体现人的愿望，是中国园林建筑一贯遵循的准则。

宜，还表现在"因地制宜"，园林建筑依据环境的特点"按基形成""格式随宜""方向随宜""随方制向，各得所宜""宜亭斯亭，宜榭斯榭"，随曲合方，做到"得体合宜"。

（3）精

中国园林建筑的第三个特征是精巧、精美的风貌。从整体到细部都和谐地组织在一种美的韵律之中，它不仅注意总体造型上的美，而且注意装修、装饰的美，注意陈设的美，注意小品建筑的美，它们之间的位置、大小、粗细、宽窄、质地都恰到好处，有精到的分寸感、统一感。它不仅是一种形象的美，也是一种合乎结构与构造逻辑的美。这种精美还表现在触觉上，中国园林建筑与人贴近的地方，像柱子、凳椅、美人靠、门窗凳，不仅看上去精巧、精美，而且摸上去也舒服；它的造型、木质与人之间有一种亲和感。所以，计成说"园不在大而在精"。

(4) 雅

"雅"是指建筑的格调、意境，是人们对园林建筑形象、色彩、气氛的一种感受。如拙政园的一个扇形建筑，取名"与谁同坐轩"，寓意与清风明月同坐（图3-16）。"雅"包括：

图3-16　拙政园"与谁同坐轩"

①中国园林建筑与环境的气氛要"幽雅"：首先选择"千峦环翠，万壑流青"的环境，即使在闹市，也要"闹处寻幽"，以人工的巧奇，创造"宛自天开"的景色，然后将精巧的建筑融化在自然的怀抱之中，便营造出幽雅的意境。

②建筑的造型、装修、细部处理要"雅致"：清代的李渔在《闲情偶寄》中说：建筑的造型"贵精不贵丽，贵新奇大雅，不贵纤巧烂漫"。园林中的建筑更是以小巧雅致造型。

③建筑的色调效果要"雅朴"：园林建筑所选用的材料也强调要"时遵雅朴"，南方园林建筑色彩上以白墙灰瓦配上栗色门窗装修，与自然环境十分协调，北方建筑的颜色虽富丽堂皇，但园林里的建筑色调较温和。

3.4.4　植物配置

植物是园林的主体，植物配置是园林设计、景观营建的主旋律。植物配置更是一门科学、艺术，是绿地建设的灵魂。自然风景以山、水为地貌基础，以植被做装点。山、水、植物乃是构成自然风景的基本要素，当然也是风景式园林的构景要素。但中国的古典园林无论是皇家园林，还是私家园林都以体现自然界中自然要素的综合审美内涵来完成作品创作。在园林空间中，强调多种形式地体现自然美的特征，在有意无意之间形成"意"与"境"的统一。所以，中国古典园林绝非一般地利用或是简单地模仿这些构景要素的原始状态，而是有意识地加以改造、调整、加工、剪裁，从而表现一个精练、概括的自然，典型化的自然。唯其如此，像颐和园那样的大型天然山水园才能够把具有典型性格的江南湖山景观在北方的大地上复现出来。这就是中国古典园林的一个最主要的特点——源于自然而又高于自然，这个特点在人工山水园的筑山、理水、植物配置方面表现得尤为突出。

园林植物的配置包括两个方面：一方面是各种植物相互之间的配置，考虑植物种类的选择，树丛的组合，平面和立面的构图、色彩、季相以及园林意境；另一方面是园林植物与其他园林要素，如山石、水体、建筑、园路等相互之间的配置。

(1) 园林植物的配置要点

植物种类的选择　植物具有生命，不同的园林植物具有不同的生态和形态特征。它们的干、叶、花、果的姿态、大小、形状、质地、色彩和物候期各不相同；它们在一年四季的景观也颇有差异。进行植物配置时，要因地制宜，因时制宜，使植物正常生长，充分发挥其观赏特性。选择园林植物要以乡土树种为主，以保证园林植物有正常的生长发育条件，并反映出各个地区的植物风格。

植物配置的艺术手法　在园林空间中，无论是以植物为主景，或植物与其他园林要素共同构成主景，在植物种类的选择、数量的确定、位置的安排和方式的采取上都应强调主体，做到主次分明，以表现园林空间景观的特色和风格。

对比和衬托　利用植物不同的形态特征，运用高低、姿态、叶形叶色、花形花色的对比手法，表现一定的艺术构思，衬托出美的植物景观。在树丛组合时，要注意相互间的协调，不宜将形态姿色差异很大的树种组合在一起。

园林植物空间　园林中以植物为主体，经过艺术布局，组成适应园林功能要求和优美植物景观的空间环境。植物空间边缘的植物配置宜疏密相间，曲折有致，高低错落，色调相宜。

植物同园林其他要素紧密结合配置　无论山石、水体、园路和建筑物，都以植物衬托，甚至以植物命名，如万松岭、樱桃沟、桃花溪、海棠坞、梅影坡等，加强了景点的植物气氛。以植物命名的建筑物如藕香榭、玉兰堂、万菊亭、十八曼陀罗馆等，建筑物是固定不变的，而植物是随季节、年代变化的，这就加强了园林景物中静与动的对比。

中国古代园林以景取胜，而景名中以植物命名者甚多。如万壑松风、梨花伴月、桐剪秋风、梧竹幽居（图3-17）、罗岗香雪等，极其普遍，充分反

图3-17 拙政园梧竹幽居

映出中国古代"以诗情画意写入园林"的特色。

在漫长的园林建设史中,形成了中国园林植物配置的程序,如栽梅绕屋、堤弯宜柳、槐荫当庭、移竹当窗、悬葛垂萝等,都反映出中国园林植物配置的特有风格。

(2) 两个时代植物配置的差异

中国古典园林是一个源远流长、博大精深的园林体系,从园林设计到植物配置都包含着丰富的传统文化内涵。然而在现代的园林绿地中,植物配置却有着不同时代带来的独特风格和特征,比较两个时代植物配置的不同特色对于探索未来园林的发展趋势有着一定的借鉴意义。

①植物景观的审美主体(服务群体)之转变:贵族性与大众性。

古代的造园家有两种,一为文人雅士,二为具有精湛技艺的工匠。由于历史的局限性和使用的私有性,这些古典园林或为己用或为封建贵族所有,其审美主体与如今现代园林的服务群体有着截然不同的差别。如今,私人占有园林的时代已经一去不复返,城市公园、开放性绿地开始进入城市居民的日常生活。因此,园林设计营造的植物景观不仅成为广大人民群众欣赏感知的对象,而且还为市民户外游憩和交往提供丰富的空间。

②植物材料选择之转变:单一性与多样性。

据调查,苏州8座园林中(拙政园、留园、网师园、狮子林、环秀山庄、沧浪亭等),各园重复栽植的植物有罗汉松、白玉兰、桂花等11种植物,重复率100%;而重复率在50%以上的植物有70种左右。由此可见,在植物材料的选择上,古典园林的特点是种类少,局限性强。在拥有优越自然条件的江南私家园林中是如此,而在北方气候条件限制下的皇家园林亦是如此。我国拥有丰富的植物种质资源，仅高等植物就有 3 万多种，其中木本植物 8000 多种，而古典园林中尤其是江南私家园林，其种类不超过 200 种，仅占 2.5%，当然，这些封闭式的园林，历史上仅为满足少数有闲阶级的需要而建，这是一个主要原因。

相比之下，现代园林设计在植物选择上，由于在植物功能上的拓宽，生态、防护、生产功能的增加，对植物多样性提出了更高的要求。因此不再拘泥于少数具有观赏寓意、诗情画意的植物，开始注重植物配置的生物多样性原则和乡土性原则。

③植物配置形式之转变：规律性和多元化。

古典园林中的植物配置风格为自然式，常与园林风格保持一致。但是受当时历史条件的局限，那种"片山块石、似有野趣"或"咫尺山林"式的高度自然物的缩影，使其配置形式局限性强。虽能让人产生想象自然美景的作用，但并不能体现出大自然的"真正"存在，在这方面是很不符合现代人的审美意识需求的。古典园林中常用的形式有孤植、对植、丛植几种形式，还有一些规律性做法，如高山栽松、岸边植柳、山中挂藤、水上放莲、修竹千竿、双桐相映、槐荫当庭、移竹当窗、栽梅绕屋等常用古典园林植物配置手法。也能在古典园林的室内室外、厅前屋后、轩房廊侧、山脚池畔等处见到花台、盆景、盆栽等形式，点缀恰到好处。而如今盆景、盆栽进入了各家各户的庭院和阳台空间，花台的形式已经演变为现代的花坛、花境等形式。现代园林设计手法的更新和植物配置多功能的要求使植物配置形式正在走向多元化。植物材料选择的多样化发展为多元化的形式提供了必要条件。在平面和立体空间层次营造上，乔木、灌木、草本植物的搭配、常绿与落叶植物的搭配以符合实际需求的科学比例配置。另外垂直绿化、屋顶绿化和专类园、湿地、森林公园、防护林等绿地形式的开拓赋予植物配置更多载体和功能。

④植物配置遵循原则之转变：艺术性与科学性的结合。

古典园林是文人雅士精神生活的一部分，因此利用不同植物特有的文化寓意丰富植物观赏内容、寄托园主思想情怀，这样的例子在古典园林中屡见不鲜，如荷花的"出污泥而不染，濯清涟而不妖"，被认为是脱离庸俗而具有理想的象征；竹则被认为是刚直不阿，有气节的君子等。植物配置与诗情画意结合，如苏州拙政园的"听雨轩""留听阁"（图 3-18）借芭蕉、残荷在风吹雨打的条件下所产生的声响效果而给人以艺术感受；承德离宫中的"万壑松风"景点，也是借风掠松林而发出的瑟瑟涛声而感染人的。古典园林植物造景非常强调艺术性原则，很大程度上受到园主和造园家的文化背景

图 3-18　拙政园"留听阁"

和审美情趣的影响。对于现代的园林设计师来说，挖掘其艺术和文化内涵，结合时代特征，运用到现代设计中来有很大的借鉴作用。

　　时代的更替带来了新的问题。城市化快速发展带来的一系列生态环境问题，不仅使得人们意识到植物具有基本的美化和观赏功能，而且还看到了它的环境资源价值，如改善小气候、保持水土、降低噪声、吸收和分解污染物等作用。植物配置形成的人工自然植物群落，在很大程度上能够改善城市生态环境、提高居民生活质量，并为野生生物提供适宜的栖息场所。因此尊重自然植物群落的生长规律和保护生物多样性是如今植物配置设计的必然准则。在设计中要求设计师以人为本，结合环境心理学、环境行为学等多学科设计是一大趋势，如芳香保健植物园。现代园林中植物配置强调的是科学与艺术相结合的原则。

　　当今现代人如若走进雅致小巧的古典园林，或许在感叹园内"别有洞天"的同时，会为古典园林的一点"小"和"远"感到遗憾。正如陈从周先生说的：我国古典园林代表了那个时代的面貌、时代的精神、时代的文化，当时并不感到有何缺陷。今天全部收归国有，对外开放，就不能满足各行各业各阶层人们的需要了。这是由于现代人审美情趣和生活要求发生转变的原因。

3.4.5　楹联匾额

　　园林景观本身就是一个文化综合体，而景区楹联匾额就是景观的丰富文化内涵的高度概括与美学表现。把祖国秀美多姿的自然景观看作是一幅山水画卷，楹联匾额就是题画诗；把灿烂悠久的人文景观，看作是中华民族发展史上某一特定时期历史人物与历史事件的缩影，楹联匾额就为它配了一首赞美曲，起了画龙点睛、相得益彰的作用。例如，大家熟知的昆明大观楼长联，蜚声中外，几乎成了大观楼的代号与标志，甚至景以联传，长联的知名度远远超过了景点本身。如温州江心寺王十朋"朝朝长长"叠字联，孤山"西湖天下景亭"黄文中的"山水晴雨"叠字联，九溪俞樾的"重重叠叠山……高高下下树"叠字联，充分运用了我国汉字"同字异义""一字两读"及词性变换规律等手法，也是名闻遐迩，为景观生辉的文化精品。中国的园林之所以能发展到极高的艺术境界，中国传统文化的渗透起了关键作用。特别是诗、词与绘画给造园艺术家们提供了绝好的借鉴，这些深厚的中国传统文学艺术底蕴，使园林艺术更具有了诗画情趣。

《红楼梦》第十七回"大观园试才题对额"中贾政要进门未进门时说过"若大景致，若干亭榭，无字标题，任是花柳山水，也断不能生色。"曹雪芹借贾政之口强调了书画墨迹在构园造景中所具有的特殊地位和作用。

中国古典园林的特点，是在幽静典雅当中显出物华文茂。"无文景不意，有景景不情"，书画墨迹在造园中有润饰景色、揭示意景的作用。园中必须有书画墨迹并对书画墨迹作出恰到好处的运用，才能"寸山多致，片石生情"，从而把以山水、建筑、树木花草构成的景物形象，升华到更高的艺术境界。墨迹在园中的主要表现形式有题景、匾额、楹联、题刻、碑记、字画。园有园名，景有景名。只是古典园林的园名景名起得典雅、含蓄、贴切、自然，令人读之有声，品之有味。不管是直抒胸怀，还是含蓄藏典，游人甚至可以直接从景物的题名领悟它的意境。例如，《浮翠阁》《远香堂》《咏梅斋》《与谁同坐轩》《涵碧山房月》《养云精舍》《寄啸山庄兄》《梧竹幽居亭》《香影廊》《沁芳闸丸渡鹤桥》及《双峰云栈》《幽谷深涧》《万松叠翠》《苏台春满》《吟春醉月》《小飞虹》《滴翠岩》《疏影》《暗香》《探胜》《通幽》等。

匾额主要是被用作题刻园名景名，也有用来颂人写事的。扬州平山堂一字排列三块匾，正中是建筑名称"平山堂"，左首一块"坐花载月"，右首一块"风流宛在"是写人。平山堂是欧阳修在扬州做太守时兴建的。欧阳修在这里宴聚宾客，饮酒赋诗，击鼓传花，咸与众欢，堂上的三块匾活灵活现地反映出当年太守"我亦且如常日醉，莫教弦管作离声"的风流生活。

匾和额本来是两个概念，悬在厅堂上的为匾，嵌在门屏上方的称额，叫门额。大概是因为它们的形状、性质相似，才习惯上合称匾额。佳极的景物题名，会使本来平凡的景色陡然生辉。反之，如若平淡无奇，对于景色会像红花折去绿叶，失去生命。游园的时候注意欣赏匾额题景，推敲它的用字妙处，对于领会意境和提高游兴都有直接帮助。悬挂在厅馆楹柱上的对联叫楹联,也有叫楹帖的。造园家利用楹联来写景状物,怀古励今,引导游览者张开想象的翅膀,驰骋于景色之外,进入广阔的遐思境地。

人们在游园中不仅观赏各种风物美景,而且常常品评一些优美的题名匾额和诗意盎然的楹联。这些激人情怀的匾联装点着园林的各个景区,既抒发了园林景色的诗画意境,又深化了园林艺术的美学情韵,充分体现了中国园林艺术的民族特色。

前人提咏园林匾联,常常用写意的笔墨,渲染出园林景观的环境特色,使眼前有限的空间扩展到无限的大自然中去,创造出辽阔深远的艺术境界。这些匾联虽仅片言只语,却意蕴隽永,对园林景观起着烘云托月、画龙点睛的作用。

衔远山,吞长江,其西南诸峰,林壑优美;
送夕阳,迎素月,当春秋之交,草木际天。

这是扬州平山堂的一副集句联。上联巧妙地融入范仲淹《岳阳楼记》与欧阳修《醉翁亭记》中"远山来与此堂平"的意蕴,下联语出王禹《黄冈竹楼记》与苏东坡《放鹤亭》中"平山栏槛倚晴空"的情致。从而不仅在空间上,而且在时间上,巧妙地点明了平山堂的艺术意境及其自然环境的壮阔气象。

全国各地的古典园林和风景名胜区精美的园林匾联很多,都像是一幅幅写意小品,把各具特色的园林风物浓缩于尺幅之中,却又把人们的思绪引入自然,给人以游目骋怀的美感。

楹联匾额是我国特有的一种文学艺术形式,它集中体现了一字一意一音的功能。在风景园林中,它或描绘园林胜景、诗情画意、异彩纷呈;或借景抒情、臧否史事、褒贬人物;或寄情山水、托物言志、颂扬高尚情操,对风景园林表述意境、体现审美都起到了重要作用。中国风景园林的楹联匾额丰富多彩,从思想内容来看,大致可分为状景、抒景和咏志三大类,现分别举例作粗浅分析。

(1) 状景类楹联匾额

中国风景园林很多都是人工塑造或加工过的自然景观。它的至美处就在于千姿百态的各类风景,而状景类楹联匾额在风景园林中就特别丰富,为园林风景、审美情趣增色不少。然而这类楹联匾额单纯状景绘物,缺乏深邃的思想内涵和浓烈的感情成分,不及抒情类更感动人,不及咏志类更富人生哲理,可视为第一层次。

杭州西湖是经过千百年人工加工过的一座自然园林,所到之处,无不镌刻有这类状景楹联匾额。如"平湖秋月",宋代时列为西湖十景之首。它位于孤山与白堤相接处，面临外湖，若在中秋月夜观湖赏月，景色十分迷人，其中有一楹联描写此中景色：

鱼戏平湖穿远岫，雁鸣秋月写长天。

此联语言极富视觉形象效果，以"穿远岫"、"写长天"来展现西湖的辽阔秀美，婉约多姿。联中的"鱼戏""雁鸣"意象生动鲜明、有声有色。紧接着上下联恰到好处地嵌入"平湖""秋月"景色，使此联更富有个性，使光景、音响、动态和色彩的环境气氛跃然纸上。

承德避暑山庄是我国现存的最大的一座皇家园林，整个山庄是群山环绕，热河蜿蜒，依山就势的宫殿，恢弘壮观，庄内楼亭众多，湖岛罗列，古木参天，风景极其优美，其中多有楹联匾额对此作生动描绘。乾隆皇帝在钟峰落照亭内撰有一幅楹联：

岚气湿青屏，天际遥看烟树色；
水光浮素练，风中时听石泉声。

其亭在山庄南部山岗上，登亭可俯瞰湖泊亭台楼榭和山庄外东北诸山峰，其中与庄外有名的磬捶峰直接相对，每当夕阳西照，捶峰倒影落入湖中，蔚为奇观。这幅咏景联犹如一幅水墨淡彩，以淡淡的色彩描摹，创造出一片迷茫空间的境界。上联写山峰之静态与远眺之所见，一个"湿"字将山雾之浓厚，与天际树色融为一体，令人销魂；下联作者将目光从天际收回，由远眺山景转为近瞰湖光，只见一条条像洁白轻柔的丝带倒映其中，风声、泉声为静态的画面注入了动态的活力。

凡同现实风景结合起来的楹联匾额，所引起的意象会使风景更美，更富于浪漫色彩，点景状物也更为确切。如拙政园之"梧竹幽居"位于水池的尽头，对山面水，在游廊后面种了一片梧桐和竹子，是一个幽深之处。其额曰"月到风来"，楹联为"爽借清风明借月，动观流水静观山"。不仅道出了粼粼清波和假山的动静对比的景观特色，还借入了清风与明月，构成了虚实相生的迷人境界，使"梧竹幽居"充满了诗情画意。

这样的状景点题的楹联匾额在中国风景园林中不胜枚举。事实上各地风景园林中，几乎每一景观处，都有因时、因地、因景而点景，这类"题咏"的楹联匾额，为整景整园增色颇多，正所谓"不见其字，游者顿觉有所失"。

（2）抒情类楹联匾额

中国风景园林很多是古代文人朝夕居游之处，故对一景一物的构建，都倾注了自己的志趣爱好之情。这在景点的楹联匾额创作中，往往有充分的体现。状景楹联匾额仅仅是单纯的描景绘色，虽然为园林景观增色不少，但思想蕴涵较少，而抒情楹联匾额则不同，它往往在状景绘色的同时，引发出赏景者的感情。将景与情密切结合起来，达到情景交融的新境界，可视为第二层次，给人以更高的文化品味享受。

上海豫园仰山堂、卷雨楼，是座双层楼台式建筑，北临大池，曲槛坐憩，俯瞰池中倒影可鉴，仰望隔池的江南现存明代最大黄石假山，峰峦层叠，林木披芳，宛如图画。楼上有副楹联，作者由景抒情：

邻碧上层楼，疏帘卷雨，幽槛临风，乐与良朋数景夕；

送青仰灵岫，曲涧闻莺，闲亭放鹤，莫教佳日负春秋。

楹联高度概括地描绘了微风细雨中的亭石楼阁和曲槛假山的鹤语莺鸣，抒发了莫负眼前良辰美景的怡然情怀。作者笔下的风物之美，像一幅五彩的画，似一首无声的诗，诗情画意荡漾其间。"疏""幽""曲""闲"四字，恰到好处地形容景致的状态，还起到了借景传情的作用。

昆明大观楼建置在滇池湖畔，俯瞰滇池美景，见证历史烟云。其上悬挂着当地名士孙髯翁所作的180字长联，号称"天下第一长联"。

五百里滇池奔来眼底，披襟岸帻，喜茫茫空阔无边；看，东骧神骏，西翥灵仪，北走蜿蜒，南翔缟素；高人韵士，何妨选胜登临，趁蟹屿螺洲，梳裹就风鬟雾鬓；更苹天苇地，点缀些翠羽丹霞。莫辜负，四周香稻，万顷晴沙，九夏芙蓉，三春杨柳。

数千年往事注到心头，把酒凌虚，叹滚滚英雄谁在？想，汉习楼船，唐标铁柱，宋挥玉斧，元跨革囊；伟烈丰功，费尽移山心力。尽珠帘画栋，卷不及暮雨朝云；便断碣残碑，都付与苍烟落照。只赢得，几杵疏钟，半江渔火，两行秋雁，一枕清霜。

上联咏景，描绘了昆明滇池附近的美丽景象；下联述史，触景生情，洋洋洒洒，气度恢弘，发人深思。身边美景不绝于眼，历史烟云不灭于心，此联将眼前的景色描绘得细致传神，将感情抒发得淋漓尽致。无论从写景、抒情还是气度上讲，该联都可称为上上之作。郭沫若游大观楼，观此联后，题《大观楼即事》五律一首："果然一大观，山水唤凭栏；卧佛云中逸，滇池海洋宽。长联犹在望，巨笔仗如椽；我亦披襟久，雄心逸南关。"给此联锦上添花，更有声色。

园林中的匾额和楹联，有的写景，有的抒情，写景的托物言志，抒情的直抒胸臆，还有的既写景又抒情。

比如沧浪亭石柱上的那副"清风明月本无价，远山近水皆有情"楹联，就是既写景又抒情的杰作。

此联由嘉庆年间进士梁辛矩所书。这是一副集联，上联出自欧阳修的

《沧浪亭》长诗，下联来自园主苏舜钦的《过苏州》一诗，上下联浑然一体，让人看不出一点斧凿的痕迹。上联写景自然贴切，下联抒情一目了然。良辰美景，赏心乐事，人生如此，夫复何求？园林主人那种超然物外，纵情山水之心由此可窥全貌。这一份淡泊宁静，这一种磅礴的天地间坦荡博大的情怀，也只有在江南才能体会。这是江南的根，也是江南园林的灵魂。

（3）咏志类楹联匾额

咏志类楹联匾额，顾名思义，就是风景园林的构建者和游赏者，通过对景色楹联匾额的撰写，表达自己对人生价值的一种看法，对政治思想的一种追求，蕴含着某种深邃的哲理启迪，因而具有更高的文化品味。它比起抒情类楹联匾额来，层次更高，可视为第三层次。

扬州个园是清代两淮商总黄至筠（号个园）购买小玲珑山馆修筑而成的。黄至筠为仿效苏轼，"宁可食无肉，不可居无竹；无肉令人瘦，无竹使人俗"的诗意，以竹表示清逸脱俗，故园内广种修竹，而竹叶形状恰似"个"字，于是便题匾额曰："个园"。也有人认为"个"字是"竹"字的一半，故有孤芳自赏的含义。凡此种种寓意，都是借竹以明志的。

扬州个园内有一幅袁枚撰写的楹联：

月映竹成千个字，霜高梅孕一身花。

"个"字即"竹"字的一半，"个园"亦即"竹园"，是园主崇尚竹子的集中表现。竹子虽无牡丹之富贵，也无桃李之妖艳，但它刚正不阿，宁折不屈，高风亮节，素有"刚柔忠义"之称，与松、梅一起被誉为"岁寒三友"，它"未出土时便有节，及凌云处尚虚心"，又被视为高洁、坚贞而又虚心待人的谦谦君子，素来被中国历史名人所喜爱，被视为"东方美的象征"。

此联咏竹吟梅。从"月""霜"落实，以虚补实，以形写意，烘云托月地点染出一幅情趣盎然的水墨画，同时称颂竹梅不畏严寒的高尚品格，隐含作者对君子品格的一种崇仰和追求。

苏州网师园占地面积较小，为一中型宅园，邸宅共有四进院落。园门设在第一进的轿厅之后，门额上篆刻匾额"网师小筑"四字。网师即渔翁，含鱼隐的本意，是标志主人隐逸清高之意。园内楹联更是托物言志，意蕴高深，如其缥水阁内有幅楹联：

曾三颜四，禹寸陶分。

全联虽然只有短短的8个字，均包含了丰富的思想内涵，联中共述及4个著名的历史人物（曾子、颜渊、夏禹、陶侃）的4则典故，所谓"曾三"，即曾子曾说过"吾日三省吾身，为人谨而不忠乎？与朋友交而不信乎？传不及乎？"（《论语·学而》）；所谓"颜四"，即颜渊曾说过："非礼勿视、非礼勿听、非礼勿言、非礼勿动。"（《论语·颜渊》）。所谓"禹寸"讲的是夏禹十分爱惜点滴光阴，"有寸金难买寸光阴"之说。所谓"陶分"讲的是陶侃勤奋好学，不但寸光不放弃，连分阴也不放弃，他曾说过："当惜分阴，定可逸游荒醉！"（《晋书·陶侃传》）。上联褒扬的是做人的道理，下联褒扬的是珍惜光阴。全联是警世格言，言简意赅，反映作者本人的人生观及处世哲学。

综上所言，中国风景园林楹联匾额融文字于园林艺术之中，是中国文字里一种风格独特的文学形式，这种极富表现力的文字形式已成为营造中国风景园林时不可缺少的构思内容之一，是我国造园家得力的点景手法之一，也是园林哲学的重要内容之一，使游者入其地，无不鉴景而生情动思。我国著名园林学家陈从周教授曾将此比喻为"正如人之有须眉，为不能少的一件重要点缀品"（《苏州园林》）。总之，园林楹联匾额能更加丰富其审美内容，也更加提高了园林的审美价值，使之能很好地满足游人多种审美情趣和游览需求。

3.4.6 景观营造

何谓景？景的本意是光，《说文解字》中说景："光也。从日，京声。"段玉裁注："光所在处，物皆有阴。"有光必有影，光和影共同成就了像，所以景具有像的含义。古人认为风和日丽就叫景，一切景物都只有在日光下才能在视觉上成景。《辞海》中说景："风光、景色"；《现代汉语词典》和《汉语大词典》中说景："风景、景致"。它们把对景的一般解释引向了审美范畴，认为景是美的，是可以供人们观赏的。园林中的景，是指在园林绿地中，自然的或经人工创造的、以能引起人的美感为特征的一种供作游憩欣赏的空间环境。何谓观？《说文》："观，谛视也。"谛的意思是审视。由此，观也引申出景象的意思，王安石名句："而世之奇伟瑰怪非常之观，常在于险远。"所以景观二字也有很大同义反复的成分，一般用一个景字已经足矣，如城景、街景、海景等。

园林景物主题能集中具体地反映设计内容的思想性和功能上的特性。高度的思想和服务于广大游客的功能特性，是主题深刻动人的主要原因。以西湖为例，由平静的湖水，绵延的长堤，湖周柔和起伏的丘陵衬托所组成的景观，表达出西湖风景特点；湖水丰满清澈，堤岸山丘绿荫覆盖，环境怡人，迎接众多游客，满足了活动功能要求。主题和功能的结合，表现出现代人重视环境绿化美化，物质和精神生活水平提高的动人风貌。

3.4 园林美的创造技巧

中国有悠久的园林景观营造传统,从构思精巧的苏州园林到大气恢弘的皇家园林,无不向世人展示着中国古典园林景观的艺术成就。中国传统造园艺术的最高境界是"虽由人作,宛自天开"。这实际上是中国传统文化中天人合一的思想在园林中的体现。具体来讲,博大精深的中国传统园林是按下面的原则来营造的:

(1) 构架山水

由于中国幅员辽阔,山川秀美多姿,自古以来,中国人就对大自然怀有特殊的感情,尤其是对山环水抱构成的生存环境更为热爱,山与水在风水理论中被认为是阴阳两极的结合。而孔子曾指出:"仁者乐山,智者乐水",从而把山水与人的品格结合起来。中国独特的地理条件和人文背景孕育出的山水观对中国园林产生了重要的影响,难怪中国人如此狂热地在自然的山水中营造园林,或是在都市园林中构架自然的山水。

(2) 模拟仙境

早在 2000 多年前,秦始皇曾数次派人赴传说中的东海三仙山——蓬莱、方丈、瀛洲去获取长生不老之药,但都没有成功。因此,他就在自己的兰池宫中建蓬莱山模仿仙境来表达企望永生的强烈愿望。汉武帝则继承并发扬了这一传统,在上林苑中建有蓬莱、方丈、瀛洲三仙山,自此,开创了一池三山的传统。

(3) 移天缩地

中国传统的一个重要特点是以有限的空间表达无限的内涵。方寸之内精雕细琢,咫尺之间再造乾坤。精思巧虑,缩地移天。"一拳石则太华千寻,一勺水则江湖万顷"。宋代宋徽宗的艮岳曾被誉为"括天下美,藏古今胜"。

(4) 诗情画意

中国传统文化中的山水诗、山水画深刻表达了人们寄情于山水之间,追求超脱,与自然协调共生的思想。因此,山水诗和山水画的意境就成了中国传统园林创作的目标之一。东晋文人谢灵运在其庄园的建设中就追求:"四山周回,溪涧交过,水石林竹之美,岩岫暇曲之好",而唐代诗人白居易在庐山所建草堂则倾心于仰观山,俯听泉,旁睨竹树云石的意境。在园林中,这种诗情画意还尤以楹联匾额或刻石的方式表现出来,起到了点景的作用,书法艺术与园林也结下不解之缘,成为园林不可或缺的部分。

(5) 形式独特

中国传统园林在布局上看似并不强调明显的、对称性的轴线关系,而实际上却表现出精巧的平衡意识和强烈的整体感。中国传统园林之所以能区别于外国园林,其中一个重要原因正是其整体形式的与众不同。在这种自然式园林中，仿创自然的山形水势，永恒、奇特的建筑造型与结构，多彩多姿的树木花草，弯弯曲曲的园路，组成了一系列交织了人的情感与梦想的、令人意想不到的园林空间。

（6）造园手法高超

中国古代造园师在园林创作活动中，首要的工作是相地，即结合风水理论，分析园址内外的有利、不利因素；进而在此基础上立意，即所谓的构思，确定要表现的主题及内容，因境而成景。接下来就是运用借景、障景、对景、框景等手法对造园四要素进行合理布局、组织空间序列，最后对细节进行细致推敲。此时造园师要巧妙处理山体的形态、走向、坡度、凸凹虚实的变化，主峰、次峰的位置，水池的大小形状及组合方式，岛堤、桥的运用，建筑单体的造型及群体的造型和组合方式，园林植物的种类与种植方式，园路的走向及用材等一系列具体问题。实际上中国古代的造园师除了进行图纸设计工作外，更多的时间是花在建园的工地具体指导施工，从而保证设计意图的贯彻执行，并有利于即兴创作。乾隆帝修建清漪园的一个目的，就是疏通北京西北郊水系，直到现在，为北京城供水的京密引水渠，依然从昆明湖西边流过，而南水北调中线工程的终点，也设在昆明湖西边的团城湖。昆明湖总面积 $220hm^2$，我们现在看到的只是全部面积的 3/5。昆明湖西面山上的宝塔，好像近在园中，其实离颐和园有五里远，将园外之景巧妙的融入园中，这就是造园方法中的"借景"。而巨大的佛香阁没有建在万寿山顶，而是建在了半山腰，也体现了山水与人的和谐关系（图 3-19）。

图 3-19　颐和园中的借景

《园冶》精辟论述了中国传统园林重要的造园手法。园林造景，常以模山范水为基础，"得景随形""借景有因""有自然之理，得自然之趣""虽由人作，宛自天开"。造景方法主要有：①挖湖堆山，塑造地形，布置江河湖沼，辟径筑路，造山水景；②构筑楼、台、亭、阁、堂、馆、轩、榭、廊、桥、舫、照壁、墙垣、梯级、磴道、景门等建筑设施，造建筑景；③用石块砌叠假山、奇峰、洞壑、危崖，造假山景；④布置山谷、溪涧、乱石、湍流，造溪涧景；⑤堆砌巨石断崖，引水倾泻而下，造瀑布景；⑥按地形设浅水小池，筑石山喷泉，放养观赏鱼类，栽植荷莲、芦荻、花草，造水石景；⑦用不同的组合方式，布置群落以体现林际线和季相变化或突出孤立树的姿态，或者修剪树木，使之具有各种形态，造植物景；⑧在园林中布置各种雕塑或与地形水域结合，或单独竖立，成为构图中心，以雕塑为主体，造雕塑景。

3.5　园林审美意境

意境是中国古典美学的一个重要范畴。其发展大体上经历了从哲学—文学—绘画—园林的过程。可以说意境这一美学概念贯穿唐以后的中国传统艺术发展的整个历史，渗透到几乎所有的艺术领域，成为中国美学中最具民族特色的艺术理论概念。一切艺术作品，包括园林艺术在内，都应当以有无意境或意境的深邃程度来确定其格调的高低，并以它作为衡量艺术作品的最高层次的艺术标准。因此不研究"意境"这一范畴，就难以理解包括园林在内的中国艺术的真正追求。

3.5.1　意境与园林意境

3.5.1.1　意境

在艺术创作时，生动的素材和高超的艺术技巧最终是为了营造具有个性的艺术意境，来表达艺术家的种种情感、精神意味和人格理想的体悟。在艺术欣赏时，主体在审美接受的时候创造新的审美意象并且升华为对艺术和人生境界的体验。意境是诗、画、园林各类艺术创作、品评的中心概念和最高追求。

何谓意境？历来众说纷纭，最早可以追溯到佛经。佛家认为："能知是智，所知是境，智来冥境，得玄即真。"这是说凭着人的智能，可以悟出佛家最高的境界。所谓境界，即后来所说的意境。《辞海》解释"意境"是文艺作品所描绘的生活图景和表现思想感情融合，致而形成的一种艺术境界，是客观存在反映在人们思维中的一种抽象造型观念。由此可见，意境离不了情景交融的审美意向，是由审美意向升华而成的，它提供了一个富有暗示的心理环境，用以指导人们对美的形象展开联想。

　　一切蕴含着"意"的物象或表象，都可称为"意向"。形象与情趣的契合，是情与景的统一，景生情，情生景；情中景，景中情；虚实相生，弦外之音，味外之旨。意境的意蕴是深层的，情景交融、含蓄比喻、虚实相生、像外有像。这种意境美是我们中国传统文化的重要组成，也是西方文化中所不具备的。"境无情不发，情无境不生"，意境要靠"悟"才能获取。唐代王昌龄《诗格》中的"三境说"极值得注意。其云："诗有三境。一曰物境。欲为山水诗，则张泉石云峰之境，极丽绝秀者，神之于心，处身于境，视境于心，莹然掌中，然后用思，了然境象，故得形似。二曰情境。娱乐愁怨，皆张于意而处于身，然后驰思，深得其情。三曰意境。亦张之于意而思之于心，则得其真矣。"这里的"三境"，实际上就是意境的3种类型。只是把偏重于描写景物的（如山水诗）称为物境，偏重于抒写情怀的称为情境，偏重于说理言志的称为意境。

图 3-20　意境概念

　　因此，在意境这个美学范畴，情和景的交融成为意境生成的基本要素；虚实的统一相生，则是中国传统园林意境生成的基本原理和审美特质，其目的就是为了创造那超脱现实的空灵、富有生命力的"象外之象""景外之景"；而人与自然的混一，忘我的贯通正是意境追求的实质所在。这样，中国古典艺术之精粹就在这三者的孕育下诞生了。意境是一种情景交融、虚实相生的境界，具有咀嚼不尽的美感特征。简单地说，意即是主观的理念、情感，境是客观的园林空间景物。意境是"情"与"景"的结晶石，即创作者把自己的感情、理念融注于客观景物之中，从而引发游赏者之类似的情感激动和理念联想，进而在心目中所形成的境象（图3-20）。

3.5.1.2　园林意境

　　园林是自然的一个空间境域，园林意境寄情于自然物体及其综合关系之中，情生于境而又超出由之所激发的境域事物之外，给感受者以余味或遐想。中国园林艺术是自然环境、建筑、诗、画、楹联、雕塑等多种艺术的综合。园林意境产生于园林境域的综合艺术效果，给予游赏者以情意方面的信息，当客观的自然境域与人的主观情意相统一、相激发时，才产生园林意境。由此唤起以往经历的记忆联想，产生物外情、景外意。

园林是一个真实的自然境域，其意境随着时间而演替变化。这种时序的变化，园林上称"季相"变化；朝暮的变化，称"时相"变化；阴晴风雨霜雪烟云的变化，称"气象"变化；有生命植物的变化，称"龄相"变化；还有物候变化等。

(1) 园林意境的内涵

园林是一门经营空间的艺术。其意境美，体现为独特的时空意识，以有限的空间来表现无限的意境美。《世说新语》记载，东晋简文帝入华林园，对随行的人说："会心处不必在远，翳然林水，便有濠濮涧想也，觉鸟、兽、禽、鱼，自来亲人"，可以说已领略到园林意境了。

园林意境这个概念的思想渊源可以追溯到东晋到唐宋年间。当时的文艺思潮是崇尚自然，出现了山水诗、山水画和山水游记。园林创作也发生了转折，从以建筑为主体转向以自然山水为主体；以夸富尚奇转向以文化素养的自然流露为设计园林的指导思想，因而产生了园林意境概念。两晋南北朝时期的陶渊明、王羲之、谢灵运、孔稚圭到唐宋时期的王维、柳宗元、白居易、欧阳修等人既是文学家、艺术家，又是园林创作者或风景开发者。

中国人与西方人同爱无尽空间（中国人爱称太虚空无穷无涯），但此中有很大的精神意境上的不同。西方人站在固定的地点，由固定角度透视深空，他的视线失落于无穷，驰于无极。他对这无穷的空间的态度是追寻的、控制的、冒险的、探索的……中国人对于这无尽空间的态度却是如古诗所说的："高山仰止，景行行止，虽不能至，而心向往之。"中国人的最根本的宇宙观是《易经》上所说的"一阴一阳之谓道"，道是虚灵的，是出没太虚自成文理的节奏与和谐。中国古典园林中的空间景象结构凭借一虚一实、一明一暗的流动节奏表达出来。

中国园林在处理时空的问题上，与诗画有相通之处。由于园景和诗境、画境一样，在美学上共同追求"境生于象外"的艺术境界，因而这三者都具有以有限空间描写无限空间的艺术创作原理。中国园林艺术，尤其是江南私家园林艺术是在有限的空间中，以现实自然界的砂、石、水、土、植物、动物等为材料，创造出幻觉无穷的自然风景的艺术景象（图3-21）。它在"城市山林，壶中天地，人世之外别开幻境"中"仰观宇宙之大，俯察品类

图 3-21　留园一角

之盛",使人们在有限的园林中领略无限的空间,从而窥见到整个宇宙、历史和人生的奥秘。它充分发挥了中国空间概念中关于对立面之间的对称性、变易性和无限性,并通过有与无、实与虚、形与神、屏与借、对与隔、动与静、大与小、高与低、直与曲等园林空间的组织,创造出无限的艺术意境。使得"修竹数竿,石笋数尺"而"风中雨中有声,日中月中有影,诗中酒中有情,闲中闷中有伴"。从观赏落霞孤鹜,秋水长天而进入"天高地迥,觉宇宙之无穷;兴尽悲来,识盈虚之有数"的幻境;从"衔远山,吞长江,浩浩荡荡,横无际涯"的意境中升华为"先天下之忧而忧,后天下之乐而乐"的崇高人生观。这就是中国传统艺术所追求的最高境界;从有限到无限,再由无限而归之于有限,达到自我的感情、思绪、意趣的抒发。中国园林这种处理时空的方式与西方园林很不一样。西方园林也追求无限的空间,但那是靠巨大的空间,用透视法来获取这样的效果的。综上所述,所谓园林意境就是造园家所创造的园林景观(实境)与欣赏者在特定的环境下所触发的联想与想象(虚境)的总和。

(2) 园林意境的创造

①诗与园林意境:清代钱泳在《履园丛话》中说:"造园如作诗文,必使曲折有法,前后呼应,最忌堆砌,最忌错杂,方称佳构。"一语道破,造园与作诗文无异,从诗文中可司造园法,而园林又能兴游以成诗文。因此,陈从周先生认为研究中国园林,似应先从中国诗文入手,道出了园林与诗文的关系。

诗文在园林艺术中的作用,首先表现在它直接参与园林景象的构成。中国园林内的匾额、碑刻和对联,并不是一种无足轻重的装饰,而同花林竹石一样,是组成园景的重要因素,它们能营造古朴、典雅的气氛;并起着烘托园景主题的作用。如果没有诗文,一切题额就根本无法依存,更谈不上对园林景象有画龙点睛之妙了。

从这一点上说,中国古典园林均是"标题园"。园林的命名,即园林艺术作品的标题，或记事、或写景、或言志、或抒情。如"留园""烟雨楼""拙政园""怡园"等，突出了园林的主题思想及主旨情趣。诗文不仅用于突出全园主题，也常被用作园内景点的点题和情景的抒发。如"长留天地间"（苏州留园）、"可白怡斋"（苏州怡园）、"志清意远""与谁同坐轩"（苏州拙政园）、"长堤春柳"（扬州瘦西湖）、"法净晚钟"（扬州大明寺）等，不胜枚举。题咏亦是如此，不过更多的是寓情于景，情景交融。这些借自然景象而抒怀的题材诗咏，主要以对联的形式结合在建筑上。如扬州瘦西湖"长堤春柳"亭的楹联是"佳气溢芳甸，宿云澹野川"；"月观"的对联是"月来满地水，云起一天山"；"钓鱼台"的对联是"浩歌向兰渚，把钓待秋风"；"平山堂"的对联则是"过江诸山到此堂下，太守之宴与众宾欢"，等等。园林中的这些楹联，或寓哲理发人深思，或抒情怀令人神怡，或切主题启人心智，成为园林艺术不可或缺的组成部分，也是中国园林艺术的精华所在。人们欣赏园林名胜的同时，也为这些楹联所吸引。

　　诗文在园林艺术中的作用，还在于促使景象升华到精神的高度，亦即对园林意境的开拓。园中景象，只缘有了诗文题名、题咏的启示，才引导游者联想，使情思油然而生，产生"象外之象""景外之景""弦外之音"。远香堂既是中园的主体建筑，又是拙政园的主建筑，园林中各种各样的景观都是围绕这个建筑而展开的。远香堂是一座四面厅，建于原"若墅堂"的旧址上，为清乾隆时所建，青石屋基是当时的原物。它面水而筑，面阔三间，结构精巧，周围都是落地玻璃窗，可以从里面看到周围景色，堂里面的陈设非常精雅，堂的正中间有一块匾额，上面写着"远香堂"三字，是明代文征明所写。堂的南面有小池和假山，还有一片竹林。堂的北面是宽阔的平台，平台连接着荷花池。每逢夏天来临的时候，池塘里荷花盛开，当微风吹拂，就有阵阵清香飘来。远香堂的北面也是拙政园的主景所在，池中有东西两座假山，西山上有雪香云蔚亭，亭子正对远香堂的两根柱子上挂有文征明手书"蝉噪林愈静，鸟鸣山更幽"的对联，亭的中央是元代倪云林所书"山花野鸟之间"的题额。东山上有待霜亭。两座山之间以溪桥相连接。山上到处都是花草树木，岸边则有众多的灌木，使得这里到处是一片生机。远香堂的东面，有一座小山，小山上有"绿绮亭"，这里还有"枇杷园"、"玲珑馆"、"嘉实亭"、"听雨轩"、"梧竹幽居"等众多景点。

　　②画与园林意境：在中国艺术论上，历来就有"诗画同源"之说，中国园林追求诗的意蕴，不可能不讲求画的境界。

　　中国绘画有边款、题记，画面上不但注明标题、作者和创作时间，而且常常是写上创作此画的旨趣、感想或缘由之类，并加盖印章，不但在画面形式上形成了一个统一构图的整体，而且在内容上也是和绘画融为一体的。其形式服从画的需要，其内容即是绘画的内容，两者紧密协作，共同构成了"诗情画意"。

中国画在魏晋时即进入了"畅神"的审美阶段，出现了山水画，其宗旨是师法自然而不模仿自然，重在写意。山水画上的景物不同于真山实水，它已是通过画家审美眼光观察所及的产物，寄寓了画家的思想感情。往往以有限的笔墨写无限意境，给人联想，使人回味。而绘画乃造园之母。许多古典园林，都是直接由画家设计和参与建造的，如扬州以前的片石山房和万石园，相传为画家石涛所堆叠。明代画家文征明是苏州拙政园主人王献臣的密友和座上宾。中国明代最著名的造园家和造园理论家计成、文震亨，也都是画家。在这种情形下，造园之理自然颇通绘画之理，其运动的、无灭点的透视，无限的、流动的空间，决定了中国古典造园方式是以有限空间、有限景物创造无限意境，即所谓"小中见大""咫尺山林"。

③空间组织与园林意境：运用延伸空间和虚复空间的特殊手法，组织空间，扩大空间，强化园林景深，丰富美的感受。所谓延伸空间的手法，即是通常所说的借景。计成在《园冶》中就提出了借景的概念，计氏说："'借'者，园虽别内外，得景则无拘远近。晴峦耸秀，绀宇凌空，极目所至，俗则屏之，嘉则收之，不分町疃，尽为烟景，斯所谓巧而得体者也。"可见，计氏在这里还说明了借景的原则即"俗则屏之，嘉则收之"，阐明了借景并非无所选择、无目的的盲目延伸。延伸空间的范围极广，上可延天，下可伸水，远可伸外，近可相互延伸，内可伸外，外可借内，左右延伸，巧于因借。由于它可以有效地增加空间层次和空间深度，取得扩大空间的视觉效果；形成空间的虚实、疏密和明暗的变化对比；疏通内外空间；丰富空间内容和意境，增强空间气氛和情趣，因而在中国古典园林中广为应用。无锡的寄畅园，即是借景园外、延伸空间的范例。

虚复空间并非客观存在的真实空间，它是多种物体构成的园林空间由于光的照射通过水面、镜面或白色墙面的反射而形成的虚假重复的空间，即

图3-22 网师园"月到风来亭"水中倒影

所谓"倒景、照景、阴景"（图3-22）。它可以增加空间的深度和广度，扩大园林空间的视觉效果；丰富园林空间的变化，创造园林静态空间的动势；增强园林空间的光影变化，尤其水面虚复空间形成的虚假倒空间，它与园林空间组成一正一倒，正倒相连，一虚一实，虚实相映的奇妙空间构图。水面虚得空间的水中天地，随日月的起落，风云的变化，池水的波荡，枝叶的飘摇，游人的往返而变幻无穷，景象万千，光影迷离，妙趣横生。像"闭门推出窗前月，投石冲破水底天"这样的绝句，描绘了由水面虚复空间而创造的无限意境。

④写意手法与园林意境：造园艺术常用的写意、比拟和联想手法，使意境更为深邃。文人园林所追求的美，首先是一种意境美。它包含着文人这个阶层的道德美、理想美和情感美，一种与天地相亲和、充满了深沉的宇宙感、历史感和人生感的富有哲理性的生活美。中国古典园林中的"写意"艺术处理手法主要表现在园林中实景的"写意"处理和园林中诗化的艺术处理。所以，园林中的山水树木，大多重在它们的象征意义。

其次，才是花木竹石本身的实感形象，或说是它们形式的美。扬州个园"四季假山"的叠筑，是最好的实例。造园者用湖石、黄石、墨石、雪石别类叠砌，借助石料的色泽、叠砌的形体、配置的竹木，以及光影效果，使寻踏者联想到春夏秋冬四季之景，产生游园一周，如度一年之感。在墨石山前种有多竿修竹，竹间巧置石笋栽松掘池，并设洞屋、曲桥、涧谷，以比拟"夏山"。黄石山则高达9m，上有古柏，苍翠褐黄的色彩对比以象征"秋山图"。低矮的雪石则散乱地置于高墙的北面，终日在阴影之下，如一群负雪的睡狮，以比拟"冬山"。当然，这种借比拟而产生的联想，只有借助文学语言，借助文学作品创造的画面和意境，才能产生强烈的美感作用，才能因妙趣横生而提高园林艺术的感染力。因此，稍有文学修养的人，看到"春山"那墨色的深色，就会想到"春来江水绿如蓝"或"染就江南春水色"一类的诗句；而见到荷池竹林边的"夏山"，则会联想到"映日荷花别样红"或"竿竿青欲滴，个个绿生凉"的诗意；看到红褐色的"秋山"，就会想到"霜叶红于二月花"的佳句；而转身突见"冬山图"，则会产生"千树万树梨花开"之感。个园内的四季假山构图相传为国画大师石涛手笔，通过巧妙的组合，表达了"春山淡冶而如笑，夏山苍翠而如滴，秋山明净而如妆，冬山惨淡而如睡"的诗情画意。

此外，在我国古典园林中特别重视寓情于景，情景交融，寓意于物，以物比德。人们把作为审美对象的自然景物看作是品德美、精神美和人格美的一种象征。例如，我国历代文人赋予各种植物以性格和情感，构成植物的固定品格。造园者在运用植物或游客欣赏植物时，联想到特定的植物种类所象征的不同情感内容，可以增强园林艺术的表现性，拓宽园林意境。

3.5.2 古典园林意境

中国古典园林作为一个独立体系，与世界上其他园林体系相比较，具有鲜明的个性，可以概括为4个方面：①源于自然，高于自然；②建筑美与自然美的融糅；③诗画的情趣；④意境的涵蕴。意境追求历来也是中国园林构思的一个重要方面。

"情景交融"是园林美欣赏的最理想境界，在中国传统美学中，这一境界便称作意境。在美学界，人们对于中国古典园林所创造的意境美，给予了很高的评价，认为中国园林在美学上的最大特点是重视意境的创造，中国古典美学的意境说，在园林艺术、园林美学中得到了独特的体现。在一定意义上可以说，"意境"的内涵，在园林艺术中的显现，比较在其他艺术门类中的显现，要更为清晰，从而也更易把握。

对于意境之追求，在中国古典园林中由来已久。中国园林美学，尤其是中国古典园林美学的中心内容，就是园林意境的创造和欣赏。园林造就的是一种意境，一种生命要体现自己勃勃生机的意境，它使人与自然相通，使自然升华为具有内涵的幽美境界。

(1) 诗情画意——中国古典园林意境的升华

中国古典园林艺术具有鲜明的民族美学特征：它重在意境，讲究因借布局，因地制宜，掘池造山，不大拘泥于细节，富于自然风光。所以计成在《园冶》自序中说，造园是既得"江南志胜"，又发"胸中所蕴夺"。可见，我国古典园林艺术并未只停留在可居可游的这样一个物质层面上，而是造园者回归自然与寄托情感的场所。我国古典园林艺术的意境同中国文化和艺术密切相关，被称为"凝固的诗，立体的画"。有人称中国园林为"文人园"，是一门饶有书卷气的艺术。从唐宋以来，就出现不少文人、画家自建园林或参与造园工作的现象。例如，唐代的王维、白居易，宋代的赵佶、司马光，元代的倪元镇，明代的米万钟，清代的石涛、李渔等人。他们将自己的生活理想和诗画意境融于园林的布局与造景中，把造园作为一种追求生活理想境界的艺术活动，寄情山水，放荡形骸。这样，所谓"诗情画意"便逐渐成了唐宋以来我国园林设计的主导思想。所谓"画家以笔墨为丘壑，掇山以土石为皴揉。虚实虽殊，理致则一"。园林与诗、画几乎不可分割。如同文人对诗画的要求一样，园林在艺术处理上力求意境美。园林不大，但却是一副立体的山水画卷：小桥流水、荷塘月色、寒江独钓、曲径通幽……饱含着

3.5 园林审美意境

诗情画意。

意境首先是中国古典诗画的美学范畴。诗画的指引既为园林的意境提供了深厚的文化内蕴，又便于人们更深刻地领悟园林的意境，是中国园林艺术的精华所在。贴切的诗意品题——匾额、对联、题咏等，不仅是一种能烘托园景主体，形成古朴、典雅气氛的装饰；同时又作为一种文学运用于意境鉴赏指引，记述典故、命名点题、抒情喻志，对园林景象起画龙点睛的作用。北京颐和园内的"夕佳楼"，夕佳二字的匾额取意于陶渊明的诗句，"山气日夕佳，飞鸟相与还。此中有真意，欲辨已忘言。"游人面对夕阳残照中的湖光山色，触发起对陶诗意境的联想，因文生情，别有风韵。苏州拙政园"与谁同坐轩"，取自宋代文人苏轼"与谁同坐？"表达出造园者的清高。西湖边的"平湖秋月"，一经品题，更经"万顷湖平长如镜，四时月好最宜秋"的楹联指点，诗情画意便油然而生。黑格尔认为建筑艺术是物质性最强的艺术，诗（文学）是精神性最强的艺术要素。王羲之在《兰亭集序》中首先写了亭子所给予人的美感："仰观宇宙之大，俯察品类之盛，所以游目骋怀，足以极视听之娱，信可乐也！"这种美感，就是意境所产生的美感。王羲之接着就指出，在这种美感中，包含了一种深刻的人生感和历史感："固知一生死为虚诞，齐彭殇为妄作。后之视今，亦犹今之视昔。悲夫！"范仲淹在《岳阳楼记》中首先描述了岳阳楼给予人的美感："衔远山，吞长江，浩浩荡荡，横无际涯……此则岳阳楼之大观也。"接着从这种美感的意境中升华为"先天下之忧而忧，后天下之乐而乐"的崇高人生观。此乃是我国古典传统艺术所追求的最高境界：从有限到无限，再由无限而归之于有限，从而对整个宇宙、历史、人生产生一种富有哲理性的感受和领悟。

（2）经营空间——中国古典园林意境美的追求

园林是一门经营空间的艺术。中国古典园林强调以小见大，以少胜多，以显寓隐，以实写虚，以有限见无限，追求含蓄朦胧的审美境界，因此其时空观必然与之相对应，具有独特的时空意识，以有限的空间来表现无限的意境美。"中国古典美学所说的'意境'，并不是孤立的、有限的'象'，而是虚实结合的'境'。'境生于象外'，'境'是对孤立的、有限的'象'的突破。""境"比"象"更能体现宇宙的本体和生命——"道"（"气"）。中国人的最根本的宇宙观是《易经》上所说的"一阴一阳之谓道"，道是虚灵的，是出没太虚自成文理的节奏与和谐。以老庄为代表的道家哲学主张酷爱自然，提倡自然之美、朴素之美，强调自由、自然的思想，反对一切清规戒律，要在自然的无限空间中得以自我心灵的抒发的满足，表现在艺术中则是

"神与物游，思与境谐"的审美意识。《庄子·秋水》中说："夫物，量无穷，时无止，分无常。"认为时空是大而无穷，变化无止的。这种独特的时空意识强烈地影响着中国的艺术观，中国古代的诗画在处理时空时，就是和这种哲学的时空观一脉相承的。

中国古典园林在处理空间的关系上，与诗画有相通之处。由于园景和诗境、画境一样，在美学上共同追求"境生于象外"的艺术境界，因而这三者都具有以有限空间表现无限空间的艺术创作原理。中国古典园林艺术，尤其是江南私家园林艺术是在有限的空间里，以现实自然界的砂、石、水、土、植物、动物等为材料，创造出变幻无穷的自然风景的艺术景象。它在"城市山林，壶中天地，人世之外别开幻境"中"仰望宇宙之大，俯察品类之盛"，使人们在有限的园林中领略无限的空间。无论是王维的"明月松间照，清泉石上流"，马致远的"枯藤老树昏鸦，小桥流水人家"，还是范宽的《溪山行旅图》，徐渭的《青藤书屋图》，无不创造出一片片令人神往的美妙境界。一首五绝，一曲小令，就是一片崭新天地；几道溪水，数株松竹就是一个独立的小宇宙。

中国园林艺术尽管与诗画的表现手段、塑造形象有很大区别，但它们追求的都不是自然的再现，而是带有诗情画意的艺术境界。这种寓情于景、情景交融、境由心造的理念构成了我国传统美学的核心，而创造意境以及对意境艺术美的欣赏，则铸成了中华民族特殊的审美心理结构。中国园林对艺术意境的刻意追求，决定了它的创造是重于艺术"表现"。与艺术中的再现相比，表现是以人的内心各种难以言传的情感为对象的，它与对外在的可以直接观察到的各种事物的形象描绘迥异，而是深藏于事物内部，难为人们所欣赏。因此，艺术家在于如何运用高超、巧妙的手法将自己的思想情感以具体可感的形象传递给观赏者。在这一点上，中国古典园林艺术和其他优秀的艺术门类一样，是颇为成功的。中国古典园林艺术以其幽美的躯壳成功地表现了它的"美丽的灵魂"。

中国古典园林运用延伸空间和虚复空间的特殊手法，组织空间，扩大空间，强化园林景深，丰富美的感受。所谓延伸空间的手法，即是通常所说的借景。利用借景来造成景外之意的意境美，是我国古典园林艺术创造形象的特有手段。例如，北京的颐和园，其主要部分虽然仅为昆明湖与万寿山，但由于借用了园外较近的玉泉山和更远的西山，因而并没有使人产生独山独水的单调感。正如《园冶》所说："远峰偏宜借景，秀色堪飧""借外景自然幽雅，深得山林之趣"。又如北京的北海公园和景山公园，互相借景，互相映衬，无形中把两个各自独立的公园联成一气，境已尽而意有余。

3.5　园林审美意境

（3）写意、比拟和联想的造园手法——中国古典园林的高尚、深邃的意境美之反映

热爱自然山水，不仅是人与宇宙天地亲和一致的表现，也是造园者高尚道德情操的完善，为造园者的艺术修养达到一种"无我"的境界。对自然美的审美观念中，有了比自然山水更博大的内容，因而对意境的追求成为园林的灵魂，被造园者固定下来。所谓"境生于象外"也是在于说明自然物的作用，主要是诱发人的意境美感，于是在园林中自然景色大多不过是宇宙感、历史感和人生感（即文人、士大夫这个阶层的道德美、理想美和情感美）的寄托。中国古典园林特别注重寓义于物、以物比德，将作为审美对象的自然景物看作是品德美、精神美和人格美的象征，强调因物喻志、托物寄兴、感物兴怀的比兴传统。因而中国古典园林中的山水花木主要起"比""兴"作用，无须强求模山范水，而可以满足于象征性的点缀。"一拳石则苍山千仞，一勺水则碧波万顷；层峦叠嶂，长河巨泊"，都是在想象中形成。于是产生了物我相融无间的境界；因而人对自然的审美观赏中就有了强烈的思想情感寄托和抒情色彩，人与自然物在感情的亲和，形成了清净虚明无思无虑的心境，这种心境渗透到园林中去，必然使园林具有了鲜明的写意性。

运用某些植物的特性美和姿态美作比拟、联想产生意境也是古典园林常用的手法。如梅花具有"万花敢向雪中出，一树独先天下春"的品格，在园林中，种上几株梅花，就能给人以比拟联想，产生诗情画意；兰花清妍含娇，幽香四溢，有诗云："崇兰生涧底，香气满幽林，纵使无人也自芳"，所以人们把兰花比作"花中君子"；牡丹以雍容华贵、秀韵多姿取胜，被誉为"国色天香"；水仙以其清秀典雅的风貌，被誉为"凌波仙子"等。综上所述，这种借比拟而引起的联想，只有借助于文学语言及其所创造的画面和意境才能产生强烈的妙趣横生的美感，提高园林空间的艺术感染力。

意境是艺术作品借助具体可感形象所达到的一种意蕴和境界。中国古典园林的意境，比起直观的园林景象则更为深刻、更为高级。其意境的意蕴是深层的，它不停留于个别审美意象的局部、浅显、感性的层面，具有深邃的艺术底蕴；它的意境的意蕴是大容量的，突破有限进入无限。古典园林蕴涵了造园者自身的思想感情、意志品质、人生态度等深层次的文化内容，引发了人们高度哲理性的人生感、历史感、宇宙感。

3.5.3 现代园林意境

3.5.3.1 现代园林——公园的形成与发展

1840年是中国从封建社会到半封建半殖民地的转折点，也是我国造园史由古代到近代的转折，公园的出现便是明显的标志。人们把1840年以前的园林称为古典园林，而1840年以后，则称为近现代园林。

如果说，古典园林具有明显的私人占有性，不管是皇家园林或私家园林，无不都是供帝王、封建文人、士大夫等避暑、听政、居住、游乐等专用，而公园虽然前面加了"公"字，但它也并不是为大多数人服务而建造的。

鸦片战争后，帝国主义在我国开设了租界，同时为了满足他们在中国土地上寻欢作乐的要求，为了满足殖民者少数人的游乐活动，把欧洲式的公园引到了我国，上海可以说是殖民地公园建立较早较多的地方。

1868年建造的"公花园"（黄浦公园）是最早的一个，殖民者规定华人与狗不得入内，这一方面说明殖民主义者对中国人民明目张胆的侮辱，也说明"公园"在当时并不"姓公"。之后又有1905年的"虹口公园"，1908年的"法国公园"（即复兴公园），1914年建的"极斯非尔公园"（即中山公园）等。

此时期公园规划布局的特点多采取法国规则式和英国风景式两种，其中有大片草地和占地极少的建筑，这与我国古典园林艺术的规划设计有明显不同。在功能使用上主要是供他们散步、打网球、棒球、高尔夫球等活动，以及饮酒休息之用。这些公园可以说皆是为洋人兴建，布置特点主要反映了其外来性质。

1906年，无锡、金匮两县乡绅俞仲等筹资建"锡金公花园"，这是我国最早的公园之一。辛亥革命后扩建，定名为"城中公园"，该公园的布置特点多建筑无草地，假山、自然式水池等吸收了中国古典园林的特点而建，这与上海早期的公园有明显的不同。虽都叫公园，但内容和特点显然是不同的。

辛亥革命前，孙中山先生曾在广州的越秀山麓读书。辛亥革命后，孙中山指定将越秀山辟为公园，即越秀公园。与孙中山同时代，以朱启钤等为代表的一批民主主义者极力主张筹建公园，在他们的倡导和影响下，在我国一些主要大城市中，相继出现了如广州越秀公园、中央公园、永汉公园等9处；汉口市府公园等2处；昆明翠湖公园；北平的中央公园（现中山公园）；南京的玄武湖公园等6处；厦门的中山公园；长沙的天心公园等公园。此外，当时也有一些民族资本家私人办园向公众开放的，如无锡的惠山公园等。

以上诸公园大多是在原有风景名胜的基础上整理改建而成的，有的原本就有古典园林，如锡惠公园等。也有的是在空地或农地上参照欧洲公园特点建造。这都为以后公园的发展建设打下了基础。

1898年英国人霍华德著《明日的田园城市》一书，对我国初期的公园建设有一定的影响。1935年，我国的规划师莫朝豪所著《园林计划》一书中提出"都市田园化与乡村城市化"的主张，指出"园林计划……包含市政、工程、农林、艺术等要素的综合的科学""应使公园能够均匀地分布于全市各地"等观点至今看来仍是非常重要。此书也可以说是我国早期公园建设的理论性专著，并对当时的公园建设有很大的影响。

我国公园的产生可以说是帝国主义侵略和辛亥革命的结果，又由于辛亥革命的发源地在南方，更加上南方优越的自然条件，无论是公园的最初阶段，还是形成具有我国特点的公园，可以说在南方都最具有代表性。

以绿化为主，辅以建筑布置于城市或市郊，并为广大人民提供娱乐、游憩的公园，真正姓公并得到迅速发展，那还是中华人民共和国成立后的事。

3.5.3.2 现代园林意境的开拓

我国现代园林的发展经历了曲折的历程。从绿化、美化、系统绿化到现代城市大园林，园林工作者在不断探索中，拓展壮大了园林学。现在园林学领域已经包含了传统园林学、城市园林绿地系统和大地景观规划3个层次，已初步形成了以生态园林、城市系统绿化、景观设计等为基础的、有中国特色的、符合现代园林发展规律的理论，我们暂且归纳为大园林理论。

现代园林发端于1925年的巴黎"国际现代工艺美术展"，20世纪30年代末，由罗斯、凯利、爱克勃等人发起的"哈佛革命"，则给现代园林一次强有力的推动，并使之朝着适合时代精神的方向发展。根据现代园林的发展现状，一般认为，所谓现代园林，是指在一定的或大或小的空间地域范围内，运用各种工程技术与艺术手段，通过对地形地貌的改造处理（或堆坡筑山、或理水置石），种植树木、花卉、草坪、地被植物及其他材料，布置园路广场，营造建筑雕塑小品及艺术构筑物，形成自然美与人工景观空间与游憩空间相融洽的综合艺术空间境域。

中国造园艺术，追求的是"虽由人作，宛自天开"。布局自由、浑然一体、宛如天成，反映"天人合一"的文化内涵，表现一种人与自然和谐统一的宇宙观。正是师法自然，融于自然，顺应自然之理。中国园林造景，概言之就是通过人工与自然的巧妙组合，把观赏者引入一种情景交融的境界。

城市园林建设的目的是美化人的生活，陶冶人的情操，因此在设计上很重要的一点就是要以人为本。目前，很多城市都建有宏大的广场，然而偌大一个广场，其地面不是用硬地铺装，就是以草坪为主，只有少量的乔木配置于道路两旁，即使有许多休息设施也只得置于露天之下。在炎炎夏季和多雨季节，既没有大树庇荫，也没有遮雨设施，再美的风景也无人久留于此。

由此可见，中国现代园林要取得进步，必须通过对传统园林的深入研究，提炼中国园林文化的本土特征，抛弃传统园林的历史局限，把握传统观念的现实意义，融入现代生活的环境需求。这是中国现代园林真正的发展方向。

（1）把握传统园林的精髓

中国传统园林的本质特征体现在如下几个方面，这是创造有中国特色的现代园林必须汲取的营养。

①模山范水的景观类型：地质地貌、水文、乡土植物等自然资源构成的乡土景观类型，是中国传统园林的空间主体和构成要素。乡土材料的精工细作，园林景观的意境表现，是中国传统园林的主要特色之一。中国园林强调的"虽由人作，宛自天开"，就是要源于自然而高于自然，强调人对自然的认识与感受。

②适宜人居的理想环境：追求理想的人居环境，营造健康舒适、清新宜人的小气候条件，是园林的物质生活基础。由于生活环境相对恶劣，中国传统城市与园林都十分注重小气候条件的改善，营造更加舒适宜人的生活环境，如山水的布局、植物的种植、亭廊的构建等，无不以光影、气流、温度、湿度等人体舒适性的影响因子为依据，形成适宜居住生活的理想环境。

③巧于因借的视域边界：不拘泥于庭园范围，通过借景扩大空间视觉边界，使园林景观与城市景观、自然景观相联系、相呼应，营造整体性园林景观，无论动观或静观，都能看到美丽的景致。许多现代园林设计师都把视域空间作为设计范围，把地平线作为空间参照，这与传统园林追求的无限外延的空间视觉效果是殊途同归的。

④循序渐进的空间组织：动静结合、虚实对比、承上启下、循序渐进、引人入胜、渐入佳境的空间组织手法和空间的曲折变化，园中园式的空间布局原则，常常将园林整体分隔成许多不同形状、不同尺度和不同个性的空间，并且将形成空间的诸要素糅合在一起，参差交错、互相掩映，将自然、山水、人文、景观等分割成若干片段，分别表现，使人看到的空间的局部，

似乎是没有尽头的。过渡、渐变、层次、隐喻等西方现代园林的表现手法，在中国传统园林中同样得到完美运用。

⑤小中见大的空间效果：古代造园艺术家们抓住大自然中各种美景的典型特征，提炼剪裁，把峰峦沟壑——再现在小小的庭院中。在二维的园址上突出三维的空间效果，"以有限面积，造无限空间"。将全园划分景区、水面的设置、游览路线的逶迤曲折以及楼廊的装饰等都是"小中见大"的空间表现形式。"大"和"小"是相对的，现代较大的园林空间的景观分区以及较小的园林空间中景观的浓缩，都是"小中见大"的空间表现形式和造园手法。关键是"假自然之景，创山水真趣，得园林意境。"

⑥耐人寻味的园林文化：人们常常用山水诗、山水画寄情山水，表达追求超脱、与自然协调共生的思想和意境，传统园林中常常通过楹联匾额、刻石、书法艺术、文学、哲学、音乐等形式表达景观的意境，从而使园林的构成要素富于思想内涵和景观厚度。在现代景观设计中以及西方园林中，一些造园元素，如石刻、书法、文学典故、声音等，也是随处可见。这些要素在细微之处使园林获得了生命和文化韵味，是我国园林文化的一脉相承和发扬。

（2）创造现代园林的辉煌

一个好的园林作品，并不是凭空臆想出来的，而是从"乡土"中"生长"出来的。正如"一方水土养一方人"的道理，"一方水土出一方园林景观"。对中国传统园林的研究，是了解本土地域文化的捷径。中国现代风景园林的发展，必须依赖于本土风景园林师的艰苦努力。中国风景园林师必须关注风景园林的本土化研究，积极探索富有地域性景观文化特征的风景园林作品。风景园林师的作用就像园丁一样，要充分了解自己脚下的这片热土，要精心选育适合这片"水土"的种子，并加以精耕细作、细心呵护，使其健康成长。

①开阔思路，拓展中国园林的设计领域：中国传统园林的主要局限性之一，在于习惯闭门造车，与外界的联系较弱，是在封闭的社会环境中形成的园林文化特色。面对西方思潮的冲击，现代园林设计师要开阔思路，挖掘古典园林的现实意义，把中国传统园林的造园手法、空间布局形式、造园要素以及文化等应用到更广泛的领域，使中国园林和文脉在祖国大地上遍地开花，得到延续和发扬光大。

②融会贯通，探索科学严谨的设计方法：造园既可以遵从古代的方法，也可以借鉴西方的表现形式，两者都不排斥。古今结合、古为今用、洋为中用，是必然的趋势。对古今中外的造园史、造园术以及它们的美学思想、历

史文化条件进行探讨，继承传统，吸取精华，取西方之长，补中国园林之短，融中国文化思想之内涵与西方现代之观念创造中国特色的现代园林，沿着民族文化的文脉，以严谨的态度进行设计。纯粹的模仿和复制往往是不成熟的，对西方及古典园林一知半解而妄加抄袭拼凑是不可取的。只有端正态度，融会贯通，方可运用自如，创造出更精彩、层次更高的新园林。

③走生态化园林建设可持续发展之路：绿化是基础，美化是园林的一种重要功能，而生态化是现代园林进行可持续发展的根本出路，是当今社会发展和人类文明进步不可缺少的重要一环。人类渴望自然，城市呼唤绿色，园林绿化发展就应该以人为本，充分认识和确定人的主体地位和人与环境的双向互动关系，强调把关心人、尊重人的宗旨具体体现在城市园林的创造中。满足人们的休闲、游憩和观赏的需要，使人、城市和自然形成一个相互依存、相互影响的良好生态系统。

3.5.4 园林意境的审美生成

园林是自然的一个空间境域，园林意境寄情于自然物体及其综合关系之中，情生于境而又超出由之所激发的境域事物之外，给感受者以余味或遐想。中国园林艺术是自然环境、建筑、诗、画、楹联、雕塑等多种艺术的综合。园林意境产生于园林境域的综合艺术效果，给予游赏者以情意方面的信息，当客观的自然境域与人的主观情意相统一、相激发时，才产生园林意境。由此唤起以往经历的记忆联想，产生物外情、景外意。

3.5.4.1 意境在中国古典园林中的表达方式

既然意境是"言外之意、弦外之音"，具有含蓄、朦胧的特点，那么它所蕴涵的象征意味和深层寓意常常令游赏者难以准确地把握、领悟。为了将造园家的艺术构思和表达的思想意韵顺利传达给游赏者，就应该存在"线索"的构设。从游赏者的感知途径可以将它分为作为外部感觉器官的第一信号系统和作为文学艺术形式的第二信号系统。如图3-23。

通过这两大信号系统提醒、诱导游赏者把注意力集中在有特色的景观精华上，减少游赏者对景观欣赏的主观随意性，使人们能够由感受体验迅速直接地趋向于认知思考，拓宽游人观赏的视野，点出园林空间景观的主题，进行理性的深入把握，与造园家的意图和情感产生共鸣，从而进入更高层次的艺术境界，使园林空间意境得以表达。

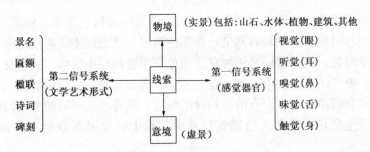

图 3-23 意境的表达方式

3.5.4.2 意境在中国古典园林中的美学特征

意境是一种情景交融、虚实相生的境界，具有咀嚼不尽的美感特征。园林意境的确与诗、画等艺术的意境有相通之处，不过作为一种在三维空间中进行创造的艺术，其意境存在于具体的物质环境中，是与可居、可行的生活环境结合的审美境界，它自有其独特的内涵、特征及构建方法，在中国古典园林中主要表现为写意化的自然美和空灵化的空间美。

(1) 写意化的自然美——"情景交融"的境界

意境表现为写意化的自然美，就是追求抒情写意的自然氛围，以有限的人造景观引发人的恬淡、自在的感受，并不必真的罗列山壑。数峰湖石，一池清波，就足以造成一种自然的感触，产生意会中的自然美感。

例如，扬州个园写意化的自然美作为意境化的表现，主要是靠山石写意创造实现的。以石笋、湖石、黄石、宣石的色彩、形体特征等进行高度的概括化，写意出春景的清新、夏景的秀丽、秋景的雄浑和冬景的惨淡的自然美感特征，使游赏者一方面与真实的自然山水相联系，另一方面又与精神上的林泉之乐、山林野趣的追求相联系，体现了自然无碍的精神境界。片石勺水，一花一草，都能引发游人的感触，给人回味的余地。

(2) 空灵化的空间美——"虚实相生"的境界

中国园林的独特魅力就在于不以构建呈现于人们面前的景观环境为目的，不只是提供给人一处消遣娱乐的场所，而是传情表意的时空艺术。通过具体有限的园林形象传达出深远微妙的、耐人品味的情调氛围，使游赏者睹物会意、触景生情，感受到有限空间环境中无限丰富的意趣。这种融情入景、情景交融的美妙境界，就是中国园林在欣赏者心中造成的意境。

园林尤其是私家宅园，它的实际空间面积总是有限的，而艺术意境则要求在有限中感受到无限。要做到这一点，首先要进行整体空间的划分、布局经营，以使空间具有不定、妙趣横生的特点，增加美感。中国园林艺术的因借理论，就是基于空间的引伸与扩展的。借景中远借、邻借、仰借、俯借、镜借等因时因地攫取外在自然的一切美的信息，使空间不受界面的限定。为了丰富空间美，造园家还采用种种艺术处理手法如小中见大、大中见小、大小结合；虚实结合、实中有虚；收放结合、先放后收、先收后放等，所以园林中有的空间曲径通幽，有的空间开旷畅达，随着游人不同的游览路线，景观不断发生变化，使游人仿佛置身画中在画中行走因而得到"步移景异"的艺术效果。

另外，中国古典园林善于利用四时、气象等时令变化中的不同景象，使空间具不可捉摸性，造成时空交叉，给人以空灵无限之感。个园四时之景便是很好一例，这样一来，具体的空间就会消融于时间过渡所带来的无形变化中，了无痕迹，无斧凿匠气，在有限景观中创造出空灵缥缈的诗情画意。

如果说空间的分割与奥旷交变的布局，主要是使园林空间成为"模糊空间"，产生无穷的意趣，那么，空间主题的创造，即使园林空间成为突出的"精神空间"，产生耐人寻味的内涵。并且，空间的划分和协调必须结合空间主题的创造，才会有画龙点睛之妙，点化出一份神韵。个园秋景区内建筑"住秋阁"里悬挂着一副郑板桥撰写的楹联"秋从夏雨声中入，春在寒梅蕊上寻"，用第一个"秋"字强化了秋景空间主题，又用"秋、夏、春、寒"4个字点化出四季的象征寓意，这种若即若离、幽玄微妙的境界，就是人们常说的中国园林的诗情画意。

3.5.4.3 园林意境生成动因分析

没有造园家所营构的园林景观，园林意境无从谈起。没有欣赏者欣赏，没有审美主体，造园家的艺术创造就没有实际意义，园林意境也就无法整体生成。同时艺术欣赏又不能脱离欣赏环境，只有3个方面的因素都具备，虚实相生，辩证统一，园林意境才能整体生成。因此，不难得出园林意境的整体生成必须具备3个方面的动因：造园者所营构的园林景观（审美对象、实境）、欣赏者（审美主体）和审美时的环境（审美环境）。

（1）园林景观（审美对象）

意境生于艺术形象，特定的形象是产生意境的母体，没有形象的意境一般来说是不存在的。可见造园者所营构的园林景观是园林意境生成的首要动因。正如不是所有的诗画作品都有意境一样，园林中的景观也并非都有意境。故王国维在《元剧之文章》中说："何以谓之有意境？曰：写情则沁人心脾，写景则在人耳目，述事则如其口出是也。"可见，造园必须达到一定的效果才算有意境。园林景观的营构应把握以下几点：

①入题：就是要与主题相吻合。如苏州的耦园，主题是夫妇归耕隐居之意，故园中许多景点都从不同侧面烘托了这一意境。又如"山水间"水榭用欧阳修《醉翁亭记》"醉翁之意不在酒而在山水之间也"之意；"吾爱亭""藏书楼"则用陶渊明《读山海经》诗"众鸟欣有托，吾亦爱吾庐。既耕亦已种，时还读我书"之意；"双照楼""枕波双隐"则用杜甫诗"何时倚虚幌，双照泪痕干"之意。

②入情：选景融情则意境自生。清王夫之说"夫景以情合，情以景生，初不相离，唯意所造。"郑板桥在一则画题中说："非唯我爱竹石，即竹石亦爱我也。"计成说"因借无由，触情俱是"。故有人说，意境即文艺的境界和情调——情味朦胧的美感。

③入画：就是创造优美的自然风光，使景中有画。计成在《园冶》中要求"楼台入画"，达到"顿开尘外想，拟入画中行"的效果；如苏州网师园的"看松读画轩"面对其"白雪松石图"，俨然一幅优美的庭园画；避暑山庄的"万壑松风"即仿宋巨然的《万壑松风图》之意境。

④入诗：运用诗境造景，使景中有诗。《园冶》要求造景达到能使"幽人即韵于松寮，逸士弹琴于篁里"的效果。如苏州拙政园的"留听阁"即用李商隐"留得残荷听雨声"之诗意；"宜两亭"则用的"一亭宜作两家春"之诗意；网师园的"竹外一枝轩"用的苏轼"竹外一枝斜更好"之诗意等。

⑤入典：运用历史典故的意境造景，比拟深远。如苏州名园有沧浪亭、拙政园、怡园中有"小沧浪"，网师园有"濯缨水阁"，都蕴含屈原被放逐，逢渔父劝慰的"沧浪之水清兮可以濯吾缨，沧浪之水浊兮可以濯吾足"的典故；南京瞻园的"桐音阁"用的伯牙鼓琴钟子期知音的典故等。

⑥入格：即能高明地摹仿名园的某一优秀格局，重现其意境。如避暑山庄的文园狮子林是仿苏州狮子林造的，芝径云堤是仿杭州苏堤造的，谐趣园是乾隆于1751年下江南时，看中了江苏无锡惠山脚下的寄畅园，在这座皇家园林中仿其意而建造的等。

⑦入理：体现哲学、美学、文艺理论中的某些理趣。中国古代园林意境常表现一种世界观、人生观或艺术观。如"天人合一""道法自然""袖里乾坤大，壶中日月长""抱朴守拙""桃源世界"，以及辩证对立统一的艺术观等。

⑧入时：即要有点时代气息，体现时代精神。不能以仿写为能事，要创新意以反映新时期的精神面貌。现代园林从古典园林演化至现代开放式空间、再到现代开放式景观、大地艺术，其内涵与外延都得到了极大的深化与

扩展。大至城市设计（如山水园林城市），中到城市广场、大学校园、滨江滨河景观、建筑物前广场，小至中庭、道路绿化、挡土墙设计，无一不以此为起点。如今，开放、大众化、公共性已成为现代景观设计的基本特征，园林设计就要有时代气息，体现时代精神。

（2）欣赏者（审美主体）

优秀的园林景观需要欣赏者的积极心理活动才能产生相应的美感效应。一个富有意境的园林景观要有能够感受这种意境的人去欣赏，而且欣赏者的气质、个性、美学趣味、受教育程度、个人修养、社会地位等都会影响其对园林景观的感受。所以，欣赏者的个人条件对于园林意境的生成也是不可缺少的。

①欣赏者要有身心感觉的必要条件：也就是说园林景观作为审美对象要对欣赏者产生某方面的刺激作用，直接作用于欣赏者的感觉器官，使欣赏者产生感觉上的反应。只有对园林景观加以感受、加以思维，才能使欣赏对象成为自身对象的一种直接条件。没有这种起码条件，就谈不上进行什么艺术欣赏。因为没有人的本质构成的物质条件，也就不存在有感受外界对象的主体条件，园林意境也就无法整体生成。

②欣赏者要有一定的艺术修养：伟大的艺术作品是为懂得这种艺术的人准备的，一个缺乏鉴赏力的人对于一部伟大的作品会无动于衷。一部意境深远的艺术作品要有能够感受这种魅力的欣赏者去欣赏。马克思说："如果你想得到艺术的享受，你就必须是一个有艺术修养的人。"园林是一门综合性艺术，园林景观是造园者有目的地按美的规律自由创造的具有美学特性的艺术作品。一个毫无艺术修养的人就无法欣赏到园林中诗、画、书法和雕塑等艺术作品所表达的深刻含义，体味不到深层意境。同时，欣赏者欣赏的过程也是对作品意境的再创造、再加工的过程，欣赏者很高的艺术修养可以使作品焕发出更多的"象外象""象外意"。

③欣赏者要有一定的生活实践经验：一个人不是生来就会审美的，只有进行一定的生活实践活动，才能积累相应的审美经验。艺术来源于生活而又高于生活，艺术创作者没有生活经验就不能进行艺术创作，就不能实现从生活到艺术的转化。艺术欣赏也是一样的，生活经验丰富的人，特别是对与特定作品有直接关系的生活经验丰富的人，更有助于对作品意境的审美欣赏。否则，就很难把握作品的真谛，真正体味艺术意境的"弦外之音""韵外之致"。

④欣赏者要进行必要的联想与想象：联想是由一事物想到另一事物的心理过程，想象是人脑中对已有表象进行加工改造和创造新形象的心理过程。

首先欣赏者对于欣赏对象，不是被动地或消极地接受，而是进行着能动的积极的再创造。面对着艺术作品，他们用自己的生活经验感情记忆，按照自己的审美习惯和愿望，通过联想和想象给作品的形象以补充和丰富，使艺术形象更加具体更加丰富。在这个过程中产生更多的"象外象""象外意""意外意"。其次通过联想与想象，欣赏者就能形成审美理想。而优秀的园林景观本身就是造园者所梦想的理想境界，只有欣赏者的审美理想与造园者所创造的理想境界达到统一，才能把握其中的深意，体味更深层的意境。

(3) 审美时的环境（审美环境）

审美时的环境包括社会文化背景和具体的审美环境。园林意境的形成离不开欣赏者的欣赏活动，欣赏者的欣赏过程伴随着心理组织过程，而这种心理组织过程都是在特定的审美环境中进行的。这种审美环境作为"场"的形式存在并起作用。

①园林景观对欣赏者的刺激不是孤立存在的，而是伴随着"场"的信息共同作用于欣赏者的大脑：如上海古漪园的缺角亭，因"九·一八"事变，当地爱国人士重修补阙亭，独缺东北一角，以雪国耻，象征着我国反帝之民族正气。看着此亭，就想起1931年东三省沦陷，以此纪念，不忘国耻。

②欣赏者的心理组织功能并不仅仅对园林景观的刺激进行加工处理：在心理组织过程中，还要选择（排除）、吸收、分析和综合处理各种环境因素，使园林景观的信息与环境的信息协调起来。

③审美环境还会影响和制约着意境的形成：如拙政园中的香洲，香洲是一座画舫状的建筑，位于远香堂的西侧，三面环水，夏季面对满池荷花，使人感觉如同置身画中，时令的变迁、气候的变化都会影响和改变园林空间的意境。

➢ 复习思考题

1. 简要说说中国古典园林美的历程。
2. 园林美创造的基本原则是什么？
3. 构成园林形式美的基本要素是什么？
4. 试述中国古典园林景观营造的原则。
5. 简述中国古典园林意境的具体体现。
6. 谈谈对现代园林发展方向的认识。
7. 姑苏园林之美，名满江南。拙政园之舒旷，沧浪亭之朴雅，留园之秀媚，怡园之工丽，风格种种，妙不可言。而网师园作为姑苏园林中的小园经典，其美妙高超之处则在于精巧清俊,于咫尺之地营造出一番山水真趣。常在一花一木、一亭一榭的培植与构架中。试结合园内之引静桥做具体阐述(图3-24)。

8. 结合下面兰亭的一段资料,说说兰亭成为江南著名园林的主要原因。

兰亭布局以曲水流觞为中心,四周环绕着鹅池、鹅池亭、流觞亭、小兰亭、玉碑亭、墨华亭、右军祠等。鹅池用地规划优美而富变化,四周绿意盎然,池内常见鹅只成群,悠游自在。鹅池亭为一三角亭,内有一石碑,上刻"鹅池"二字,"鹅"字铁划银钩,传为王羲之亲书;"池"字则是其子王献之补写。一碑二字,父子合璧,乡人传为美谈。流觞亭就是王羲之与友人吟咏作诗,完成《兰亭集序》的地方。东晋穆帝永和九年三月三日,王羲之和当时名士孙统、孙绰、谢安、支遁等41

图3-24 引静桥

人,为过"修禊日"宴集于此,列坐于曲水两侧,将酒觞置于清流之上,飘流至谁的前面,谁就即兴赋诗,否则罚酒三觞。这次聚会有26人作诗37首。王羲之为之作了一篇324字的序文,这就是有"天下第一行书"之称的王羲之书法代表作《兰亭集序》。兰亭也因此成为历代书法家的朝圣之地和江南著名园林。

注释:①乔治·桑塔耶纳《美感》. 缪灵珠译. 中国社会科学出版社1982年版,第50页

②康定斯基《艺术中的精神》. 李政文等译. 中国人民大学出版社,2003-10-1版

➤ 推荐阅读书目

1. 苏州古典园林艺术. 邵忠. 北京:中国林业出版社,2007.
2. 园林美与园林艺术. 余树勋. 北京:中国建筑工业出版社,2006.
3. 中国古代园林史(上下卷). 汪菊渊. 北京:中国建筑工业出版社,2006.
4. 行走中国诗情画境:中国园林. 王其钧. 上海:上海画报出版社,2007.
5. 中国园林建筑语言. 王其钧. 北京:机械工业出版社,2007.

第 4 章　园林美的鉴赏

[**本章提要**] 园林鉴赏是一种以造园为基础的艺术审美活动，是一项以游客为审美主体、园林为审美客体的特殊的审美认识活动。园林美鉴赏大体经过知园、游园、品园 3 个过程。园林美鉴赏受多种文化因素影响，同时也存在审美的个性差异。园林美的鉴赏既要注重方法的正确运用，也要注意东西方园林的不同。通过对园林单体美的鉴赏和名园的鉴赏，不断积累园林鉴赏经验，提高园林欣赏水平。

4.1　园林美鉴赏的过程及因素

4.1.1　园林美鉴赏的意义

我们知道，园林美是以造园者的创造，管理者的维持与发展，游览者的鉴赏共同作用才得以体现其美学价值和审美意义的。因此，园林鉴赏是一种以造园为基础的艺术审美活动，是一项以游客为审美主体、园林为审美客体的特殊的审美认识活动。

园林美鉴赏的意义主要表现在 3 个方面。

(1) 园林创造是园林鉴赏的前提

表现在创作与欣赏相互关系层面，园林创造是园林鉴赏的前提。因为有园林创造、有造园活动，所以欣赏者才有欣赏的外在对象，才有游园活动；假如不存在造园活动，园林鉴赏就失去了前提。反之，园林创造的目的就是为了满足欣赏的需要，欣赏就成为园林创造的内在对象，园林艺术作品之所以得到社会认可，就是因为通过欣赏者这个"内在对象"的欣赏活动而得以产生的。

(2) 园林创造与鉴赏的社会价值

表现在造园与欣赏关系层面，园林作品实现其社会价值和社会效果是造园与欣赏双方交会的结果。任何艺术作品对于作者本人来说，可能是不受时间和空间影响的永久实体；但对于社会和历史来说，它究竟具有什么价值，能起什么作用，却不是由创作者单方面决定，而是要有欣赏者的有力参与。因为欣赏活动并不仅仅是对创作的被动接受，而是欣赏者在创作的诱导下，发挥积极的能动作用。所以园林作品实现其社会价值和社会效果，乃是创作与欣赏双方交会的结果。园林艺术的基本特征是实用性与审美性、技术性与艺术性相结合。园林实用功能主要就是供人们游憩玩赏，这种特殊的使用功能要求园林更加侧重于审美性和艺术性。特别是中国传统的园林艺术，更是成为我们民族文化宝库中的一个重要组成部分。中国园林艺术根植于民族文化沃土，具有浓郁的民族风格和民族色彩。由于中国传统园林将风景美、艺术美、文化美融为一体，采用楹联、匾额、碑刻、书画题记，营造文化氛围。在中国园林艺术里，蕴藏着十分的丰富美学思想，因而更加富有魅力。但是，园林丰富的美学思想需要经过欣赏者的能动接受来实现。

（3）园林欣赏是园林创作（造园）的继续和发展

园林欣赏的前提是园林，由创作与欣赏、造园与欣赏的关系可以得知，园林欣赏是一种以造园为基础的艺术审美活动，这种审美活动其突出特点表现为不仅仅是对园林创作的被动接受，而是欣赏一方既接受园林景象的诱导，同时欣赏者也发挥积极的能动作用。如果说园林创作凭借联想和想象，以自然山水为基础进行创造性审美活动的话，那么，园林欣赏则是欣赏者根据自己的生活经验、思想感情，运用联想、想象去扩充、丰富园林作品描绘艺术形象（园林景象）的过程，园林欣赏是一种再创造性的审美活动。欣赏者游园时，在感受、体验园林景象的基础上，通过联想、想象、移情、思维等一系列心理活动参与园林景象的再创造和园林意境的开拓，从而强化园林美感，使园林艺术欣赏达到理想的境地。从这层意义上说，园林欣赏是园林创作（造园）的继续和发展。

值得一提的是，由于不是所有的园林都有意境，更不是随时随地都具备意境，因此这就牵涉到选择什么样的园林最耐看，选择什么样的园林才能领略意境。欣赏园林，最好是选择那些意境绝佳的名园；这样的园林，这样的园景，更耐人寻味，可收到理想的效果，而不至索然无味。

4.1.2 园林美鉴赏的过程

中国的园林艺术渊源流长，其独树一帜的造园艺术和风格，是全世界公认的艺术瑰宝。

在中国园林中，自然的山水林泉与人工的厅堂亭榭融为一体，是世界自然风景式园林的极致；而且中国园林荟萃并蕴涵了我国的传统文化，有着丰富的人文景观。人们在观赏风景园林时，既得到了身心的休憩和愉情悦性，又获取了文化和精神的养料，可以说，观赏园林是一种高层次的生活与艺术的享受。

中国园林是集诗、画、文学、雕塑等艺术表现形式之大成的综合体，造园者有较高的文学艺术修养。因而对于观赏者来说，就有个会不会欣赏的问题。"造景自难，观景不易。"事实当然不是缺少美景胜迹，而是游者缺乏审美的眼力。登泰山仅知达日观峰便匆匆而归；游三峡只随长江轮顺江或逆水行过；览西湖在湖畔花前拍几张照片便离去。如此种种，就好比狼吞虎咽般地品尝名菜、"牛饮"解渴般地品饮香茗，食而不知其味，饮而不知其香，实在是辜负了名山美湖。

孔子有言："知之者不如好之者，好之者不如乐之者。"艺术欣赏大致也可分为知、好、乐3个境界，一层深入一层。从园林美鉴赏的过程来看，大体经过知园、游园、品园3个过程。

4.1.2.1 知园

"欣赏之前要有了解。了解是欣赏的准备，欣赏是了解的成熟。"朱光潜先生这段话，是对一切艺术欣赏而言的。园林艺术当然也不例外，游园之前，须先知园。

中国园林上下3000年，涉及多种学科和专业。欣赏中国园林艺术，需要有较广泛的知识面，比如多读点古今山水散文和山水诗画，以提高文学艺术修养；要懂点美学，懂点历史，甚至也要懂点地质地貌、林木花卉、建筑设计等，因为文化艺术是相互贯通的；还要注意自身的审美经验的积累。随着见闻的增长，鉴赏力便潜移默化于其中了。

园林建设与人们的审美观念、社会的科学技术水平相始终，它更多地凝聚了当时当地人们对正在或未来生存空间的一种向往。在当代，园林选址已不拘泥于名山大川、深宅大府，而广泛建置于街头、交通枢纽、住宅区、工业区以及大型建筑的屋顶，使用的材料也从传统的建筑用材与植物扩展到了水体、灯光、音响等综合性的技术手段。

（1）从开发方式上说，园林可分为两大类

一类是利用原有自然风致，去芜理乱，修整开发，开辟路径，布置园林建筑，不费人事之工就可形成的自然园林。如唐代王维的辋川别业是建于孟城坳古城西南，可称为山林别墅；如湖南张家界市的张家界、四川的九寨沟，具有优美风景的大范围自然区域，略加建设、开发，即可利用，称为自然风景区；如泰山、黄山、武夷山等，开发历史悠久，有文物古迹、神话传说、宗教艺术等内容的，称为风景名胜区。

另一类是人工园林，即在一定的地域范围内，为改善生态、美化环境、满足游憩和文化生活需要而创造的环境，如小游园、花园、公园等。

(2) 知园还要了解园林的发展概况

中国园林萌发于商周，成熟于唐宋，发达于明清。它经历了5个发展阶段：

①商周时期：帝王粗辟原始的自然山水丛林，以狩猎为主，兼供游赏，称为苑、囿。

②春秋战国至秦汉：帝王和贵戚富豪模拟自然美景和神话仙境，以自然环境为基础，又大量增加人造景物，建筑数量很多，铺张华丽，讲求气派。帝王园林与宫殿结合，称为宫苑。

③南北朝至隋唐五代：文人参与造园，以诗画意境作为造园主题，同时渗入了主观的审美理想；构图曲折委婉，讲求趣味。

④两宋至明初：以山水写意园林为主，注重发掘自然山水中的精华，加以提炼，园景主题鲜明，富有性格；同时大量经营邑郊园林和名胜风景区，将私家园林的艺术手法运用到尺度比较大、公共性比较强的风景区中。

⑤明中叶至清中叶：园林数量骤增，造园成为独立的技艺，园林成为独立的艺术门类；私家园林（主要在江南）数量骤增，皇家园林仿效私家园林，成为私家园林的集锦。造园法则成熟，出现了许多造园理论著作和造园艺术家。

(3) 知园还要了解园林的主要类型

中国园林主要有4种类型：

①帝王宫苑：大多利用自然山水加以改造而成，一般占地很大，少则几百公顷，大到几百里，气派宏伟，包罗万象。历史上著名的宫苑有秦和汉的上林苑、汉的甘泉苑、隋的洛阳西苑、唐的长安禁苑、宋的艮岳等。现存皇家宫苑都是清代创建或改建的，著名的有北京（明清）城内的西苑（中、南、北海）、西郊三山五园中的颐和园、静明园、圆明园（遗址）、静宜园（遗址）、畅春园和承德避暑山庄。帝王宫苑都兼有宫殿功能，其苑景部分的主题多采集天下名胜、古代神仙传说和名人轶事，造园手法多用集锦式，注重各个独立景物间的呼应联络，讲究对意境链的经营。

②私家园林和庭园：多是人工造的山水小园，其中的庭园只是对宅院的园林处理。一般私家园林的规模都在 $1hm^2$ 上下，个别大的也可达 $4.5hm^2$。园内景物主要依靠人工营造，建筑比重大，假山多，空间分隔曲折，特别注重小空间、小建筑和假山水系的处理，同时讲究植物配置和室内外装饰。造园的主题因园主情趣而异，大多数是标榜退隐山林，追慕自然恬淡。历史上

著名的私家园林很多，见于记载的就不下 1000 座，其中，苏州、扬州、南京的园林最为人所称道。

③寺观园林：一般只是寺观的附属部分，手法与私家园林区别不大。但由于寺观本身就是"出世"的所在，所以其中园林部分的风格更加淡雅。另外还有相当一部分寺观地处山林名胜，本身就为观赏景物，这类寺观的庭院空间和建筑处理也多使用园林手法，使整个寺庙形成一个园林环境。

④邑郊风景区和山林名胜：如苏州虎丘、天平山，扬州瘦西湖，南京栖霞山，昆明西山滇池，滁州琅琊山，太原晋祠，绍兴兰亭，杭州西湖等。还有佛教四大名山——武当山、青城山、庐山、普陀山。这类风景区尺度大，内容多，把自然的、人造的景物融为一体，既有私家园林的幽静曲折，又有一种集锦式的园林群；既有自然美，又有园林美。

(4) 知园还要了解园林的基本特征

中国园林是中国建筑中综合性最强、艺术性最高的一种类型，不论是哪一种类型的园林，它们之间都有一些共同的基本特征，主要有：

①追求诗画意境：自从文人参与园林设计以来，追求诗的含义和画的构图就成为中国园林的主要特征。谢灵运、王维、白居易等著名诗人都曾自己经营园林。历代诗词歌赋中咏唱园林景物的佳句多不胜数。画家造园者更多，特别是明清时期，名园几乎全由画家布局；清朝许多皇家园林都由如意馆画师设计。园林的品题多采自著名的诗作，因而增加了它们的内涵；依画本设计布局，就使得园林的空间构图既富有自然趣味，又符合形式美的法度。

②注重审美经验，通过多种手段调动审美主体的能动性：园林毕竟是人造的景物，不可能将自然美完全逼真地再现出来，其中的诗情画意，多半是人的审美经验的发挥，即所谓借景生情，情景交融。观赏者的文化素养越高，对园林美的领会越深。计成《园冶》论假山说："有真为假，做假成真"，都是强调在园林审美活动中主客观的密切关系。因此，中国园林特别注重两种手法，一是叠山理水，因为假山曲水比较容易模仿自然，形成绘画效果；二是景物命名，通过匾、联、碑、碣、摩崖石刻，直接点明主题。两者都能较有力地引起联想，构成内在形象。

③创造无穷的空间效果：私家园林面积都不大，皇家宫苑又是私家园林的集锦，而诗情画意的美学内涵则是某种连续委婉的曲线流动。因此必须运用曲折、断续、对比、烘托、遮挡、透漏、疏密、虚实等手法，取得山重水复、柳暗花明的无穷效果。清沈复《浮生六记》云："套室回廊，叠石成山，栽花取势，又在大中见小，小中见大虚中有实，实中有虚，或藏或露，

或浅或深"，都是造成无穷空间的手法。

④特别强调借景：借景包含借入与屏出两个相反相成的部分。《园冶》指出："借者，园虽别内外，得景则无拘远近，……俗则屏之，嘉则收之"；有"远借、邻借、仰借、俯借、应时而借"种种手法。中国园林运用借景手法创造了许多著名的美的画面，如江苏无锡寄畅园借景锡山宝塔，北京颐和园画中游、鱼藻轩借景玉泉山和西山，河北承德避暑山庄锤峰落照借景磬锤峰等，都是这方面最成功的例子。

4.1.2.2 游园

中国园林作为一个可供赏玩的现实生活和游憩境域，是一系列复杂而又真实的现实空间。因此，欣赏中国园林与其他审美活动的最根本的区别就是游人必须身临其境，步入园林空间的内部进行欣赏。游园不仅是享受，而且也是求知。游园与知园，相辅相成，互相贯穿。

中国园林有"凝固的诗，立体的画"之称。它既收入了自然山水美的千姿百态，又凝集了社会美和艺术美的精华，融中国传统的叠山理水、建筑艺术、花木栽培以及文学绘画艺术于一炉，在波光粼影中掩映着亭台楼阁之胜，是自然美和艺术美的统一。它不是画，却有着如画般的直感的风景形象；它不是诗，但有着诗一般的节奏和旋律，诗一般迷人的意境。那么，如何才能做到会心游园？

(1) 游园应懂得"怎样来使用你的眼睛"

正确使用眼睛就是游园时必须是静观与动观相结合。中国园林虽然只有一个小的空间，以静观为主，然而，在绝大多数面积较大的园林中，还是漫步游览多于静观风光，以动观为主，中国园林含蓄曲折的艺术境界，要求游人在游的过程中去欣赏它的美，达到步移景异，时过境迁，画面连续不断的效果。"山重水复疑无路，柳岸花明又一村。"中国园林利用动态序列创造了幽远的艺术境界，从而能够最大限度地调动游人的审美探究心理，园林景象总是随着游人欣赏活动而不断展开它的空间序列，使本来静止的三维园林空间变成了动态的四维空间。所以，闲步欣赏是中国园林艺术观赏的一种不可或缺的方式。

正确使用眼睛就是要用画家的眼睛来欣赏园林美。用画家的眼睛来欣赏园林美，有两层意思。其一，画家是用"慧眼慧心"来欣赏山水风光，画家的作品是其俯仰山水的产物。换句话说，他们是凭借绘画来传达一种"富有诗意的"特殊感觉状态。其二，就是要深入地感知和审美地把握对象的本质。宋人陈与义写过一组题水墨梅的七绝，诗云："含章檐下春风面，造化功成秋兔毫。意足不求颜色似，前身相马九方皋。"诗人赞美这位画师，不仅技法巧参造化，而且艺术境界极高。他追求的是梅花的意态之美，至于为白为黑，原不在意。正如善于相马的九方皋，"得其精而忘其粗，在其内而忘其外；见其所见，不见其所不见。"

（2）游园必须是直观赏景与会心联想紧密结合

所谓正确使用眼睛，就是要把欣赏景物和抒发情怀紧密结合起来，达到情景交融。古人有"一切景语皆情语"之说，这就要求游园要善于将直观赏景与会心联想紧密结合起来，没有想象就没有欣赏。若游园赏景中没有想象活动参与，园林艺术的社会作用就不能有效地实现。自然之美，有心者不但发现它，一见钟情，一往情深，还通过不断地联想、发挥，达到更完善、更高的艺术境界和哲理境界。

游园中观景中的联想，一种是循着造园者的造景意图，由景物形象直接诱发的联想，造园者以自然景象为艺术语言，游人则是透过景物的外部形象，发现其内涵，受到感染。另一种联想是按照游人各自特有的生活经历和思想情感，经过景象诱发而产生的所谓"自由联想"，通过观赏园林景物而抒发情怀。因此，游园赏景的最大享受是情景交融。园林美景只有用心才能体验和领悟，游人将感情贯注其中，并且运用联想和想象把物我联系起来，让园林美在想象和联想中延伸，这就进入了"品园"。

4.1.2.3 品园

古人把欣赏称为"品"。所谓"品"，就是通过园林的比较鉴评，定其高下，分列等次，捕捉其景观美的特殊点。这品更强调了欣赏者在追求审美活动中的能动作用。"我见青山多妩媚，料青山见我应如是。"从园林艺术欣赏来说，即是要先知园，知园而游园，游园再品园。

（1）何谓"品园"

刘勰在《文心雕龙·知音》中谈到阅读欣赏作品时必须"夫缀文者情动而辞发，观文者披文以入情，沿波讨源，虽幽必显"。园林欣赏也是如此。如果说，园林艺术创作是形象思维的成果，那么园林艺术鉴赏就是对于这一艺术之果的形象思维的探源。

园林艺术的欣赏过程，一般可分为两个阶段：第一阶段表现为接受性的，游园者从色、光、线、形、音、质的各种组合中，感受美、认识美；第二阶段表现为游园者是在对某一园林有了一定了解和熟悉的基础上，继续延续的再体验再创造的审美活动。在这一阶段中，游园者不再是被动地接受美，而是以积极进取的精神，去主动发现一些隐藏在形象深处的美，在第一阶段基础上而实现美感的升华。游园者不能满足于一般的游览观光，还得设身处地，更深一层地体会造园家运用"景语"状物抒情的过程，"沿波讨源"，这"波"就是外在的景观景物，"源"就是内在的思想感情。沿波而寻源，即能依景以入情，谓之品园。

知园是以园林为主，整个心理活动表现为一种相对被动状态；游园是以游人为主，整个心理活动表现出一种相对主动状态；品园则是游人对园林艺术的理解、思索和领悟，是游人从梦境般的园游中醒悟过来，而沉入一种回忆、一种探求，在品味、体验的基础上进行哲学思考，以获得对园林意义的深层的理性把握。

(2) 如何"品园"

如果说，游园是发现园林之美，令人一见钟情；品园则是继以不断的联想、发挥、选择，达到更完善、更高的艺术境界和哲理境界。品园要达到这一高度，就要讲究品园的方法。

品园，犹如品味。观赏品评园林美，往往由于个人的性格、情绪、素养、好恶等的不同，美的感受就有差异。1000个读者就有1000个哈姆雷特。同样的道理，1000个人登八达岭、泰山，游西湖、九寨沟，访江南名园，也会有1000种不同的感受。即使是同一个人对同一个审美对象，也会因为心境的不同而产生不同的审美评价。园林艺术欣赏中的这种差异，除了体现观赏者的审美经验与能力外，也必然反映出观赏者的审美趣味是不是高尚、审美理想是不是先进。说到底，品园是因人因时因地而异。

但是，作为一种审美活动，它还是有规律可循。从园林欣赏一般规律上来说，品园有以下两个方面值得关注。

①穷形尽相：就是指在园林欣赏过程中，游人应调动眼、耳、鼻、舌、身五官协同作用，才能充分领略园林艺术的综合美感。园林主要是一种视觉艺术，园林艺术具有独特的空间美。宋人郭熙在《林泉高致·山水训》时说："山水有可行者，有可望者，有可游者，有可居者。"可行、可望、可游、可居，正是园林艺术的基本思想。"望"最重要，一切美术都是"望"，都是欣赏。而对于园林来讲更是如此，一切亭台楼阁，都是为了"望"，都是为了得到和丰富对于空间美的感受。园林艺术中的造景手法如借景、对景、框景、隔景等，无一不是为了布置空间、组织空间、创造空间，最后达到丰富空间美感。园林创作是以亭台楼阁、树木花草、假山叠石等按照造园者的意图呈现在欣赏者面前，欣赏园林就是对园林的这些要素的充分感受，园林就是以其实在的形式特性，以各造园要素的形状、色彩、线条、质地，甚至花草的芳香、园林的乐音等，向游人传递美的信息，园林欣赏就是通过

游人对建筑小品、假山叠石、花草树木这些实实在在的元素进行审美观照，以获得美的享受。在欣赏园林时，只有全面调动手足、身体、眼、耳、鼻、舌等感官，协同进行审美活动，"穷形尽相"，体察入微，方可在各种感受的相互融合中，产生丰富的激烈的情感活动，使美感得到升华。

②澄怀味象："澄怀味象"是山水画家宗炳在《画山水序》中提出的一个重要美学命题。所谓"澄怀"，就是指澄彻胸怀，摒去杂念。我们说，游览园林和名胜古迹需要有健康的身体、充裕的时间和一定的经济条件，但更重要的是游览者必须去除一切尘世的俗念，超脱于一切功利得失考虑之上，保持一种良好的审美心境，如游人身已入园，却是"身在曹营心在汉"，怎么能够体会到园林的宁静和平和，怎么能够领悟到那隐秘深邃的园林意境，又怎么能穷及园林景象所隐喻的宇宙和人生哲理呢？因此，游赏园林，首先要"澄怀"：身融于环境，心专注于此，方能领略园林的真趣。所谓"味象"，即是以澄彻的心怀体味玩赏客观的自然物象，从中得到审美的享受和愉悦。在中国园林艺术欣赏中，"味象"就是指品味园林景象；是游人根据自己的生活经验、文化素养、思想情感等，运用联想、想象、移情、思维等心理活动，去扩充、丰富园林景象，领略、开拓园林意境的过程。它是一种积极、能动的再创造性的审美活动。"澄怀"是说主体具有怎样的条件才能成为审美主体；"味象"是说怎样从自然中见出美，也就是说自然怎样由感性实体成为审美对象。正如柳宗元在《邕州柳中丞作马退山茅亭记》中所说："夫美不自美，因人而彰。"美的东西不是因为自己而美，而是因为人的发现才得以彰显。也就是说，自然美的欣赏只有客体是不够的，必须有审美主体的存在才能构成审美关系。

中国园林艺术具有"形而尽而意无穷"的含蓄美。陈从周先生说："中国园林妙在含蓄，一山一石耐人寻味。"将美感归于想象之中，而不是直通通、干巴巴地表露出来，这便是艺术的含蓄，也是园林艺术的含蓄美。人若没有放下功利得失，专心品味美、感受美的高雅兴致，恐难得园林的妙处。不仅要有雅兴，还要有较高的艺术鉴赏力，这样才能从一桌、一椅、一窗、一亭等细微中感受到艺术的独具匠心，技术的高超绝伦。在园林中，不能指望感受到大自然的原始和粗犷，而必须用心觉察人在创造景观时的那份精细、巧妙和奇特，觉察诗、书、画、建筑、雕塑、盆景等多种艺术在园林中的包容以及各自的特点。诗词的风格、书画的流派且不论，仅瓦当上的雕饰、窗棂的不同图案、盆景的姿态各异无不巧夺天工，足以令人赞叹。品玩这秀美景物的过程，就是心灵自我愉悦、自我净化、自我丰富的过程。

4.1.3 园林美鉴赏的文化因素

中国的园林被誉为"世界园林之母",园林的建造是劳动人民智慧的结晶。中国古典园林具有不同于其他艺术门类的独特的美学宗旨和审美价值。

园林是一种由建筑、园艺、山水、文学、书画等各门艺术相互渗透的综合性艺术,因此,园林艺术美具有综合性。上述各艺术门类都是独立的艺术分支,都有自己创作和欣赏的特点,但当它们组合而形成统一的园林艺术后,则又形成了一种新的特色,不是原有各门艺术的总和,而是一种新的融合。必须选择其适合园林欣赏和使用的艺术手法进行园林建筑的再创造,从而形成园林建筑新的艺术手法。从欣赏角度来讲,园林艺术更具有一种综合美。园林艺术的综合美还体现在其是静态美和动态美的交织和统一。陈从周在《陈从周园林随笔·说园》中说:"何谓静观,就是园中予游者多驻足的观赏点;动观就是要有较长的游览线。"常常是动中有静,静中有动。山静泉流,水静鱼游,花静蝶飞,石静影移,都是静态形象中的运动。这正是任何艺术门类都无法体现的综合艺术美。

优秀的园林,为什么能吸引无数游客?陈从周先生说:"我国名胜也好,园林也好,为什么能这样勾引无数古今中外游人百看不厌呢?风景洵美,固然是重要原因,但还有个重要因素,即其中有文化,有历史。"对于这样一种富有文化内涵的艺术,需要游赏者本身调动各种文化知识和经验,将其与园林中的景物相联系,以便更好地理解和把握园林的意味。正如马克思所指出的:"对于没有音乐感的耳朵来说,最美的音乐也毫无意义。"

园林鉴赏的文化因素归纳起来,大致表现在以下 8 个方面。

(1) 儒家文化对中国古典造园艺术的影响

中国几千年的封建统治为孔子所创的儒家文化搭建了良好的发展平台。春秋末年,孔子创立儒家学说,主张"礼乐""仁义"和"中庸"之道,提倡"德治""仁政"和"王道"。这种思想体系恰好迎合了封建统治者的长治久安、兴国安邦的愿望,中国的皇家园林不论从外在规划布局还是从内在思想上无不渗透着浓厚的儒学思想。皇家园林表现出宏伟、尊严、庞大、唯我独尊之雄伟气势。历代帝王自诩为天子,天人合一的思想渗透中国传统文化,对皇家园林的影响更是深远。

中国的古典园林遵循崇尚的是风景式的布局格调,讲究"一峰则太华千寻,一勺则江湖千里"。而并不是欧洲式的规整园林。其中很重要的原因之一就是中国人自古就有着对自然强烈的崇拜和向往之情。所以,帝王们非常愿意在自己的住所模拟自然山水。中国古代的封建社会始终以农业为立国之本。此思想也就成为中国古代哲学体系的一个重要的组成部分和传统文化的基本精神。所以古代的历代天子从未停止过对自然神灵的崇拜。最早的记载就有周王筑台以观天象，通天明。继而发展到以后的帝王大规模的祭祖祭先的习俗。因此，作为此项活动的载体——园林，也按照其功能的要求发展起来。故造园宗旨"源于自然，高于自然""天人合一"的论点成为精辟之谈。

(2) 道家文化对中国古典造园艺术的影响

春秋时期，老子创立道家学说，随之几千年的传承，道家文化已是中国传统文化的一个重要的组成部分。它的思想不论从深度还是从广度上都深刻地影响着中华文明。老子曰："人法地，地法天，天法道，道法自然。"这就不难看出人们对自然的崇拜程度是何等之深。一切美的标准就是效法自然。中国古典园林的最高境界就是"虽由人作，宛自天开"。这最终发展成为中国园林造园的指导思想。

神仙思想是原始的神灵、山岳崇拜与道家老庄学说融糅的思想产物。在中国的远古时代广泛流传着两个神话体系。一是人们对相传黄帝的下界行宫之处——昆仑山的崇拜和向往。据《山海经》《淮南子》《水经注》等记载，昆仑山可以通达天庭，人如果登临山顶就能长生不死。另一则是东海仙山。相传在浩瀚的渤海中，矗立着3座仙山——方丈、瀛洲、蓬莱，那里有着金玉筑成的巍峨宫阙，里面住着各路神仙，藏有长生不死的灵丹妙药。

从这两则神话不难看出人们对自然、生命的美好向往。所以自秦始皇起便有在园林中挖池筑岛、摹拟海上仙山的形象以满足帝王接近神仙的愿望。最早出现的是秦朝的"兰池宫"，开创了摹拟神山境界山水的皇家园林布局形式。继而产生了"一池三山"的历代皇家园林经典的理水布局。

道家讲究的是一个阴阳平衡理论，一旦这种平衡被打破，人们必将寻求新的平衡。中国经历数千年的发展，改朝换代，时局动荡的局面不胜枚举。因此，从魏晋南北朝时期起，一些官吏、富商、文人为了逃避现实，纷纷隐迹。经历了唐、宋、元、明、清历朝历代，人们的归隐情结得以传承延续。但是不论是积极入世还是终身为隐士者，他们绝大多数已不必要寻迹山林，取而代之的则是"归田园居"。所以由此出现了私家园林，私家园林的发展最终也让人叹为观止。

(3) 佛家文化对中国古典造园艺术的影响

佛教从东汉末年传入中国，到隋唐时期达鼎盛。"一花一天堂，一草一世界，一树一菩提，一土一如来，一方一净土，一笑一尘缘，一念一清静，心是莲花开，南无阿弥陀佛。"是它的精髓。它与儒学相结合，形成了中国禅宗思想。发展到宋代，文人园林已达兴盛。简远、舒朗、雅致、天然是它的鲜明风格特点，"一勺代水"的意蕴得到推崇。这是人们对传承千古的向往和崇拜自然的延续，这也是人们深受宋代理学及禅宗思想影响的结果。能于小中见大，藉芥蒂微而感悟宇宙之广。这样的深刻含义将园林艺术提升到了一个崭新的高度。另外，人们对意蕴的追求与自身感受的结合也是极为重视的。"会心处不必在远""何必丝与竹，山水有轻音"这样的境界是文人志士不懈追求的感悟。这也就大大提高了园林的艺术价值。

(4) 中国古典园林的诗词匾额的意蕴

中华民族自古就是个含蓄内敛的民族，古典园林对意境的追求也不会直接和显露。常常会欲盖弥彰，讲究一个探和悟。而古人常借助匾额的题词来点破主体，使得风景中见文化，文化中有风景，相得益彰，有了生气有了精髓，更加有了园主人的寄托。这种手法就好比是绘画中的题跋。

韩愈著名的诗句："晚年秋将至，长月送风来"，成就了著名的月到风来亭。得真亭取自《荀子》"桃李倩粲于一时，时至而后杀，至于松柏，经隆冬而不凋，蒙霜雪而不变，可谓得其真"。此景以黑松点题，表现主人的坚毅品质。留听阁则是取自李商隐"秋阴不散霞飞晚，留得残荷听雨声。"深秋在此赏听雨水击打残荷的声音是种怎样的心境。人们必定留意到残荷底下还埋藏着莲藕，等待着来年枝展花开。这样的形败主体不死的特征像极了中国的绝大数文人——不轻易放弃，把自己放在永远的期待中。

通过诗词来点景既丰富了景观的内容同时又突出了景观本身，成就了众多令人叹为观止的好景致，充分突出了古人对意境的追求。

(5) 山水画论对园林艺术的影响

中国画的最大特点就是写意，所谓写意就是既要顾及还原自然原貌的同时又要倾注主观感受，达到虽不刻板酷似自然原貌却能传自然之神。而山水画论早在宋代就形成了完整的体系，对其他艺术形式有着潜移默化的影响。中国的古典园林许多是文人造园，所以可以说中国园林是和山水画与田园诗相生相长，共同发展。山水画论中对诗画的态度是追求意境，那么，深受其影响的园林艺术自然按照诗和画的创作原则行事，并刻意地追求诗情画意的境界。《园冶》中有云："多方胜境，咫尺山林。"当人们走进古典园林中参观游览时无不觉得是在画卷中漫步。

(6) 中国古典园林植物配置中的意蕴

中国古人善于营造意境，很大一部分就是通过植物配置从形、色、声来刺激人的眼、耳、鼻、舌、身这佛家认为人的五根实现的。通过整体环境的创造，并综合运用一切可以影响人感觉的因素，以获得诗的意境之美。从古至今，无数的人留恋于残荷听雨声的留听阁、雨打芭蕉的听雨轩之中。但人们留恋的不仅是那雨那芭蕉那残荷，而是陶醉在那种意境中的自我。

　　植物是园林造景中重要的构成要素。①植物在景点构成中还担任着文化符号的角色，传递园主人所寄寓的思想和愿望。留园十八景之一的"古木交柯"原本是一株古柏旁无意生长一株女贞，与古柏相绕相生，交柯连理，被古人看作是吉祥征兆。同时借古柏女贞的凋寒不谢、四季常青的特质来抒发文人的自傲情节。②在古人看来青色是生命和春天的象征，紫色是富贵吉祥的颜色，相传老子走过的地方就会有紫色升起。所以有"紫气东来"表示祥瑞一说。因此人们就会在园中挖池堆山表达对仙境的向往，在"仙山"周围种植紫藤等紫色的植物。③植物的许多特性都被古人赋予了良好的寄托，或表达对美好生活的向往，或表达自己独特的气质。比如说梧桐树在庄子时期就被看作是圣洁之树，是凤凰栖息的树，李白有"宁知鸾凤意，远抚依桐前"，这成为后世园林中的凤池馆、碧梧栖凤等景点的文化渊源。杜甫《秋兴》八首之八"家有梧桐树，何愁凤不至？""碧梧栖老凤凰枝"，白居易有诗云"栖凤安于梧，潜鱼乐于藻"，园中种梧桐表达吉祥。竹代表高风亮节，莲花是洁身自好君子自比，松柏傲然风雪的气质象征主人坚傲不屈的品质。很多时候植物成就了建筑，植物丰富了景观，植物深化了主题。

　　（7）园林山水的文化内涵

　　魏晋时期战乱蜂起、社会黑暗，士大夫阶层深感前途渺茫。受道家"崇尚自然"思想的影响，他们渴望在名山大川中寻求自身的解脱，于是自然山水成为他们隐居、观赏的理想之所。但是在这种环境中隐居，生活是相当简陋清苦的，所以两晋以后，"甘心畎亩之中，憔悴江海之上"的人已经不多了，隐士更愿意像陶渊明那样"结庐在人境"而"心远地自偏"，有的甚至"隐在留司官"，既可实现山林野趣的生活理想，又可得到超越红尘的清净之所。

　　《论语·雍也》中有"知者乐水，仁者乐山"的论断，自然界中的山或雄伟博大或清秀挺拔，具有仁人志士般无私无畏、刚正不阿的品德，因此不论是玲珑通透的湖石还是棱角分明的黄石，都被古代造园家用来叠砌形态各异的假山，以象征不同的人生追求。如苏州环秀山庄的湖石假山虽只占半亩之地，却得步移景异之妙。苏州耦园的假山用黄石叠砌而成，游人观之顿觉雄壮浑厚、气象万千。水是我国古典园林中重要的要素。在我国古典园林中对于水的运用可以上溯至周代。周文王所建之灵囿中就有一片神奇的水面，名为"灵沼"。《诗经·大雅》中赞美到："王在灵沼，于牣鱼跃"，意思是周文王在灵沼，满池的鱼都欢腾跳跃。从那时起，水就成为园林的主要内容。在许多园林中，水体占全园总面积的 1/2、2/3 甚至 3/4，如颐和园、北海、西湖、拙政园等。

水景之所以在我国古典园林中占据重要地位，不仅因为它是生命之源，而且因为理水手法是中华民族一种深层次文化的象征。水无形无色，却能反映出形形色色的景物。《庄子》中说，"正则静，静则明，明则虚，虚则无为而无不为也。"水的无形无色正是"虚"的象征。特别是静水，如明镜一般不惹尘埃，是虚无的化身，然而其周边的山石、花草、树木乃至其上方天空都含映在其中。水使人感到即澄澈清明又含蓄深沉，这也是我国古园林多以水池为中心来建园的一个原因。在园林中，静静的一片水面，人们不仅能从中看到周围所有景物的影，还能看到水中的鱼虾。水面的花，更可使人的视线无限延伸，水丰富了园林景观加深了园林意境，真正做到了"无为而无不为"。

水的善良在于它惠及万物而无所渴求。"上善若水，水善利万物而不争"，为老子《道德经》中的一句箴言。意思是：最高的善像水一样，惠及万物而不争（名利）。俗话说，"水往低处流"。水恩泽万物却甘愿处下，从不彰显自己。古人认为这是水之"德"。在古典园林中，常有许多建筑（亭、廊、阁、榭）临水而建。为突出建筑的地位，大多是前部架空在水上，水好像是从建筑下方流出。计成说，"疏水若为无尽，断处通桥"，讲的是一种理水手法，这样就可以增加景深和空间层次，使有限的水面平添幽深之感。在水面宽阔、池岸较长的情况下，也多以树木杂草驳石将曲折的池岸加以掩映，造成池水无边无际的视觉印象。以上这些从表面上看只是艺术手法，但实际上却暗含着深层的哲理，那就是水的谦和处下，甘做陪衬，毫不彰显自己。

(8) 园林建筑的文化内涵

建筑，是人类文化的重要组成部分，是中国园林景观不可缺少的一部分，它保存了大量的文化艺术瑰宝，是人们审美要求的反映，园林建筑蕴含丰富的文化意义，建筑与山水植物结合，创造出千姿百态的园林景观，陶冶人们的身心，激发人们的聪明才智，凡此均属于内在价值，也就是精神功能。园林山水园部分的建筑，更注重它的内在价值。中国传统建筑的审美价值是和中华民族的传统礼乐文化紧密相关的。礼乐相辅，情理相依。园林建筑的物质外壳的内部有丰富的精神蕴藏，如亭、堂、馆、轩、斋等，更多的是充当一种在文化礼仪及习俗上与"天地"及"先祖"沟通交流的物质媒体。而台的雏形是"灵台"，主要功用是祭奠天地祖宗。园林中的宫殿，以"巨丽"为特点，讲求儒家"顺天理，合天意"的礼制，强调中轴线意识及

"天定"的尊卑等级秩序，反映的是唯我独尊的文化心理，适应了统治万民的政治需要。建筑一旦违背封建社会的礼仪制度，就要论罪。园林中的亭、轩、榭、台等建筑形式自由轻快，很有返璞归真、无拘无束的情趣。园林建筑在布局上更是注重迂回曲折、参差错落，利用建筑巧妙地把山石、水面、植物联系为一个整体。园林建筑在空间处理上，采用引导、掩藏、曲折、暗示等手法，极大地丰富了空间层次，达到了小中见大的艺术效果。我国古典园林建筑之所以有这些特点，是因为园林是古代文人士大夫阶层修身养性之地，它所洋溢的是出世的怅然和寂寥，表达的是顺应自然、超越利害得失的情感和心理感受。这也暗合了道家自然观中的道法自然"原天地是美而达万物之理"的审美观。

从文化角度对古典园林艺术进行探讨，有助于我们了解传统文化与古典园林的内在联系和相互渗透的过程，了解在特定历史时期和文化背景下，园林艺术的审美观及其发展。吴良镛院士在《广义建筑学》里指出"建筑的问题必须从文化的角度去研究，因为建筑正是在文化的土壤中培养出来的，同时，作为文化发展的进程，并成为文化之有形和具体的表现"。因此对我国古典园林进行文化方面的探讨，无疑对全球化、多元化背景下的园林、建筑创作具有重要的现实意义。

4.1.4 园林美鉴赏的心理因素

园林是专供人们观赏游憩的特定环境，它必须具有自然山水的形式美，更要具有诗情画意的意境美，这样，才能使人们在游憩中身心得到休息，情绪获得调节，精神与情操得到陶冶。柳宗元在《钴姆潭西小丘记》中说得好："清冷之状与目谋，潆潆之声与耳谋，悠然而虚者与神谋，渊然而静者与心谋。""之状""之声"是物境，"神"是情境，"心"是意境。园林审美就是欣赏者根据自己的生活经验、文化素养、思想情感等，运用联想、想象、移情、思维等心理活动，去扩充、丰富园林景象的过程。园林景观与单层次的平面结构的山水画不同，它是多维的立体空间，人们在风景园林之中，打开了审美体验在相互缠绕的心理层次上引发而展开，直观、感观、沉思，产生一种双向联结，使人联想无边，回味无穷，从而身心得到陶冶。

4.1.4.1 古代社会人们的审美心理因素的演变

人在其周围的物质环境中的审美要求，从心理角度说，可由人的价值观与人生态度来观照人们的审美理想和审美方式、审美行为的不同。试以古代社会为例来审视人们在园林欣赏中的心理因素。

远古神话传说赋予了自然山水以神性,表现了人类的童年对自然山水丰富而奇异的想象力。历代人们喜欢在这山水胜境中建筑亭台楼阁、园林别墅、陵墓祠堂等。

古人崇拜山。山岳以其巨大的形体,恢弘的气势显现出不可抗拒的力量。"高山仰止,景行行止"是《诗经·小雅·车辖》中对这种山岳崇拜心理的表现,认为山乃是上天意志的表现,甚至是天神的躯体,是天神在人间世界的居住地,也是人间与天堂的必然通道。

人类早期建筑的台,也就是对山的模仿。台的基本美学要求是迥立孤直、巍峨挺立,形成一种表现体积庞大、力量重大的"整体团块美"。

而水又是人类生存依附的必要条件和重要环境。从春秋战国开始,中国人祖先的山水意识已进入了价值观的时代。孔子的"山水比德"论作为儒家的山水观已经形成。孔子在《论语·雍也》中提出:"智者乐水,仁者乐山。智者动,仁者静。智者乐,仁者寿。"对山水赋予人的德性、志向、仁智,也就是说,把山水人格化,将美好的山水,象征品性高洁的人,山水的美德,即是人的美德。

魏晋时对山水个性形式美更为重视。把山水的游赏看作是一种实现自我人格理想的重要方面。登山临水,仰视俯察,游目骋怀,名人聚会(如兰亭之会)等,蔚然成风。

山水与名士风雅、玄学的妙意融为一体,使人在欣赏自然美景中获得一种满足。到了隋唐,山水意境逐渐形成,人们体会到情景交融,恬静优雅的审美特性,如白居易的庐山草堂与王维的辋川别业。

而宋代的士大夫们,把山水园林作为士大夫们居住、休憩、游玩的环境和处所,他们要求的是"不下堂筵,坐穷泉壑",可行可望只是一般的欣赏,可居可游才能"得其教",这正是宋代城市山水园林发达的原因之一。

到了明代,发展为追求神韵、意趣,山水之趣。强调山水之趣表现在山水的神韵、性情上,提出要真正领略山水的意趣,必须有纯真自然的心境和淡泊宁静的品行。

袁宏道说:"世人所难得者唯趣,趣如山上之色,水中之味。""趣"是一种含蓄、美妙的境界。

明代张岱在《西湖七月半》中描绘七月半西湖的月色美景,用生动的语言刻画出7月15这一天西湖月色独有的神韵、魅力:"月如镜新磨,山复整妆""月色苍凉,东方将白,客方散去。吾辈纵舟酣睡于十里荷花之中,香气拍人,清梦甚惬。"写出了作者的无穷意趣,惟妙惟肖地表现了湖光月色的真趣,表达了作者看月的高雅境界和生活情致。

由此可见，从远古的神化，经过先秦两汉的君子化，魏晋的玄虚化、隐逸化，唐宋的诗画化，到明以后的艺术化、旅游化，中国古代社会人们的审美心理因素逐渐变化，与园林美的欣赏有密切关系。

4.1.4.2 园林美鉴赏的个性差异

人的审美趣味因人的个性差异而对美的欣赏与评判产生差异。虽然"爱美之心，人皆有之"，但俗语"萝卜青菜各有所爱"却反映了人由于先天和后天、生理与社会等诸多因素造成的审美趣味的千差万别。人的个性差异表现在审美趣味上的例子俯拾即是，而其共性中的时代性、民族性在园林建筑上表现最为明显。欧洲中世纪的城堡庄园与文艺复兴时期的台地开放式园林风格，各代表了那个时代的审美取向。中国古典园林的山水楼榭，代表着中华民族文化，而其中供统治者享乐的皇家园林与文人雅士所乐道的有着山林野趣的私家园林，在审美上显然被打上了不同阶级的烙印。

在园林美的鉴赏过程中，审美主体的性格、情绪、个性等方面的影响是显而易见的。如性格柔和的人喜欢圆形；性格坚强、体魄强壮的人喜欢菱形；个性沉静、内向的人喜欢园林中的同一色调和谐；而活泼、明快性格的人喜爱彩色，尤其是红、橙等园林中的暖色调。园林美是客观存在的，至于它的美的效果，都是有待于欣赏者去找寻和发掘。而世上没有寻找美的工具，只有感觉美的心灵。

中国古典园林中的"欲扬先抑""山重水复疑无路，柳岸花明又一村"等造园手法，也是适合人们游园的心理特点的。陶渊明的"采菊东篱下，悠然见南山"；计成眼里的"片山多致，寸石生情"；苏州拙政园里沧浪亭的"明月清风本无价，近水远山皆有情"……山川草木，风花雪月，全都脉脉含情，通人灵性，全在于观赏者对大自然的丰富而纯真的感情。

4.1.4.3 园林美鉴赏的心理活动方式

园林美鉴赏的心理活动方式主要有联想、想象、移情等心理活动方式。下面主要介绍联想、想象两种方式。

(1) 联想

联想，是一种心理活动的方式，也是一种重要的构思方式。它的特点是，从某一事物想到与之有一定联系的另一事物。我们在生活中，随时随地会产生联想。一提到"秋风"，往往立刻会想到"落叶"，为什么会想到"落叶"呢？因为"秋风"和"落叶"不但在时空上往往相伴出现，而且它们之间还有一定的因果关系，这就是"相关联想"和"因果联想"。我们好把小朋友比作"花朵",因为花朵的鲜艳、惹人喜爱,和小朋友有相似之处,这就是"相似联想"。当我们提到被父母遗弃的孤儿时,会自然想到我们在父母身边的幸福,这就是"对比联想"。我们看到一位慈祥的女教师时,往往会想到妈妈,因为她们在某些方面相近,对我们都是一样的关怀、体贴,这就是"相近联想"。由此可见,"相关""因果""相似""对比""相近",就是一事物与另一事物的联系,这种联系就是"联想的桥梁"。

联想是一种常见的心理现象,它具有生成新形象的功能,从而可以极大地丰富园林景象的美感意义。园林鉴赏中的联想只能为真正的优秀的造园活动所诱发,并作为艺术效果的一种显现而证实艺术创造的价值。

在园林欣赏中,联想最常见出现的是在物与物的相似性的类比中生成形象,在物与事、物与人的接近性联系中深化对象,使景物显示出新的境界和新的意趣。如扬州个园的春山,湖石依门,修竹迎面,石笋参差亭立,构成一幅以粉墙为纸、竹石为绘的极其生动的画面。触景生情,点放的峰石仿佛似雨后破土的春笋,使联想到大地回春、欣欣向荣的景象。再如冬山,造园者大胆选用色洁白、体浑圆的宣石(雪石),将假山叠至厅南墙北下,给人产生积雪未化的感觉。此外,人们还常以柳丝比女性、比柔情;以古柏比将军、比坚贞。

在中国园林中,园林景物的美固然与其千姿百态的形状、姹紫嫣红的色彩、雄浑的气势和幽深的境界有关,但它在一定程度上是作为人的某种品格和精神的象征而吸引着人们的。然而,就山水花草这些自然物本身的形象而言,它并不包含着抽象的思想,因此,它的象征意义需要经过观赏者的联想活动,才能把它创造出来。在中国古典园林中,自然景物经过拟人化而赋予某种品格特征之后,不再是孤立的客观物体,而是人们托物寄兴、借景抒情的审美对象,情景交融,意境融合,主客观之间形成相互感应交流的关系,深化了园林意境,强化了艺术感染力。如松、竹、梅称之为"岁寒三友",千百年来因其有着高贵的品质而被人们广为称颂,象征顽强的性格和斗争精神。

菊花性耐寒霜,晚秋仍独放芳香。菊花这种不随群草枯荣的品格为人们所推崇和乐道。唐代元稹菊花诗赞曰:"秋丛绕舍似陶家,遍绕篱边日渐斜。不是花中偏爱菊,此花开尽更无花。"任何事物只有独立的个性才有魅力。菊花的魅力在于百花枯后而荣这一点表现出来,而菊花又是那么健美,气味又是如此清香,甚至花叶凋残后,它的枯干仍然香气不衰,这正是百花无法比拟的独到之处。还有荷花的"出淤泥而不染,濯清涟而不妖",表明了荷花除了能够在污浊的环境中保持自己纯真的本性外,还具有亭亭玉立、飘然欲仙的外貌和沁人心脾、香透碧天的芬芳特性，被人们认为是廉洁朴素、污泥不染的品质象征。而柳树枝条轻盈，婀娜多姿，随风摇曳，徒生依恋情愫，正如"园亭营有送，杨柳最依依"所描绘的情景。人们常用柳树表达惺惺相惜、依依不舍之情，同时，柳树又是强健灵活的象征。通过这些植物品格的引申，使人们不但欣赏到植物本身的美，还触发了感情升华，产生了无限遐想和美的享受。

可以说，园林中的一山一水、一草一木，只要我们自觉地、积极地发挥联想的功能去进行再创造，几乎都可以成为一个富有深意的象征性形象。特别是中国园林中的山石，它的美是一种含蓄而抽象的美；在这方面，它颇与当今西方的抽象雕塑相似；它等待着欣赏者的情之所寓，它需要人们调动起各自的情感和激发起深层的联想。这样，不仅使园林景象变得更加鲜明生动，而且，亦使它的意义变得更加丰富充实。

（2）想象

想象，是一种有目的、创造性的思维活动。想象是利用我们头脑中所存储的已有信息，构筑新的形象的心理活动。比如，当看完一本科幻小说，被其中惊险迷离的情节所吸引，仿佛自己也乘坐宇宙飞船来到茫茫宇宙中和外星人交谈。再比如，当听到一首优美的乐曲，会想到美丽的草原、蓝蓝的天空。这时头脑中的形象，就是想象的结果。

艺术想象是建立在对现实生活真实反映基础上的积极的和创造的审美想象。审美者深入山水，"栖丘饮谷"，通过"身所盘桓，目所绸缪"的审美活动，经过"应目会心，应会感神"的心里活动，自然往复，使主客之间在生命本原上求得同化和融合，物我相视而相忘，陶冶于自然之中，神思浩荡，产生丰富的审美想象。北齐祖宏勋说："时一牵裳涉涧，负杖登峰，心悠悠以孤上，身飘飘而将逝，杳然，不复知天地间矣。"白居易在《庐山草堂记》中说："仰观山，俯听泉，傍睨竹树云石。自辰及酉，应接不暇。俄而物诱气随，外适内和，一宿体宁，再宿心恬，三宿后，颓然嗒然，不知其然而然。"心随景化，自然而然地与景化合，悠然地陶醉于自然山水美的王国之中。这是一种优柔和谐、至情至深的审美境界。这往往是审美者与秀丽、幽深之景化合而产生的审美境界，神思浩荡、思接千载，视通万里的想象，则多与雄伟、畅旷景观融合所产生审美共振的畅神境界，如李白的"黄河之水天上来，奔流到海不复回""登高壮观天地间，大江茫茫去不还。黄云万里动风色，白波九道流雪山。"苏东坡的"乱石穿空，惊涛拍岸，卷起千堆雪。江山如画，一时多少豪杰。"毛泽东的"乱云飞渡仍从容""无限风光在险峰"等境界，都是通过奇、险景观形象的"应目会神"，所产生的深层深思和联想。

因此,在品味园林景象时,在诸多心理活动中,想象也占据重要地位。中国园林艺术,以富有诗情画意而著称于世,属于自然写意风景园。中国园林艺术的这一特质,要求它的欣赏者具有诗人一样的想象力。从某种意义上讲,欣赏者的想象力越丰富,获得的审美意象越深刻,艺术享受就越崇高。对于中国园林这种极富象征意蕴的艺术,欣赏者要是没有一定的想象力,是难以欣赏到它的韵味的。

园林艺术的魅力,一方面在于设计师的匠心独运,另一方面在于观赏者的想象再创造。正如虚景需要实景来陪衬一样,实景也需要虚景来烘托。虚与实是相互对立依存,有时可以相互转换的两面。这种不确定犹如人的感性,遇时灵感突发,求时难觅踪影。如此变幻玄奥的虚景,为园林艺术增添了无限广阔的想象天地。月光妩媚清丽,是阴柔之美的典型。欣赏月光一般从圆缺角度着眼。圆月给人以完美团圆的联想:"十五十六清光圆,月点波心一颗珠。"上、下弦月,令人想起与月形相似的弓:"晓月当帘挂玉弓"。月光清亮而不艳丽,使人境与心得,理与心合,清空无执,淡寂幽远,清美恬悦。宇宙的本体与人的心性自然融贯,实景中流动着清虚的意味,因此月光是追求宁静境界园林的最好配景。苏州网师园的"月到风来亭",是以赏月为主题的景点。当月挂苍穹,天上之月与水中之月映入亭内设置的境中,三月共辉,赏心悦目。扬州梅岭春深的"月观",正如其楹联云:"今月古月,皓魄一轮,把酒问青天,好悟沧桑小劫;长桥短桥,画栏六曲,移舟泊烟渚,可堪风柳多情。"春暮月夜来游,唐张若虚的《春江花月》诗意,如在眼前。由墙与门窗围合的空间其实是具有使用功能的,而园林中一些空间无实际使用功能,是为了增加空旷、透气的效果而设立,如国画中的空白便属于此。"设白当黑","白"即烘托出"黑"的物象,又给观赏者想象的余地。园林建筑中有许多"筑垣须广,空地多存"的佳构。如苏州怡园藕香榭北面的平台,不但给紧密的建筑留有一个舒展的空地,而且是举头赏月、俯首观鱼的好地方。园林中的虚闲空间尤为广阔,宁波天童寺前有段松林,行人经过这段"松荫夹径"的古道,自然进入"未入天童心先静"的状态,寺院空间因此而扩延了无数倍。

4.2 园林美鉴赏方法探询

4.2.1 园林美鉴赏的方法

中国园林鉴赏活动历史悠久,留下了许多具有美学价值的鉴赏经验和鉴赏方法。近10年来研究中国园林艺术的专著中，也陆陆续续地提出了一些标准。

如《风景名胜园林资源调查评价提纲》中指出，鉴赏的主要依据是观赏文化或科学价值的高低，单一性和多重性，园林环境和园林环境质量的优劣，游览服务设施与活动内容丰富的程度等。陈从周教授在《说园》中提出："意境、入画、含蓄，天然存真，空灵，特色和起兴等等。"冯钟平教授在《中国园林建筑》中总结了"巧、宜、精、雅"4字。安怀起教授在《中国园林艺术》中提出了"如诗如画，神韵意趣，寓情于景，巧于因借，自然天趣"等。台湾杜顺宝先生的《中国园林》在"创作原则和艺术标准"一节中提出"自然、淡泊、恬静、含蓄"4个方面。金学智教授在《中国园林美学》（第二版）中，则从园林品赏的审美心理层级上阐释了园林品赏的"劳形舒体""悦目赏心""因情迁想"和"惬志怡神"4个层次。

园林美鉴赏的方法是多种类多层次的。园林美的鉴赏是在园林美欣赏的基础进行的。园林艺术的鉴赏过程是以游赏为主的感性认识阶段上升到以品鉴（评鉴）为主的理性认识阶段。品鉴活动是游赏者对游园感受的分析、比较与综合并得出结论。通过品鉴活动可以比较各类不同风格的园林的审美形式、审美内容、审美方法、审美意义，从而交流审美经验，提高鉴赏者的审美能力，促进园林艺术的发展。

在园林美鉴赏的过程中，我们要注意以下两点：

一方面要把握时机。园林中的有些景观在审美要求方面需要与时令的配合，因季节、气候、时间的不同而达到不同的审美效果。"平湖秋月"，宜秋季月夜去欣赏；"曲院风荷"，则宜夏季荷花开时去欣赏；承德避暑山庄的"西岭晨霞"，专为欣赏朝霞而设；"锤峰落照"，则是晚霞夕阳；"南山积雪"是为赏山的雪景而造；"四面云山"赏的是白云烟岚中的山景。宋代郭熙说："山，春夏如此，秋冬又如此。所谓四时之景不同也；山，朝看如此，暮看又如此，阴晴看又如此，所谓朝暮之变态不同也。"只要在审美鉴赏过程中注意选择时机，那么就能在最佳时机之间获得这个景观的最高审美价值，达到预期的效果。

另一方面，要选择不同的角度观照园林美。《园冶》中说："楼阁之基，依次定在厅堂之后，何不立半山半水之间，下望上是楼，山半拟为平屋，更上一层，可穷千里目也。"苏轼有诗云："横看成岭侧成峰，远近高低各不同"。由于园林景物形态的丰富性，我们可以从各种角度来观照园林美，仰观它的立体构架，俯察其平面构图，宏观看整体，中观审其势，近观窥其巧，动观知其章法，静观通其情致等。上海豫园的九曲桥从平视的角度望去，每经过一次曲折，便可以产生出一种新的境界，而随着境界的层出不穷，使游人平添了玩味不尽、曲折深长的幽趣。从某种意义上说，距离本身便是美。

从游赏者观景选择角度，通常有以下几种方法：

（1）极目远眺法

这种方法主要适应远景和大型风景园林的艺术观赏。四川乐山大佛，若贴近佛身，举目仰视，只能见其高，对佛像所形成的壮丽，不可能有深切的体会。如果选择过江眺望，就会见到它那比例匀称、巨细和谐的身躯端坐在高山峭壁的万绿丛中，显得分外庄严肃穆，令人心旷神怡。如沿着漓江，来到去草坪三里许的半边渡头，驻足眺望，可以看到迎面耸立的渡江山，驼峰似地高插云霄，它与新娘岭诸山连绵延展，山势峻峭，如切似削，方见其挺拔的气势。

（2）登高俯瞰法

拙政园中的浮翠阁为八角形双层建筑，苏轼诗云："三峰已过天浮翠。"此阁建在假山之上，为全园最高点。登阁四望，满园古树，耸翠浮青，人如浮在翠色树丛之上，故借名。巍巍泰山，高高地屹立于齐鲁大地之上，素有"五岳独尊"之誉。品鉴泰山，唯登高俯瞰，才能有"会当凌绝顶，一览众山小"的感受。观赏庐山三叠泉，李白正是因为登高俯瞰才收获"喷壑数十里，隐若白虹飞"的意趣。

（3）环视一揽法

横向的回环流目，好像电影的摇镜头，随着视线的横向移动，景一个接一个地徐徐展现在面前。如苏州苍浪亭，环绕假山，随地形高低绕以走廊，配以楼阁亭榭，自东而西，主要建筑有：闻妙香室、明道堂、瑶华境界、看山楼、翠玲珑、仰止亭、五百名贤祠、清香馆、御碑亭等。闻妙香室在假山东南角山脚下，室名取杜甫诗句"灯影照无睡，心清闻妙香"之意。这里地处僻静，驻足环视，从东南朝西北望山、望廊、望轩以及看游人进出，另有一番风光。

（4）翘首仰观法

根据近大远小、近高远低的透视规律，翘首仰观能获得雄伟壮观的景象效果。大宁河小三峡中的滴翠峡，峡内群峰竞秀，绝壁连绵，加上河道狭窄，游人只得仰面观看，那"赤壁摩天"，似斧劈刀削的悬岩，高耸入云，阳光洒在岩壁上，赤黄生辉，壮伟无比。从"飞流直下三千尺，疑是银河落九天"诗句，可以想象得出诗人李白翘首仰望庐山瀑布的神态。此外，碧空、白云、皓月、明星、飞鸟翔空，一般来说都为仰观之景。

（5）俯首近取法

所谓远看取其势，近看取其质。登高远望是从大处着眼，纵横全貌，层层叠叠景物一览无余，而要细细品鉴一花一木、一壑一瀑、一溪一石，只有俯首近取才行。园林中的一山一水，一草一木，不是简单的自然模仿，而是"意在笔先"，在设计时融入了造园家的艺术旨趣。王维对自然山水的透彻感悟而有"明月松间照，清泉石上流"意境空灵的美景；晏殊的"梨花院落溶溶月，柳絮池塘淡淡风"，描绘了一个春风和煦、柔和优美的庭院夜色。

（6）临水平视法

湖泊景观以贴近水面平视为佳，一般来说，不宜俯视，因为所居越高，湖面越小。西湖十景之一的"平湖秋月"，观赏时宜平视。湖宜平视，是一条很重要的审美经验。观赏西湖三面的山，以湖上为佳。杨万里有诗道："烟艇横斜柳港湾，云山出没柳行间。登山得似游湖好，却是湖心看尽山。"南京瞻园水池的设计建造，曲水藏源，峡石壁立，南北两池，溪水相连，有聚有分，水居南而山坐北，隔水望山，相映成趣。游人走进这一空间，远观有势，近看有质，细部处理精巧，于平正中出奇巧。上海豫园的九曲桥从平视的角度望去，每经过一次曲折，便可以产生出一种新的境界，而随着境界的层出不穷，使游人平添了玩味不尽、曲折深长的幽趣。

（7）移步换景法

园林是在四维空间里布局的，具有变化无穷的观赏方位，不同的透视处理，会出现不同的景观效果。每当观赏方位改变一次，就会引起景物外部轮廓线的变化，产生新的景观。走进瞻园，步入回廊，曲折前行，一步一景，涉足成趣，过玉兰院、海棠院，倚云峰置于精巧雅致的花篮厅前，东南隅的桂花丛中山石坐落的位置，实为几条视线的交点。其余一些特点山石和散点山石分布在土山、建筑近旁，有的拼石成峰，玲珑小巧，发挥了山石小品"因简易从，尤特致意"的作用。出回廊向西，便是花木葱茏的南假山了。

4.2.2 园林美鉴赏的引导

园林美的鉴赏是多方面的，它所蕴涵的深层寓意和象征意味常常会使游赏者难以正确地领悟与把握。为了将造园者精巧的艺术构思和景观表达的思想意蕴传达给游赏者，园林美鉴赏要注重两个方面的引导。即要让游赏者懂得如何鉴赏，又要提高游赏者的鉴赏水平；通过准确把握园林楹联、匾额、景名的内涵来鉴赏园林美。

4.2.2.1 怎样更好地鉴赏园林美

我国的古典园林又称自然山水园。自然山水园与其他园林的不同之处在于人的精神的物化，体现了人的精神境界。在古代的造园家看来，艺术与生活、艺术与自然没有严格的界限。人在城市中仍能得事山林之趣，在人类生活的时空中应处处存在着艺术。正由于古人有这样的生活理想，所以才有了"虽由人作，宛自天开"的古典园林。中国古典园林不仅是古代各个历史阶段的文化艺术及造园技术的产物，而且也是蕴涵着中国传统思想文化的宝库。总之，每一座古典园林都是匠心巧运而做成的，值得我们去细细地观赏。然而，我们对古典园林的游览却往往是在节假日、在喧闹的人潮中走一趟，来不及细细地欣赏，更谈不上对其中的精神境界的品味。

那么，怎样才能更好地欣赏古典园林呢？

(1) "净心"

一要做到"净心"，使自己心灵纯净，不染凡俗。老子在论述审美主体时说："涤除玄鉴，能无疵乎？"意思就是我们在对美进行欣赏时，要抛开一切尘俗欲念、一切功名利禄，只有这样，才能毫无妨碍地欣赏到美。如果心中装满了烦恼与世故，会对美景视而不见，很难做到欣赏美。

(2) "静心"

二要达到"静心"，不仅要做到心灵纯净，还要达到心态宁静、平和的状态，这样才能从容地体会园林之美，品味其中的意韵。躁动不安的心会看到花红柳绿、姹紫嫣红的热闹，却看不到花开花落、云卷云舒的淡泊。

(3) "镜心"

三要有一颗"镜心"，像镜子一样观照景物、观照自然、观照人生。不仅要看到园林之美，还要形诸于心。与镜子不同的是欣赏者的欣赏活动不是被动的行为，不是映照，而是观照，是积极主动的精神创造性行为，对园林美鉴赏，不仅要会赏景还要返观内心，与景相通，仁者见仁，智者见智。我们知道，审美的最高层次是精神层面的欣赏。欣赏者有一颗"镜心"，就会得到更高的审美享受。

要做到这三"心"，最基本的条件是要在人少的时候去游园。试想身边人头攒动、摩肩接踵，如何能"净心""静心"？再有，去游园前应先阅读其背景知识，对园林知识、美学常识有所了解，在游览时认真看简介、楹联碑刻，有助于欣赏理解，这样才不虚此行。

4.2.2.2 东西方园林美鉴赏

我国的造园有着悠久的历史,在世界园林中树立着独特风格,与此同时,在世界园林中,西方园林因其不同的风格也备受关注,二者有共性也有差异。

(1) 中西方园林文化的共同点

①中西方园林起源的形似性:前者起源于灵囿和园圃;后者的源头是圣林、园圃和乐园。园囿是各自私家园林的原型;灵囿和圣林则用于"通神明"或是"敬上帝"。均与早期宗教活动有一定关系,也分别是各自游乐园的先声。

②中西方园林发展过程的相似性:中西方园林不仅有着十分相似的起源,而且在不同时期出现的园林类型也是相似的。突出地表现在园林的实用功能和观赏休闲的演变关系上。园艺的起源与人类的历史有着内在的联系,在原始社会里,我们的祖先主要靠食用植物而求生存。因此,园艺的发生与食用和药用植物的采集、驯化和栽培密切相关。

无论中国还是西方,造园活动都经历了古代的功能园艺——观赏园艺——合宜园艺3个不同的时期。

③中西方园林艺术的物质同一性:中西方园林所用材料不外乎石头、山水和花草树木等物质要素。

④中西方园林艺术的社会同一性:这主要表现在园林艺术的服务对象上,它主要服务于特权阶级,是奢侈品。

虽然很多学者都着重论述中西方园林的差异性。但中西方园林竟有着这种种的相似性,虽然它们存在于相距甚远的时空中,但存在着深刻的同一性。中西方园林艺术尽管由于各自物质条件和精神条件的不同而形成了两大不同体系,但同属世界园林的一部分,同是我们人类伟大的文化遗产,是智慧和勇气的结晶。园林艺术是民族的、阶级的、时代的、个体的差异性与园林艺术的同一性是对立统一的关系。

(2) 东西方园林的审美差异

中西方的园林相互影响,有同有异。西方园林追求物质形式的美、人工的美、几何布局的美、一览无余的美。中国园林追求意韵的美、自然与人和谐的美、浪漫主义的美、抑扬迭宕的美。如果把西方园林比作油画,那么可把中国园林比作山水画,中国园林比西方园林更加自然化。

①世界观的差异:中国人重视整体的和谐,西方人重视分析的差异。中国哲学讲究事物的对立统一,强调人与自然、人与人之间和谐的关系。而西

方哲学主张客观世界的独立性,主客观分离,相反而不相成。中国古代的辩证思维较西方发达得多,这种思维方式注重总体观念和对立统一观点。儒道两家都注重从总体来观察事物,注重事物之间的联系。老子、孔子都注重观察事物时的对立面及其相互转化。古代中国人把这种宇宙模式的观念渗透到园林活动中,从而形成一种独特的群体空间艺术。

与西方清晰客观的雄辩相比,中国古代的哲学家大多有道佛之风范,参禅悟道,却始终没有一句明确回答。中国园林正有这种味道,如同中国画写意多于工笔,中国人讲究和谐,"乐者,天地之和也",因此在造园中也讲究含蕴、深沉、虚幻,尤其是虚实互生,成为中国园林一大特色。西方园林方正严谨,直道轴线,一览无遗。而我国园林讲究"移步换景",在遮遮掩掩中即使是小园亦可拉出很大景深,其中奥妙正在于藏而不露,言外之意,弦外之音。

②自然观的差异:中国哲学传统主流是人与自然和谐,《易传》提出天人协调,其《象传》谓:"裁成天地之道,辅相天地之宜",又《系辞上》:"范围天地之化而不过,曲成万物而不遗。"节制自然须符合它自己的法则,辅助自然应适度,效法自然的造化功能而不过分,并用以成就万物而无欠缺,都是人对自然既进取又维护,适度而和谐,不同又必互动而变化。崇尚自然的思想在中国建筑中首先表现为中国人特殊的审美情趣。平和自然的美学原则,虽然一方面是基于人性的尺度,但与崇尚自然的思想也是密不可分的。例如,造园的要旨就是"借景"。"园外有景妙在'借',景外有景在于'时',花影、树影、云影、风声、鸟语、花香,无形之景,有形之景,交织成曲。"可见,中国传统园林正是巧于斯,妙于斯。明明是人工造山、造水、造园,却又要借花鸟虫鱼、奇山瘦水,制造出"宛自天开,浑如天成"之局面。尤其是江南园林,越是小园越讲究自然之美。白居易在庐山建草堂,赋诗曰:"何以洗我耳,屋头飞落泉;何以净我眼,砌下生白莲;左手携一壶,右手擎五弦……倦鸟得茂林,涸鱼还清泉,舍此欲焉往,人间多艰险。"这种中国文人的理想,化为人间烟火,使成了私家园林。即使皇家园林,亦比西方皇家园林有着更多闲情逸趣。

③表现形式的差异:如西方人喜好雕塑,在园林中有着众多的雕塑。德国人酷爱雕塑,除园中的雕塑外,他们甚至在园林中的枯树上雕图案,用以观赏,而中国人却喜欢在园内堆假山。中国人看树赏花看姿态,不讲究品种,赏花只赏一朵,不求数量,而西方人讲究品种多,数量大。法国园林大多种鲜花,凡尔赛宫苑就有二百多万盆花,而法国人并不去欣赏其姿态,他们讲究的是品种、数量,以及各种花在植坛中编排组合的图案,他们欣赏的

是图案美。

由此可见东西方园林的不同点：

——中国古典园林是以自省，含蓄，蕴藉，内秀，恬静，清幽，淡泊，循矩，守拙为美，重在情感上的感受。对自然物的各种形式属性如线条，形状，比例，在审美意识中占主要地位。空间上循环往复，峰回路转，无穷无尽，追求含蓄的藏的境界。是一种摹拟自然，追求自然的封闭式园林，一种"独乐园"。

——西方园林则表现为开朗，活泼，规则，整齐，豪华，奢侈，热烈。造园中的建筑，草坪，无不讲究完整性，以几何形的组合达到数的和谐。古希腊毕达哥拉斯学派认为："整个天体就是一种和谐，一种数。"西方园林讲究的是一览无余，追求人工的美，是一种开放式的园林，一种供多数人享乐的"众乐园"。

——中国园林基本上是写意的，直观的，重自然，重想象，重联想。而西方园林基本上是写实的，理性的，重人工，重规律。

④园林布局的差异：中西方古典园林在总体布局上的最大区别，在于是突出自然风景还是突出建筑。以法国宫廷画院为代表的古典主义造园艺术的突出特点，就是在平面构图上很强调园林中部的中轴线，园林内的林荫道、花坛、水池、喷泉、雕像、小建筑物、小广场、放射性的小路等都围绕着这根中轴线，强调这根中轴线来进行布置。在这根中轴线高处的起点上则布置体量高大、严谨对称的建筑物，建筑物控制着轴线，轴线控制着园林，因此建筑物也就控制着花园，花园从属于建筑物。显然，这种园林的基本指导思想来自理性主义，是"强迫自然去接受匀称的法则"。

中国的园林则不同。园林建筑既要满足游人观赏自然风景的需要，又要成为被观赏的自然景色中的一个内容。这也就是说，它们兼有观景与点景的双重功能。因此园林建筑要与山、水、植物很好地协调起来。

⑤建筑的差异：人类最初是栖息在树木上和洞穴中的。自从人类建造了房屋后，就远离了风雨蛇兽的侵袭，极大地改善了繁衍生息的条件，这是人类跨入文明史的重要一步。相当长的时期内，中西方园林建筑在相对封闭的系统内各自独立发展，很少有交流的机会，这形成了形态迥异、个性差别极大的东西方建筑。只有到了近现代，随着中西方思想文化、科学技术的交流融合，中西方园林建筑不仅与各自传统意义上的建筑大相径庭，而且也更多地趋向于一致性。中国园林建筑中深刻浸润着中国的艺术审美情趣。苏州园林玲珑精致，咫尺之间变幻多重景观，例如，狮子林中的假山曲径，极尽曲折回环之能事。园林中多处体现着虚实、区隔、藏露等，这些原则在中国山

水画中都有体现。

　　园林建筑体现了中国士大夫的思想追求和艺术情趣。传统士大夫奉修齐治平为圭臬，不论是程朱理学，还是陆王心学，都重视正心诚意、修身养性之学，他们涵咏情性，默思玄览，修炼"内宇宙"，在笔墨纸砚则为书画，在草木土石则为园林。他们将广大的宇宙囊括进内心，或者说他们将内心的修养性命做为宇宙中最广大最重要的学问，即把它当做宇宙。中国古代除了李白、徐霞客等寥寥数人，并无太多探险家，大约与士大夫重视"内宇宙"修炼而不重视对"外宇宙"的探索有关。这些反映在建筑上，就表现出内容和形式的华丽、精巧。他们将"内宇宙"又投影在园林建筑上。

　　中国园林建筑以木结构为主，宫殿的基座和普通房屋的墙则用夯土；西方园林建筑使用砖的技艺独步天下；欧洲园林建筑的材质则主要是石头。东西方民族的文化与性格差异在园林建筑材质上也得到了一定的反映。从整体上来看，西方园林建筑的另一个特点是开放、轩敞、一览无余。这与中国围墙文化的封闭、内敛、深藏不露又形成鲜明的对比。西方园林建筑从正面一个方向即可获取主体印象，庶几可窥得全貌。即使加上草坪、花园，也在开阔之处。中国的宫室建筑要在空中俯瞰的多维审视才可获取整体轮廓，此外大门口还要加上照壁，所以有"庭院深深深几许"的诗句。中国的园林建筑回环、繁复、曲折，决没有西方的草坪、花园来得直接、简约、开敞。中国无论宫室还是园林，一律圈以围墙。西方建筑的围墙在若有若无之间，即使有，也不给人封闭、压抑的感觉。

　　⑥游览园林过程中的审美差异：中西方园林由于历史背景和文化传统的不同而风格迥异、各具特色。尽管中国园林有北方皇家园林和江南私家园林之分，且呈现出诸多差异，而西方园林因历史发展阶段不同而有古代、中世纪、文艺复兴园林等不同风格。但从整体上看，中、西方园林由于在不同的哲学、美学思想支配下，其形式、风格差别还是十分鲜明。西方园林所体现的是人工美，不仅布局对称、规则、严谨，就连花草都修整的方方正正，从而呈现出一种几何图案美，从现象上看西方造园主要是立足于用人工方法改变其自然状态。中国园林则完全不同，既不求轴线对称，也没有任何规则可循，相反却是山环水抱，曲折蜿蜒，不仅花草树木任自然之原貌，即使人工建筑也尽量顺应自然而参差错落，力求与自然融合。

　　既然是造园，便离不开自然，但中西方对自然的态度却很不相同。西方美学著作中虽也提到自然美，但这只是美的一种素材或源泉，自然美本身是有缺陷的，非经过人工的改造，便达不到完美的境地，也就是说自然美本身并不具备独立的审美意义。任何自然界的事物都是自在的，没有自觉的心灵灌注生命和主题的观念性的统一于一些差异并立的部分，因而便见不到理想美的特征。所以自然美必然存在缺陷，不可能升华为艺术美。而园林是人工创造的，理应按照任得意志加以改造，才能达到完美的境地。

中国人对自然美的发现和探求所循的是另一种途径。中国人主要是寻求自然界中能与人的审美心情相契合并能引起共鸣的某些方面。中国人的自然审美观的确立大约可追溯到魏晋南北朝时代，特定的历史条件迫使士大夫阶层淡漠政治而遨游山林并寄情山水间，于是便借"情"作为中介而体认湖光山色中蕴涵的极其丰富的自然美。

4.3 园林单体美的鉴赏

4.3.1 园林建筑美

园林作为一种高度艺术化的物质财富，不仅要满足人们的生活要求，而且作为一种艺术的综合体，还要满足人们精神上的追求。作为园林的一个有机组成部分的园林建筑，它以不同的姿态和面貌出现在园林中。

园林建筑在园林中有点景、观景、范围园林空间和组织导游路线的作用。一个好的园林建筑景观，除了与自然环境相协调外，还要牵引游人视线，引导游人深入景点，同时，也是一个很好的休息赏景的好去处。如北京颐和园中的长廊，北依万寿山，南临昆明湖，穿亭越阁，蜿蜒曲折，把万寿山前各景点的建筑在水平方向上串联起来。既分隔了空间，又是交通枢纽。也作为万寿山与昆明湖的过渡空间的处理，既是点景，又是观景的所在。人在廊内漫步，一边是松柏山色和掩隐在万绿丛中的各组建筑群，另一边则是让人心旷神怡，开阔坦荡的昆明湖，"湖光山色"妙不甚言。这不仅提高了游人的游园兴趣，而且能引起人们的深思遐想，给人以新奇感。每次重游同一景点，总有不同的认识和发现，让人陶醉，让人兴奋。

4.3.1.1 中国园林建筑的形成与发展

中国园林建筑以悠久的历史和独特的风格著称于世，它是世界园林中一朵璀璨晶莹的艺术奇葩，是中华民族的骄傲，也是我国文化宝库中多彩缤纷的艺术精华，是我们现代造园者学习、继承、提高的基础和资本。园林建筑的产生与发展，是与社会的进步、发展以及人民生活的提高、丰富有着密切的关系，它是随着社会的进步而进步，随着社会的发展而发展。先秦"囿""苑"，是帝王贵族狩猎的场所，内修高台，摹拟传说中的圣山，以观天象及登高远眺之用，所以，"台"是园林建筑的起源与开始。到春秋战国时期，诸侯各国国力强大，竞相建苑、修囿，布台作池，这与先秦相比有了进一步的发展，除了造山之外，还进行了一系列的理水工程。秦、汉时期，随着国家的统一，国力的不断强盛和壮大，经济也得到了发展，这就促进了造园的大发展，再加上道教的盛行和道教文化的发展，推动了园林建筑的规模发展。如汉武帝建太液池，池中建造了象征仙境的"蓬莱""瀛川""方丈"三山，这为后来皇家园林的建造提供了"一池三山"的主要模式，将园林建筑推上了又一个新的台阶。魏晋南北朝时期，随着社会的进步、经济的发展，促进了私家园林和寺庙园林的产生与发展，也是宅院式园林的形成与发展的结果。隋唐时期，随着政治、经济、文化的发展，中国古代园林的发展，达到了全盛时期。园林中有意识地融进了诗情画意，开始了由山水园林逐步向写意园林转变，园林及园林建筑的意境有了更大的改观和发展。同时，也促进了园林建筑向更完善更成熟的方向发展，亭、台、楼、阁、殿、堂等有了很大的发展，并且各具特色。明清时期达到了造园的高潮，园林建筑更加丰富多彩，更趋于合理化和多样化发展，体现了园林愉悦的环境，寄托了人的精神，实现了从摹拟自然到写意模仿自然，再到抽象自然人工化的重大转变。为现代和当代园林的沿革与发展奠定了坚实的基础，造就了中国园林的灿烂和辉煌。

4.3.1.2 中国园林建筑的美学价值

建筑是综合性艺术，是一部凝固的史诗，是用石头写成的音乐。她积淀着人类的历史，尤其是文化史，体现了各国人民丰富的想象力和独特的思维方式。建筑之美是一个多轴的坐标系。在不同的历史时期、不同地域文化、不同民族背景下都不尽相同。中国古典园林设计，深深浸透了人与自然和谐发展的精神，中国园林建筑蕴涵丰富的文化意义，建筑艺术与山水艺术结合，创造出千姿百态的中国古典园林景观。

中国古代哲学以朴素的系统观念观察整个宇宙，宣扬人与自然的统一与和谐，提出了"天人合一"的理论命题，以"天人合一"为最高理想，体验自然与人契合无间的一种精神状态，成为中国传统文化精神的核心。它启示于人的至美、至善的境界，是人与自然和谐统一的境界，至于生命如此，至于艺术也是如此。中国的自然山水园林的创作原则是"天人合一"哲学观念与美学意念在园林艺术中的具体体现。代表古代人审美观念的中国建筑师喜欢富丽华贵、雍容大度的美，所谓泱泱大国之风。紫禁城、阿房宫、长城、嵩岳寺塔、佛光寺、寄畅园、颐和园、布达拉宫等杰作，闪烁着中国古建筑的光辉。有序曲、有高潮、有尾声，空间变化极为丰富。作为中国古建筑美学的主导思想的天人合一观，在园林建筑设计中从多方位、多层次中得到充分的展示，体现中国古代建筑深厚的文化底蕴。园林建筑美具体表现为：

(1) 布局上严格的结构对称要求而又模拟接近自然的布局美

以山水为主的中国园林风格独特，其布局灵活多变，将人工美与自然美融为一体，形成巧夺天工的奇异效果。这些园林建筑源于自然而高于自然，隐建筑物于山水之中，将自然美提升到更高的境界。

中国园林建筑包括宏大的皇家园林和精巧的私家园林，这些建筑将山水、树木、庭院、廊桥及楹联匾额等精巧布设，使得山石流水处处生情，意境无穷。中国古典园林建筑布局最典型的是："一池三山""北山南水"。典型代表园林则是颐和园。颐和园分7个景区：宫廷区、长廊区、万寿山前山景区、后山后河区、万寿山西部景区、万寿山点景区、昆明湖区。其中，昆明湖区是典型的"一池三山"。

(2) 于有限之中欣赏到无限空间的虚无之美

虚无之美是古建筑具有的文化美学内涵，中国文化重视虚无之美，所谓"实处之妙皆因虚处而生"。

"赖有高楼能聚远，一时收拾与闲人。"《园冶·园说》曰："轩楹高爽，窗户虚邻；纳千顷之汪洋，收四时之烂漫。"张宣题倪云林画《溪亭山色图》云："江山无限景，都聚一亭中。"苏轼《涵虚亭》诗云："惟有此亭无一物，坐观万景得天全。""常倚曲栏贪看水，不安四壁怕遮山。"以上诗句都说明了楼台亭阁的审美价值在于通过这些建筑本身，可以欣赏到外界无限空间中的自然景物，使生机盎然的自然美融于怡然自乐的生活美境界之中，建筑空间与园林风景互相渗透，人足不出户，就能与自然交流，悟宇宙盈虚，体四时变化，从而创造一个洋溢着自然美的园林"生境"。

中国儒家文化提倡"隐""忍""自内省"等人生哲理，道家则强调"无为""清静"等处世哲学。反映在审美意识中，都表现为追求内在精神的含蓄之美。所以中国传统建筑的空间展示就以曲折、含蓄、朦胧为美。这一点在古典园林建筑中体现得更为突出。在整个园林的布局中，除了需要建筑点景外，多数建筑设计皆采用含蓄的布局形式。如圆明园的万方安和园内的厅、堂、斋、馆等总是和林木灌丛、假山石峰、曲廊粉墙等环境相互掩映（图4-1），构成所谓"曲径通幽""别有洞天"等耐人寻味的景观。

(3) 园林建筑外在的造型美

园林建筑作为一种广义的造型艺术，偏重于构图外观的造型美，并由这

图4-1 圆明园万方安和园

种静的形态构成一种意境，给人以联想，特别是建筑的曲线美。未经人们改造过的自然界本来就没有直线，矩形空间和构成空间的各种实的面多是平平整整，形成许多笔直的线条和棋盘的平、立面网络，体现的是人对自然的征服，与自然亲和的中国园林建筑到处可见的是它们造型本身呈现的曲线美。"同是一样线形，粗细长短，曲直不同，所生的情感也就因之而异，……曲线比较容易引起快感，这是大多数人所公认的。"园林中曲折的小路、蛇形的河流和各种形状建筑，主要是由所谓的波浪线和蛇行线组成的物体是最美的线，它引导着眼睛作一种变化无常的追逐，使人感到愉悦。曲线之所以美，还在于它具有流动美、令人感到自由自在，更符合人心理上的节奏。园林建筑采用举折和房面起翘、出翘，形成如鸟翼舒展飘逸的檐角和屋顶各部分的优美曲线，生动流丽，轻巧自在，"如鸟斯革"，呈现出动态美。有的屋脊上还起伏着庞大的雕龙的身体，这龙体的头、身、尾、爪均呈曲线形，仿佛在游动、飞腾。园林中高低起伏的爬山廊、波形廊，造型轻灵，蜿蜒无穷，如长虹卧堤。

园林中千姿百态、曲线优美的拱桥、石拱如环，矫健秀巧，有架空之感；廊桥则势若飞虹落水，水波荡漾之时，桥影欲飞，虚实相接。一因园中习见的梁式石桥，有九曲、五曲、三曲等，蜿蜒水面，其美感效果亦可不断改变视线方向，移步即景移物换，扩大景观，令人回环却步；二因桥与水平，人行其上，恍如凌波微步，尽得水趣；三因桥身低临水面，四周丘壑楼阁愈形高峻，形成强烈的对比；四因有的曲桥无柱无栏，极尽自然质朴之意，横生野趣。以上效果，皆因桥体自身的造型所致。园中小亭，造式无定，自三角、四角、五角、梅花、六角、八角至十字。苏州拙政园有"笠亭"，环秀山庄有"海棠亭"等，风韵多姿，典雅秀丽，亭顶多用歇山式或攒尖式，呈抛物线状，亭柱间不设门窗，而设半墙或半栏，秀丽精致。有人称亭子为园林建筑中的关键组成部分，它使整个园林建筑充满盎然生机，趣味无穷，有"揽景会心"之妙。园中云墙的砖砌月洞，工艺精细，拱券轻薄，顶部作波浪形，状如云头；底部依山起伏，墙身呈弧形，蜿蜒曲折，宛如轻罗玉带。园林中的窗、门呈现出多种形状的图形，有几何形体和自然形体两类。几何形体的图案多由直线、弧线和圆形等组成，万字、定胜、六角景、菱花、书条、链环、橄榄、冰纹等全用直线，鱼鳞、线纹、秋叶、海棠、如意等全用弧线，而万字海棠、六角穿梅花和各式灯景等为两种以上线条构成。还有的四边为几何图案，中间加图画，线条简洁、流畅，富有立体感。自然形体的图案取材自花卉、鸟兽、人物故事等，如松、柏、牡丹、梅、兰、荷花、佛手等为花卉题材；狮子、老虎、云龙、凤凰和松鹤等为鸟兽题材；人物故事多以小说传奇、佛教故事和戏剧中的某些场面为题材。同一个园林中的漏窗互不雷同，苏州沧浪亭漏窗有108式，留园长廊有30多种漏窗。园林中的洞门形式也是丰富多彩，圆、横长、直长、圭长、长六角、正八角、长八角、定胜、海棠、葫芦、秋叶、汉瓶等形式。从线条上来看，有规律的造型线条，会形成特定的和谐、比例、对称等美学上的特征，就成为具有审美价值的美的线条。

(4) 园林建筑整体布局的高低错落、相互照应所体现出来的韵律美

园林建筑在造型艺术上的巧妙与精致中表现出它的韵律美，而且这种形式的美给予人心的涵养与陶冶以极大的影响，具有与音乐一样艺术效果。"建筑是一种凝固的音乐"，这是德国大诗人歌德的名言，因为"建筑所引起的心情很接近音乐的效果"。希腊帕特神庙殿堂全部用优良的大理石和黄金、象牙造成，不用水泥和钉子，一概用正确精致的结合法，天衣无缝，可谓尽善尽美，美术史上称之为"世界美术的王冠"。人们每天瞻仰这样完美无缺的美术品，不知不觉之中，精神蒙其涵养，感情受其陶冶，自然养成健全的人格。这种建筑有音乐一样的效果。

中国园林建筑不是以单个建筑物的体状形貌，而是以整体建筑群的结构布局，制约配合而取胜。非常简单的基本单位却组成了复杂的群体结构，形式在严格对称中仍有变化，在多样变化中保持统一的风貌。这种本质上是时间进程的流动美，体现出一种情理协调、舒适实用、有鲜明节奏感的效果，而不同于欧洲或伊斯兰以及印度建筑。中国建筑之美，为群屋之联络美，非一屋之形状美也，主屋、从屋、门廊、楼阁、亭榭等，大小高低各异，而形式亦不同，但于变化之中，有一脉之统一，构成浑然雄大之规模。

园林建筑是通过错落有致的结构变化来体现节奏和韵律美的。中国组群建筑，小至宅院、大至宫苑均有核心部位，主次分明，照应周全。其理性秩序与逻辑有起落，由正门到最后一座庭院，都像戏曲音乐一样，显示出序幕、高潮和尾声，气韵生动，韵律和谐。叔本华在《艺术特征论》中曾这样说："如果从平面看，它是'阁楼、廊楼、阁廊'的排列，这就是音乐中的3/4拍子；从垂直方向看，它又是台、栏、柱、望板的叠起，这很类似于音乐节奏中的4/4拍子。"这种节奏感和韵律美称之为音乐美。园林建筑空间的组合确和音乐一样，是一个乐章接着一个乐章，有乐律地出现的，它常用不同形状、大小、敞闭的对比，阴暗和虚实等不同，步步引人，直到景色全部呈现，达到观景高潮以后再逐步收敛而结束，这种和谐而完美的连续性空间序列，呈现出强烈的节奏感。在这方面，苏州留园的建筑堪称佳例。从留园门庭到"古木交柯"须通过重重过道，由暗而明、由窄而阔不断变化，从一个空间走向另一个空间，长达50m的夹弄，因漏窗、青条石、湖石花坛和门窗等建筑小品的设置，以及空间大小、方向和明暗的对比，抑扬顿挫，显得空间组合甚为丰富。在一路小起伏、小转折、快频率和快节奏的变化之后，到"古木交柯"节奏始缓；再从"古木交柯"到"绿荫"，虽近在咫尺，但通过"古木交柯"西门窗口望去，却见"绿荫轩""明瑟楼"和"涵碧山房"，再几经转折而至"五峰仙馆"，最后经过5次曲折，在全园的东南角，到达"石林小院"小空间组群作为结束。同样，从"曲溪楼"到"林泉耆硕之馆"，也全为大小不同、景色各异的建筑庭院空间，彼此之间的联系有串联、并列、相套、变幻。以上建筑空间序列的变化特征，诸如变化大小、对比强烈等与音乐音符的强弱、高低、缓急、距离、间歇等确实有着共同的韵律。

（5）园林建筑内在所蕴含的意境美

中国园林抒情写意的艺术个性，赋予园林单体建筑以丰富的文化内涵，显得意境隽永，展示了一种理想美的人生境界。意境美往往是通过文学命名来突出的，如苏州藕园主体建筑名"城曲草堂"，取唐李贺《石城晓》诗"女牛渡天河，柳烟满城曲"之意，以抒写园主夫妇不羡慕城中华堂锦幄，而甘愿在城弯草堂白屋过清苦生活的美好感情；园中"听橹楼"和"魁星阁"是由阁道灯通的两座小楼，一楼一阁，互相依偎，恰似一对佳偶，与"藕"合意。同样是旱船，在私家园林、皇家园林和寺庙园林所提示的内涵却不同，耐人咀嚼。私家园林的旱船，或名"不系舟"，象征精神绝对自由、逍遥的人生，若漂浮不定没有拴系的小船，宣扬具有哲学意味的超功名的人生境界；或曰"涤我尘襟"，反映隐逸尘世、洁身自好的清高意趣；或取宋欧阳修"所以济险难而非安居之用"意叫"画舫斋";或直接以"小风波处便为家""不波小艇"等来形容,视官场为险途,表示明哲保身,反映了封建士大夫们的价值理想。颐和园的旱船"清晏舫",取"水能载舟,亦能覆舟"之意,"清晏",表示国泰民安,顺从帝皇之心,有颂圣意味。寺庙园林中的旱船,则有超渡众生到彼岸世界去的宗教含义。如苏州天池山寂鉴寺旱船,取佛教"慈航普渡众生"意。

(6) 文化美

园林中的桥,除了它的实用性外,还是人生戏剧的各种转折中最富特征的文化装置,具有双重的象征意义,既象征人生道路上的难关,也象征走上通途的希望和机遇,是危险与希望丛生之途。园林中的亭,因为可供文人雅士品茶弹琴、饮酒赋诗、观景赏心,遂逐渐成为风雅的象征。亭以圆法天,以方像地,以八卦数理象征阴阳象征秩序。如北京天坛,根据"天圆地方"、"天南地北"的朴素宇宙观,"祀天圜丘,祀地方泽"。天坛位于北京正阳门外,居南,地坛设在北郊。天坛圜丘,坛墙上面为圆形,下面是方形,取"天圆地方",所以称为"天地墙"。祭坛,南是圜丘坛,北是祈谷坛,处在一条南北轴线上,合称天坛。天坛圜丘,是一座白色的露天三层圆坛,象征天,圆坛第一层中央有一圆石,称为"太极石",周围用石板砌成环形,共9层,第一层有石板9块,依次按9的倍数递增,最下一层为81块,天坛祈年殿,中央有4根龙柱,代表一年四季;中间12根金柱,代表12个月,外圈12根檐柱代表12个时辰,内外共24柱,象征24节气,三围

图4-2 北京天坛

共28根柱子,暗合28星宿,龙柱上8根短柱,象征八方。屋顶三层蓝色琉璃瓦,逐层收缩向上,冠有镏金宝顶,象征天。小小的亭子也是天地的象征:地基为方,亭盖为圆形,以圆法天、以方象地,以八卦数理象征阴阳次序(图4-2、图4-3)。有的建筑殿堂的天花板上往往绘有彩绘和藻井图案,它也包含着丰富的文化底蕴。中国园林建筑的发展过程中也不断地汲取世界各国的园林建筑的养分,促使中国园林建筑的高度发展,其中圆明园就是中外建筑技术合作的杰作。园林建筑技术交流是中国对外文化交流的一个窗口。

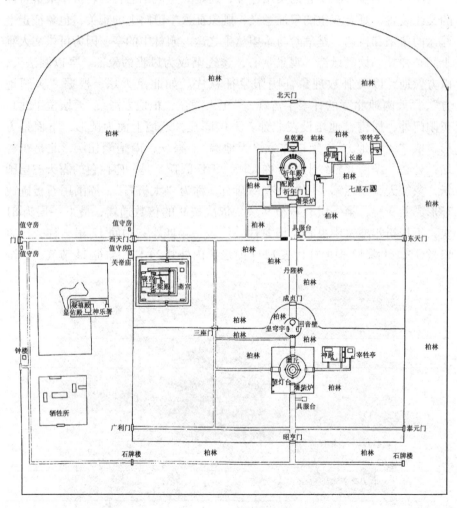

图4-3 天坛平面图

中国建筑有着丰富的文化底蕴，伴随着中国渊远流长的文明。园林建筑的构思、美学价值、丰富的文化是无价之宝，它能陶冶人的情操，提升人们的审美情趣，丰富人们的视线。作为国人、建筑师则应吸收、借鉴并发扬光大。

4.3.2 假山叠石美

中国园林中叠石为景的艺术手法起源很早。秦汉的上林苑，用太液池所挖土堆成岛，象征东海神山，开创了人为造山的先例。《汉宫典职》上说："宫内苑，聚土为山，十里九坂。"汉景帝的兄弟梁孝王曾筑兔园，"园内有百灵山，山有肤寸石、落猿岩、栖龙岫"。又汉代茂陵（今陕西兴平县）富商袁广汉造的私园，"构石为山，高十余丈，连延数里。"由此可见，汉代早时园林中是聚土为山，往后便发展为叠石筑山了。到了六朝时，叠石艺术更趋精巧。《洛阳伽蓝记》说到北魏张伦造景阳山，"有若自然，其中重岩复岭，欹崟洞壑，逶俪连接。"后来园林造山多模仿真山，如北齐的华林园是五岳四渎的仿造；唐安乐公主定昆池叠石是华山的仿造；唐李德裕平泉山庄叠石是巫山十二峰和洞庭九派的仿造；白居易履道里造园是严陵七滩的仿造。自宋以后，民间私园的叠石规模越来越大。浙江有个卫清叔园，"一山连亘二十亩"，气势惊人。唐宋以后，由于山水诗、山水画的发展，玩赏艺术的发展，对叠山艺术更为讲究。最典型的例子便是爱石成癖的宋徽宗，他所筑的艮岳是历史上规模最大、结构最奇巧、以石为主的假山。元朝的假山则出了不少盘环曲折、迷似回文的珍品。现存的狮子林即出之于元朝高僧维则之手。明·计成在《园冶》的"掇山"一节中，列举了园山、厅山、楼山、阁山、书房山、池山、内室山、峭壁山、山石池、金鱼缸、峰、峦、岩、洞、涧、曲水、瀑布17种形式，总结了明代的造山技术。在清代，扬州和北京叠石假山盛极一时，其中有名的可数是石涛在扬州所作的万石园和李笠翁在北京所筑的半亩园。万石园扑朔迷离，美不胜收；半亩园则采用土石混合筑山法，几乎达到以假乱真的地步。清代造园家创造了穹形洞壑的叠砌方法，用大小石钩带砌成拱形，顶壁一气，酷似天然峭壑，叠山倒垂的钟乳石，比明代以条石封台收顶的叠法合理得多、高明得多。现存的苏州拙政园、常熟的燕园、上海的豫园，都是明清时代园林造山的佳作。

园林中的假山叠石，虽是静态凝固的，但具有自然之形；虽是天生的，却又有人工的雕凿技巧，园中一旦假山叠石耸立起来，园林便悄然鲜活起来，显得曲折幽深，千姿百态。

假山叠石美主要体现在以下3个方面：

(1) 源于自然但又高于自然，体现出一种艺术的真实美

在中国辽阔的土地上，有众多的名山，这是造园家取之不尽、用之不竭的灵感源泉。中国也是盛产石材的国家，石材主要有湖石、黄石、英石3种。以湖石为例，湖石产自江苏太湖的洞庭西山和一些小岛，是淹伏在水波中的石灰岩，由于长期经受波涛冲击与溶蚀，石穿透成孔穴或未穿透成涡洞，以致形态奇异，柔曲圆润，玲珑多窍，皱纹纵横，涡洞相套，大小有致。造园家利用不同形式、色彩、纹理、质感的天然石材，在园林中塑造成具有峰、岩、壑、洞和风格各异的假山，再加上恰当的植物配置，增添了园林的山野趣味，唤起人们对崇山峻岭的联想，使人仿佛置身于大自然的群山中，正因为如此，我国历史上的城市园林又有"城市山林"的别称。这与山水画"咫尺山林"的理论相仿，是艺术地再现美妙的大自然。

假山叠石的美不仅是师法自然的结果，同时也凝聚着造园家的艺术创造。《园冶》中有"片山有致，寸石生情"之说；园林中的山石除兼备自然山石的形态、纹理、质感外，还有传情的作用。清朝的朱若极有一段论述山水画的著述："山川使予代山川而言也，山川脱胎于予也，予脱胎于山川也。"说明了"师法造化""搜尽奇峰打草稿"的道理。但是，画家进一步指出了山水画的更深一步的境界，即是"山川与予神遇而迹化也"，可见画家追求的是"神似"，而不是停留在"形似"的水平上，这虽是画理，但也可表明园林艺术创作中的"假山——造园者——真山"之间的关系。造园者往往是借山石来抒发某种情感，表述某种思想。

(2) 假山叠石的形式美

假山叠石的创作思想，总的来说是师法自然，即模仿自然山水。因而在形式上，有的峻伟，有的秀丽，有的纤巧，有的怪诞。假山叠石的形式美有哪些审美特征呢？关于这个问题，李渔曾有过精辟的论述："言山石之美者，俱有透、漏、瘦三字。此通于彼，彼通于此，若有道路可行，所谓透也；石上有眼，四面玲珑，所谓漏也；壁立当空，孤峙无倚，所谓瘦也。然透、瘦二字在宜然，漏则不应太甚。若处处有眼，则似窑内烧成之瓦器，有尺寸限在其中，一隙不容偶闭者矣。塞极而通，偶然一见，始与石性相符。"宋代山水画家米芾，见一奇丑无比的巨石，欣喜若狂，连忙举衣冠而拜，呼为石兄，这则趣事告诉我们，石峰之美，正在于它的丑。前人在对园林石峰的审美评价时，曾用"透、漏、绉、瘦、清、丑、顽、拙"8个字来概括。千姿百态的奇石，有人把它比作中国式的抽象雕塑。有的孑然一身，孤峰独立，秀美多姿；有的聚众造型，高低参差，如云似浪；有的堆砌成山，造成磅礴之势，人们从抽象的山石艺术形象中看到了大自然的造化、坚

定、沉实、均衡、遒劲和线条的流畅等，不仅增添了生活情趣，而且陶冶人的情性，诚如古人所说的："非独友石，友其德也"。

假山叠石形式美的典型莫过于有"江南三大名石"之称的玉玲珑、瑞云峰和皱云峰。

上海豫园玉华堂前的"玉玲珑"是江南三大名石之一，也是豫园中的瑰宝，

图4-4　玉玲珑

相传为宋代花石纲遗物，玉玲珑高5.1m，宽2m，重逾5000kg，上下都是空洞，石上有72个孔洞，赛似人工雕刻。亭亭玉立，石显青黝色，犹如一支生长千年的灵芝草，堪称"天工奇石"。石身上还刻有"玉华"两字，意思是说此石是石中精华。古人品评石之高下，有"皱、漏、透、瘦"4个标准，玉玲珑则四者俱佳，而以"透、漏"论之，更是冠盖全国，称誉海内外（图4-4）。豫园中有许多砖雕、泥塑，不仅历史悠久，而且十分精美。

(3) 假山叠石其技巧手法所营造的意境美

假山叠石的技巧手法主要有流云式和堆秀式。所谓流云式，就是用挑、飘、挎、斗等手法，模仿天空间流云飘荡，给人以舒展飞逸之感。堆秀式则是并不追求透漏，不留太多的空洞，而模拟自然山脉的悬崖峭壁，比之于流云式，则显得庄重峻伟。郭熙在《林泉高致》中，把山水画中的山分为可行、可望、可游、可居4种，并说"看此画令人生此意，如真在此山中，此画之景外意也"。假山叠石所营造的意境美，也可从可行、可望、可游、可居4种意境来理解。可行者，能在叠石间设磴道，引游人漫步其间；可望者，则仅以石峰、石笋或点缀几竿翠竹，游人可以远观近眺，不能攀登。个园以石笋表现的"春山"和用白石叠掇的"冬山"等，都是"可望"的假山。可居之山有两类，一是人工造的，如拙政园中的"雪香云蔚"，这类山常以土为主，辅以少量的山石点置，游人置身其间可以感受到与林泉鹤鹿为邻的自然情趣；另一类是在山林地造园，如苏州虎丘拥翠山庄、杭州西泠印社，不但观赏所见是山林环抱中的景色，实际上人在此山中，更有切身的山林美感的享受。

园林中的假山叠石是我国园林独有的传统艺术，既体现出自然山水的真

趣，又极富画意，细品之，最耐人寻味。值得指出的是，园林假山叠石美的鉴赏并不是一件易事。山石的美是一种含蓄而抽象的美，在这方面，它与当今西方的抽象雕塑极为相似。它等待着欣赏者的情之所寓，它需要人们调动起各自的情感和激发起深层的联想。园林中假山叠石的美，等待着人们去发现、去创造。

4.3.3 园林水体美

不论哪一种类型的园林，水是最富有生气的因素，无水不活。自然式园林以表现静态的水景为主，以表现水面平静如镜或烟波浩渺的寂静深远的境界取胜。人们或观赏山水景物在水中的倒影，或观赏水中怡然自得的游鱼，或观赏水中芙蕖睡莲，或观赏水中皎洁的明月……自然式园林也表现水的动态美，但不是喷泉和规则式的台阶瀑布，而是自然式的瀑布。池中有自然的肌头、矶口，以表现经人工美化的自然。水在我国早期庭园构成上就占据主要地位，主要表现在两个方面：①水体形式丰富，景致多变；②水体在园林中所占面积较大，又称"巨浸"。隋唐时期，园林水景处理往往规模很大，例如，洛阳西苑，不仅有"一池三山"的大湖，周围又有若干小湖，并以"龙鳞渠"环绕串联，形成规模宏大、复杂多变的水系。宋、元以后，园林水体面积越来越小，但变化增多了，宋代重石之风大盛，如宋代周密《吴兴园林记》所述："池南竖太湖三大石，各高数丈，秀润奇峭，有名于时，……募工移植，所费十倍于石，可谓石妖矣。"从此中国园林山水并称，所谓"水以石为面""水得山而媚""无石则水无形，无态，……若无水，则岩不显、岸无形"。水和山石的相互依存关系构成中国传统水法的重要特点。明清以来，私家园林的数量大大超过前代，文人、士大夫的意趣与造园结合更紧密，为追求自然，一方面利用天然水面与泉水成景；另一方面以巧于因借、以小喻大、以简喻繁的手法丰富起来，真可以说集天地自然于一壶。在历史发展过程中，中国园林水法在水形和岸形处理上主要走的是一条模仿自然之路（近代岭南园林出现一些几何处理的水景）。

水是人类心灵的向往，人类自古喜欢择水而居。以"再现自然式山水园"为主要特征的中国古典园林，是世界园林艺术的宝贵遗产，其丰富的理水手法和浓厚的文化底蕴为世人所赞叹。水作为中国古典园林要素之一，其历史最早可以追溯到西周时期周文王修建的"灵沼"；秦始皇统一中国后，又引渭水为池，建造了规模宏大的水景园——兰池宫；中国古代神话中把西王母居住的瑶池和黄帝所居的悬圃都描绘成景色优美的花园。青山碧水，这正是人们梦寐以求的生活环境。汉代的"铜龙吐水"被认为是世界园林史上的第一个喷泉水景；唐代的曲江，更是开中国公共园林之先河；明末计成的造园名著《园冶》则总结了造园中的理水原则："高方欲就亭台，低凹可开池沼，卜筑贵从水面，立基先就源头。"历代诸子百家、文人墨客对水的论述与观感，赋予了它更深的文化内容，从而形成了中国独特的水文化。

园林水体美归纳起来，主要表现在以下几个方面：

4.3.3.1 传统文化意境美

中国传统文化反映在造园水法上就是"外师造化，中得心源"，追求自然、直觉体会、讲究自然、含蓄、蕴藉、不尽之意。"俯视池水，弥漫无尽，聚而支分，去来无踪，盖得力于溪口、湾头、石矶之巧于安排，以假象逗人，桥与步石环池而筑，犹沿明代布桥之惯例，其命意在不分割水面，增支流之深远。至于驳岸有级，出水留矶，增人浮水之惑，而亭、台、廊、榭无不面水，使全园处处有水可依。"

中国古代许多园林都是在文人、画家的参与下营造的，使园林从一开始就带有诗情画意般的感情色彩，蕴藏着极深的文化意境，它讲究寓情于景、情景交融。

中国文人、士大夫阶层对水有着特殊的感情，水被认为是高尚品格的象征。《韩诗外传》中云："夫水者，缘理而行，不遗小，似有智者；重而下，似有礼者；蹈深不疑，似有勇者；漳防而清，似知命者，历险致远，卒成不毁，似有德者。……此智者所以乐水也。"文中认为水有智慧，通晓礼义，有勇敢的气概，了解自己的命运所在，具备高尚的品德。水的这些品格，正迎合了文人、士大夫追求雅量高致的心理特征。

水的品格及特征，使文人雅士亲近于水，从而有了"卧石听泉""曲水流觞""寄情山水"这样的娱乐活动。更在"高山流水""春江花月夜""雨打芭蕉"等著名古乐中，极尽音乐之能事，阐述自然山水之美。《画鉴》中也有"意中有水，方许作山"之说，强调了水在山水画中的重要位置。

不仅如此，古人对水的哲理性还有很深的认识，如"滴水穿石""水能载舟，亦能覆舟"等文字，都阐明了古人对水性格的理性认知。据文献记载，古代有名为欹器的盛水器皿，当往其中注水时，器皿逐步水平，待水满又将水倾斜倒出。由于它的倾斜好似弯躬行礼，而水满则倾覆，故以之寓意"满招损，谦受益"。这种哲理性的理水技艺，反映了古人对水的深刻理解。

中国诗歌崇尚自然美，形成以"自然"为宗的诗歌美学，其中不乏描述自然水景的名篇佳句。如"飞流直下三千尺，疑是银河落九天""飘者如雪，断者如雾，缀者如旒，挂者如帘"等。许多园林以再现诗意中的自然水景为主题，诗情画意的理水手法，赋予了水更深的文化内涵。苏州拙政园就是以水为主题，池水面积约占总面积3/5，主要建筑物十之八九皆临水而筑。网师园的水面，占全园面积达4/5。避暑山庄72景中，康熙和乾隆用水景命名的就达30多景。

4.3.3.2 园林水体构思美

园林风景总是山水相依，方成美景。宋王观在《卜算子》中云："水是眼波横，山是眉峰聚，欲问行人去那边，眉眼盈盈处。"所谓"石令人古，水令人远"。风景园林有山有水，才清新致爽，郭熙在《画训》中说："水以山为面，亭台为眉月……故水得山而媚，得亭榭而明快。"园林水体是讲究构思的，其构思美主要表现在4个方面：

(1) 水型美

"水随器而成其形"，古代造园家十分注重水型、岸畔的设计，"延而为溪，聚而为池"，利用水面的开合变化，形成不同水体形态的对比与交融。

例如，南京瞻园内南端的水面曲折多变，一侧设大体量水榭；中部水面开阔宁静，有亭台点缀其畔；北端水面最小，但与假山相伴，深邃而有山林之趣。3个水域以狭长的溪水相连，池岸形态丰富，有贴水石矶、亭台水榭、亲水草坡、陡崖堐路及夹涧石谷等多种变化。同时，在水面转折处设汀步及小桥，增加了景物的层次感和进深感，形成"咫尺山林"的景观效果。

(2) 动静美

我国文化偏重于"求静"，童寯在《江南园林志》中说到："我国传统园林用水，以静为主，清代许周生筑园杭州，名'鉴止水斋'，命意在此，原出我国哲学思想，体现静以悟动之辩证观点。"相对于西方园林丰富充沛的表现，中国造园家追求的是返璞归真、淡中求趣以及"山池天然，丹青淡剥，反觉逸趣横生"。

中国园林理水有动态和静态之分，着重取"自然"之意，塑造出湖、池、溪、瀑、泉等多种形式的水体。水平如镜的水面，倒映出周围的湖光山色，呈现出扑朔迷离之美。所谓"清池涵月，洗出千家烟雨"，正是古人对园林静水的赞美。杭州有一私家园林，取名为"鉴止水园"，也是源于对园中静水的描述。扬州的"瘦西湖"历史悠久，受历代造园专家的青睐，在十里长的湖区两岸，营造了"两岸花柳全依水，一路楼台直到山"的湖区胜景（图4-5）。

古典园林中的动水，主要是指溪流及泉水、瀑布等，既呈现出水的动态

图4-5　扬州瘦西湖

之美，又以水声加强了园林的生气。如济南的趵突泉，古人赞曰："喷为大小珠，散作空蒙雨"。有的园林利用水源与水面的高差，"引来飞瀑自银河"，形成瀑布景。还有的利用容器蓄水，放于高处，形成人工瀑布与叠水，通过强化水"喷、涌、注、流、滴"等一系列动态特征，塑造出生动的园林环境。

（3）水声美

"何必丝与竹，山水有清音。"中国园林理水还擅长利用水体营造声景。如泉滴潭池，正如"蝉噪林愈静，鸟鸣山更幽"一样，使人感受到寂静的存在；流水潺潺使人感到平和舒畅；"三尺不消平地雪，四时尝吼半空雷"的瀑布轰鸣声，使人感到情绪激昂。古代园林水景中，不乏利用水声成景的例子，如无锡寄畅园的八音涧、圆明园的夹镜鸣琴、避暑山庄的风泉清听等。还有借助听觉变化，赋予建筑以诗的意境，如苏州拙政园的留听阁，取意于"留得残荷听雨声"，而听雨轩则取意于"雨打芭蕉"，点明了水声之美，充分发挥了水综合视听的功能。

（4）映射美

画坛中有"画水不画水"之说，意即画水应靠周围景物的倒影为其增色。同样，古代造园家擅长运用水的倒影效果将云霞、树木、亭台、山石用借景引入其中，使园变得宽广而深远。园林利用水映射成景的手法多样，如"风乍起，吹皱一池春水"映射出风的存在和原有水面的宁静；"赤鱼戏水""碧波荡漾"映射出环境色和池中色；"波光粼粼"映射出光的存在；"潺潺流水"映射出地形的起伏；而"残雪暗随冰笋滴，新春偷向柳梢归"所描述的冰雪场景，则映射出季节的变化。

4.3.3.3　园林水体类型美

自然风景中的江湖、溪涧、瀑布等具有不同的形式和特点，为中国传统园林理水艺术提供创作源泉。传统园林的理水，是对自然山水特征的概括、提炼和再现。各类水的形态的表现，不在于绝对体量接近自然，而在于风景特征的艺术真实；各类水的形态特征的刻画，主要在于水体源流，水情的动、静，水面的聚、分，符合自然规律，在于岸线、岛屿、矶滩等细节的处理和背景环境的衬托。运用这些手法来构成风景面貌，做到"小中见大""以少胜多"。这种理水的原则，对现代城市公园，仍然具有其借鉴的艺术价值和节约用地的经济意义。

模拟自然的园林理水，常见类型有以下几种：

（1）泉瀑

泉为地下涌出的水，瀑是断崖跌落的水，园林理水常把水源作成这两种形式。水源或为天然泉水，或园外引水或人工水源（如自来水）。泉源的处理，一般都作成石窦

图 4-6　园林中的瀑布图

之类的景象，望之深邃黝暗，似有泉涌。瀑布有线状、帘状、分流、叠落等形式，主要在于处理好峭壁、水口和递落叠石（图 4-6）。水源现在一般用自来水或用水泵抽汲池水、井水等。苏州园林中有导引屋檐雨水的，雨天才能观瀑。

（2）渊潭

小而深的水体，一般在泉水的积聚处和瀑布的承受处。岸边宜作叠石，光线宜幽暗，水位宜低下，石缝间配置斜出、下垂或攀缘的植物，上用大树封顶，造成深邃气氛。

（3）溪涧

泉瀑之水从山间流出的一种动态水景。溪涧宜多弯曲以增长流程，显示出渊源流长，绵延不尽。多用自然石岸，以砾石为底，溪水宜浅，可数游鱼，又可涉水。游览小径须时缘溪行，时踏汀步（见园桥），两岸树木掩映，表现山水相依的景象，如杭州"九溪十八涧"。有时造成河床石骨暴露，流水激湍有声，如无锡寄畅园的"八音涧"。曲水也是溪涧的一种，今绍兴兰亭的"曲水流觞"就是用自然山石以理涧法作成的。有些园林中的"流杯亭"在亭子中的地面凿出弯曲成图案的石槽，让流水缓缓而过，这种做法已演变成为一种建筑小品。

(4) 河流

河流水面如带，水流平缓，园林中常用狭长形的水池来表现，使景色富有变化（图4-7）。河流可长可短，可直可弯，有宽有窄，有收有放。河流多用土岸，配置适当的植物；也可造假山插入水中形成"峡谷"，显出山势峻峭。两旁可设临河的水榭等，

图4-7　园林中的河流

局部用整形的条石驳岸和台阶。水上可划船，窄处架桥，从纵向看，能增加风景的幽深和层次感。例如，北京颐和园后湖、扬州瘦西湖等。

(5) 池塘、湖泊

指成片汇聚的水面。池塘形式简单，平面较方整，没有岛屿和桥梁，岸线较平直而少叠石之类的修饰，水中植荷花、睡莲、荇、藻等观赏植物或放养观赏鱼类，再现林野荷塘、鱼池的景色。

湖泊为大型开阔的静水面，但园林中的湖，一般比自然界的湖泊小得多，基本上只是一个自然式的水池，因其相对空间较大，常作为全园的构图中心。水面宜有聚有分，聚分得体。聚则水面辽阔，分则增加层次变化，并可组织不同的景区。小园的水面聚胜于分，如苏州网师园内池水集中，池岸廊榭都较低矮，给人以开朗的印象；大园的水面虽可以分为主，仍宜留出较大水面使之主次分明，并配合岸上或岛屿中的主峰、主要建筑物构成主景，如颐和园的昆明湖与万寿山佛香阁，北海与琼岛白塔。园林中的湖池，应凭借地势，就低凿水，掘池堆山，以减少土方工程量。岸线模仿自然曲折，做成港汊、水湾、半岛，湖中设岛屿，用桥梁、汀步连接，也是划分空间的一种手法。岸线较长的，可多用土岸或散置矶石，小池亦可全用自然叠石驳岸。沿岸路面标高宜接近水面，使人有凌波之感。湖水常以溪涧、河流为源，其宣泻之路宜隐蔽，尽量做成狭湾，逐渐消失，产生不尽之意。

(6) 其他

规整的理水中常见的有喷泉、几何型的水池、叠落的跌水槽等，多配合雕塑、花池，水中栽植睡莲，布置在现代园林的入口、广场和主要建筑物前。

4.3.4 园林道路美

4.3.4.1 园林道路

园林道路即园路,是园林绿地中的道路以及广场等各种铺装地坪,是园林重要的构成元素。它像人体的脉络一样,贯穿着整个园林的交通网络,是联系各个景区和景点的纽带和风景线,是组成园林风景的造景要素。园路起到了组织交通、引导游览和便于识别方向等作用。它能通过自己的布局和路面铺砌的图案,引导游客按照设计者的意图、路线和角度来观赏景物。从这个意义上讲,园路就是游客的导游者(图4-8)。

园路可分3类:

①主路:联系园内各个景区、主要风景点和活动设施的路。宽7~8m。

②次要道路:设在各个景区内的路,它联系各个景点,对主路起辅助作用。考虑到游人的不同需要,在园路布局中,还应为游人由一个景区到另一个景区开辟捷径。宽3~4m。

图4-8 设置在草坪中的步石园路

③小路:又叫游步道,是深入到山间、水际、林中、花丛供人们漫步游赏的路。双人行走1.2~1.5m,单人行走0.6~1m。

人们在园林中漫步,是为了接触自然,去接受自然景色无私的赏赐。因此,园林中的道路应该是随着园林内地形环境与自然景色的变化相应布置,时弯时曲,时起时伏,很自然、很顺溜地引导人流不断变幻地欣赏园林景观,同时给人一种轻松、幽静、自然的感觉,寻求一种在闹市中不可能获得的乐趣。它应该成为园林中各景点之间相互联系的纽带和观赏自然景色的脉络。

众所周知,我国园林以自然山水为蓝本,追求的是一种自然美与人工美的完美结合,因此在道路系统的设计上,也是顺应自然,相应灵活布置,寻求自然的意趣。怎样使游人领略到大自然的意趣,这就要求园林设计者合理地布局园林中的道路,采取不同的设计手法,将游人带入各种不同的自然意境之中。

园以景胜，然各景点如颗颗珍珠，需有线相连，方能起承转合，顺理成章。园路便是连接各景点的线。要做到《园冶·卷三·门窗》所说的"处处虚邻，方方侧景"，步移景换，产生多种园林意境，必须讲究园路的设计，要有抑有扬，有曲有折，一方面要使眼前有景，同时又要令人莫知其终。所谓"路类张孩戏之猫"（《园冶·卷三·掇山》）"绝处犹开，低方忽上"（《园冶·卷一·装折》）等，都是指设路之曲折与高下的无穷变化而言。

古人有云："不大惊则不大喜，不大疑则不大快，不大急则不大慰"，这里是指文章之妙，但造园设路亦为此理，要通过道路的变化及沿路设置的对景、障景、引景、框景等手法来创造"山重水复疑无路，柳暗花明又一村"的意境，因此，沿园路的取景，大有文章。苏州网师园竹外一枝轩，做成八角形窗洞，为一别致的框景，把月到风来亭廊于其中，与近景的树桠、中景之折桥，构成一幅立体画图，留人驻足。至于利用各种树木的不同姿态作为框景，在园林中比比皆是。拙政园西部，则运用建筑物中之木构窗框，把窗外一湾溪水、一带长廊收到框中，一方面，使人至此如在画中游，另一方面，别致的窗框也为园林建筑物增添异彩，即《园冶》中所说"不惟屋宇翻新，斯谓林园遵雅"（《园冶·卷三·门窗》）。这种如画幅的对景是游线中留人驻足之处，人们于此品味诗情画意般的美景。而当眼前出现障景时，游人不知游路向哪个方向继续，南京瞻园有一景，在其西部登山道上设山石障景，所创造的意境就是疑惑、担心，"信足疑无别路"，而当走近发现前所未料的道路时，便会加倍惊喜，使游路增加了许多趣味；杭州黄龙洞也有此情趣，其入口处以曲折的山阶引导游人，远望路之尽端却为围墙所阻，但墙上漏窗又隐约可见墙内的无限生机，使人产生大疑之惑，及至近前寻到曲路，见到豁然景物，使人大喜，游兴顿生。

至于路之引景则顾名思义可知其意在引人入胜。如杭州云栖，利用曲路、竹林半掩路亭，以示游人前方有佳景可赏。虽然不能见到，但吸引游人前行。云栖另一处则利用过路亭形成一深远之透视线，同样引人前往。

4.3.4.2 园林道路的审美特征

我国园林中的道路，主要有以下3方面的审美特征：

（1）迂回曲折

普通道路的要求总是"莫便于捷"，而园林中的道路则讲究"莫妙于迂"，以曲折迂回为主，也就是《园冶》上所说的"开径透迤"。我国园林以自然山水为主体，而自然山水都是千变万化不规整的，各种园林要素的恰当组织和安排，形成了变化多端的体形环境及丰富多彩的园林景观。把最佳的观景点按照一定的观赏顺序合理地布置和巧妙地串连起来，是中国式园林道路设计的宗旨。这样的园林组织是从园林整体环境的客观实际出发，"巧于因借，精在体宜""不妨偏径，顿置婉转"。道路不要弄得笔直，或偏僻、或曲折婉转；道路也不必以这头一眼看到那头，有时走走好似到了尽头，却又"峰回路转，柳暗花明"，又是一番天地。

（2）讲究自然意趣

为了寻求自然的意趣，通常有意识地把园林小路延伸到竹林、树丛中去，让人的情感与大自然进行交流。所谓"径缘之益""竹里通幽"就是指园路布置和走向要顺着梅、竹、松而展开，从竹丛中通出幽径来。

（3）讲究路面的装饰

园路不仅要注意其总体上的布置，而且也要十分注意路面本身的装饰作用，形成路面本身就是一种"景"。一条小路虽属平凡之工，但放到园林内部来却一定要它脱除尘俗之气，即达到"路径寻常，阶除脱俗"的效果，这就要结合不同的园林环境条件、采用不同形式和材料。"各式方圆，随宜铺砌"，正如《园冶》中所讲"惟所堂广厦中，铺一概磨砖，如路径盘蹊，长砌多般乱石，中庭或宜叠胜，近砌亦可回文，八角嵌方选鹅子铺成蜀锦""花环窄路偏宜石，堂迁空庭须用砖，鹅子石宜铺于不常走处""乱青版石斗冰裂纹，宜于山堂、水坡、台端、亭际"，很细致地讲述了路面装饰与环境的关系。如拙政园的海棠春坞道路用卵石铺成海棠花形状，在春天海棠花盛开时与植物相映成趣，在冬天也能反映海棠盛开的情景。

4.3.4.3 园林道路美

园林道路美主要表现在4个方面：

（1）园路的环网美

一个好的园景，无论是由纵横交织的主路、次路、小路组成的直线直角或几何图形的规则式园林，还是峰回路转、曲径通幽的自然式园林，其园路一般不会让游客走回头路便能游览全景，其园路脉络犹如一张环网，无声地引导游人逐一游赏到园林佳景之中。园路的环网美不但是在于组织园林风景序列，而且还是园景的构成要素。上海浦东陆家嘴中央地，从空中鸟瞰，其平面造型则是浦东新区的浓缩，其淡黄色环网园路则是其醒目的造型骨架。再有浙江大学新校区（基础部）环境设计中标的一等奖方案中，其园路骨架犹如写意花鸟画中浓淡之墨勾勒出一仙鹤之形，真是"鹤翼翩翩，临风起舞"，体现出人与自然的融合，理性与浪漫的交织。

(2) 园路的线形美

园路线形有平面线形和立体线形。规则式园林中园路一般是纵横交织的直线或几何图形，有一种规整、严谨的美丽；而自然式园林、混合式园林、抽象式园林中园路常是曲折迂回的，但曲线不像直线那样易于运用，《园冶》中"因地制宜""得景随形""路类张孩戏之猫""自成天然之趣，不烦人事之工"，均是说要把园路作为景的一部分来进行创造，形成逶迤、生动、活泼的空间，使游人从紧张的气氛中解放出来，获得安适与美感。同时，由于曲线的方向性、流动性和延续性，产生了空间的深度和广度，使人们对它赋予了幻想。园路的线型设计要符合力学、美学、生理学、心理学有关原则。园路的线形之美，还体现在根据地质、地貌及实际功能的要求上，或盘旋、或绕路、或加宽、或超高，使园路显现出悠闲、自然，既富有物理因素，更承载情感因素。

(3) 园路的色彩美

色彩是主要的造型要素，是心灵表现的一种手段，它能把"情绪"赋予风景，能强烈地诉诸于情感，而作用于人的心理。因此，在园林园路中对色彩的运用应引起广泛重视。中国古典园林受禅宗理学和水墨画的影响，特别是山水造景方面，以淡泊宁静为高雅。就园路而言，园路色彩是丰富多彩的，园路色彩的作用在游园过程中，始终伴随着游人。色彩具有时代的特点，有着增大其表现力的作用。园路色彩一般选择沉着之色，较能为大多数人所接受，它应稳定而不沉闷，鲜明而不俗气，园路色彩一般多运用中间色相，如茶色、黄灰、红灰、松石色、槐黄、鹅黄、淡茶黄等色相系列较为理想。如北京故宫御花园入口，在红色宫墙下，以蓝绿色为主的卵石组成连续的图案装饰地面；又如杭州三潭印月景区一园路，用棕色卵石为底色，黑、黄二色卵石嵌边，中间用紫、黄、黑卵石组成花纹，给人典雅、古朴之美。一般地讲黄绿色在夏季则光线柔和，不反光刺眼，冬季时又较普通混凝土路面感到温暖。园路色彩必须与环境相统一，用冷色调则表现幽雅、开朗、明快、宁静、清洁、安定；用暖色调则表现热烈、活泼、舒适；灰色调则沉闷、忧郁、粗糙、野趣、自然。

(4) 园路的异型美

园路之异型，即园路之变态，有步石、汀步、休息岛、踏级、蹬道、桥等，为增加园路竖向之变化，或为增强某种特色，体现环境气氛，将园路做成踏步。如南京中山陵建在紫金山第二峰小茅山上，陵后是巍峨的山峰，陵前为一望无际的田野，通过宽阔端庄的339级花岗岩踏步到达祭堂，使整个环境气氛庄严宏伟、亲切肃穆。有些园路或其局部用混凝土制成仿木纹板、树桩等,做成的踏步,既能行走也能健身、练拳。

为了体现以人为本的思想,对于坡度较大的景点入口,除了踏步还可做成坡道,便于轮椅车辆行驶,也便于老幼病弱者行走。为了防滑,把坡面做成浅阶的坡道,则叫礓嚓。在平面草地、林间、水域岸边或庭院等空间,用自然或人工整形的石块按照预先设计意图排列点缀即为步石,既能体现环境的协调,具轻松、活泼、自然美观,又具韵律的活泼、跳动感。

在古典园林中,常以零散的叠石点缀于窄而浅的水面上,使人易于蹑步而行,称叫"汀步",或"掇步""踏步"。汀步既有自然式又有规则式,还有树桩式、莲叶式等,每当游人蹑步而行,踏石凌波而过,别有一番情趣。

4.3.5 园林小品美

4.3.5.1 关于对园林小品的理解

(1) "小品"一词"概念"解析

"小品"一词源于佛经译本,指简略了的、篇幅较少的经典,是相对"大品"而言,后被引用于文学。园林小品虽非文学上小品,但也有此内涵。现在的园林小品借用文体"小品"之名,其含义是取其小而简之意。可以理解为城市空间景观氛围中的小型人工塑造,接近于西方的"环境小品"或"环境艺术小品"。

(2) 园林小品"价值"解析

①园林小品应该是一件具有景观装饰功能和使用功能双重价值的环境艺术品,而不是放之四海而皆佳的商品。诚然,我们并不否定工业化生产园林小品所带来的深远影响,但一味地堆砌模仿、生搬硬套,无论从材料质地,还是从形式、结构上都采用固定的工业化模式,这样制造的小品,与当地气候、地理特征、人文环境显然是不协调的。同时从视觉景观上也是一种破坏行为,违背了园林小品点景构图的初衷,形成不了一种美观感受。

②园林小品应该是一件具有丰富情感价值和文化内涵的艺术品,而不是一件冷漠的摆设物。设计师可以通过暗示、比拟、象征、隐喻等手法,带给园林小品以灵性。有这样一个设计,茵茵草坪中,一片叶子形状的标志牌寓意深刻,令人不免赞叹设计者的灵感,不免感叹园林小品带给游人的一种"不忍践踏草坪"的无限遐想和精神感悟。

③园林小品应该是一件具有一定生态功能的环境小品。随着城市化进程的加快,生态环境越来越受到广泛重视,对城市生态园林景观设计的要求也

越来越高，园林小品作为园林景观元素之一，对生态要求也越来越高。针对当前园林水景小品和植物小品具有调节小气候、降低污染等方面的功能，在城市景观建设中大量运用此类型的小品对解决污染问题是十分有益的。目前，具有生态价值的园林小品正在被广泛地运用在城市景观中，营建丰富的城市景观环境，创造良好的生态效益。

园林小品是园林环境中不可缺少的组成要素，它虽不像园林中主体建筑那样处于举足轻重的地位，但它却像园林中奇丽的花朵，闪烁在园林之中。它体量小巧、造型新颖、精美多彩、立意有章、适得其所，富有园林特色和地方色彩，在园林之中供人评赏，引人遐想，成为广大游人所喜闻乐见的园林景点。园林小品一般具有简单的实用功能，又具有装饰品的造型艺术特点。因此，它在园林中既作为实用设施，又作为点缀风景的装饰点。

4.3.5.2 园林小品的设计及应用要求

园林小品既有园林建筑技术的要求，又有造型艺术和空间组合上的美感要求。一般在设计和应用时应遵循以下几点：

(1) 巧于立意

园林建小品作为园林中局部主体景物，具有相对独立的意境，应具有一定的思想内涵，才能产生感染力。如我国园林中常在庭院的白粉墙前置玲珑山石、几竿修竹，粉墙花影恰似一幅花鸟国画，很有感染力。

(2) 突出特色

园林小品应突出地方特色、园林特色及单体的工艺特色，使其有独特的格调，切忌生搬硬套，产生雷同。如杭州西湖，园林小品设计根据杭州城市历史文化、民俗风情和山水气候环境等实际条件，讲究诗情画意，亭榭、花架、假山、池潭、树丛、花坛乃至园路、铺地、园灯、坐椅等，无一不追求秀丽、灵动、清纯，与景区景点的风格和氛围相统一。小品设计在体现景区景点主题的同时，又能各自独立成景，并与整体自然、人文环境相呼应，讲究个体美与群体美的和谐结合。

西湖园林是自然美与人工美结合的典范，园林小品设计注重"虽由人作，宛自天开"。小品建筑多小巧玲珑，朴实无华；假山叠石顺应天然态势，整体感强；树丛花木配置群落层次丰富，季相变化明显；园林铺地符合功能导向、经纬分明；园路曲径自由畅顺，移步触目皆成佳景。

(3) 融于自然

园林小品要将人工与自然浑然一体，追求自然又精于人工，"虽由人作，宛自天开"则是设计者们的匠心之处。如在老榕树下，塑以树根造型的园凳,似在一片林木中自然形成的断根树桩,可达到以假乱真的效果。

(4) 注重体量

园林小品作为园林景观的陪衬,一般在体量上力求与环境相适宜。如在大广场中,设巨型灯具,有明灯高照的效果,而在小林荫曲径旁,只宜设小型园灯,不但要求体量小,造型更应精致。又如喷泉、花池的体量等,都应根据所处的空间大小确定其相应的体量。

(5) 因需设计

园林小品绝大多数有实用意义。如园林栏杆具有各种使用目的,对于各种园林栏杆的高度也就有不同的要求。又如围墙则需要从围护要求来确定其高度及其他技术上的要求。

园林小品是园林中供休息、装饰、照明、展示和为园林管理及方便游人之用的小型建筑设施。一般没有内部空间,体量小巧、造型别致(图4-9)。园林小品既能美化环境,丰富园趣,为游人提供文化、休息和公共活动的方便,又能使游人从中获得美的感受和良好的教益。

图4-9 童 趣

4.3.6 园林植物美

园林植物在造园中有构成优美的环境,渲染宜人的气氛,并且起衬托主景的作用。古人说:"山借树而为衣,树借山而为骨,树不可繁,要见山之秀丽;山不可乱,须显树之光辉。"从山与树两者关系,把配置原则作了很好的阐述。"寻常一样窗前月,才有梅花便不同",园林植物是造园的要素之一。所以造园家在完成地形改造之后,即着手配置园林植物。

植物的种类繁多,生态各不相同,见于造园的大体属于两大类型,一类是属于观赏性植物,以它的天然属性和体态为造园家所赏识;另一类是属于绿化性植物,会使景物画面富有层次,充满生机。造园家的任务主要是从造景需要出发,选择适宜的种类合理配置,使之发挥预想的作用。

我们的祖先在与大自然的搏斗中,认识了许多植物的生态习性,由此便赋予了它们各种不同的性格。如牡丹富贵,芍药荣华,莲花吉祥如意,杨柳妖娆多姿,苍松高尚,兰花幽雅,秋菊傲霜,翠竹潇洒,芭蕉长春,松竹梅为"岁寒三友"等。造园固然希望有奇花异木，但主要的还是为了用来表现主题。古典园林是以小品种植物配置树为主，常见的有竹、梅、丁香、桂花、石榴、海棠、黄杨、碧桃、玉兰、紫薇、绣球、夹竹桃、蔷薇、木香、月季、凌霄、杨柳、槐、梧桐、芍药、牡丹以及其他一些地方树种和应时花卉。

古典园林的植物一律采取自然式种植，与园林风格保持一致。所谓自然式，就是它们的种植不用行列式，不用规范化。有人打过这样一个比喻：好似一把黄豆落地，聚散不拘格式。一般的有单株、双株、多株、丛植几种形式。在规模大的园林里，都单独辟出院落或区域种植观赏性花卉，如梅花岭、芍药圃、牡丹院等。私家园林由于空间狭小，大多数是采用小品种单株、双株，或者小型丛植为主，再结合双品种、多品种的搭配。此外，也有专门用于孤芳自赏的种植。树形不必棵棵挺拔，不怕几歪几斜，运用得好反而生动有趣。

古典园林造园更注意追求景观的深、奥、幽，因此植物的配置应该有助于这种环境气氛的形成，从许多园林的景况来看，这方面似乎也有一些规律性做法。山姿雄浑，植苍松翠柏，山更显得苍润挺拔；水态轻盈，池中放莲，岸边植柳，柳间夹桃，方显得柔和恬静；窗前月下，若见梅花含笑，竹影摇曳，这样也更富有诗意画情。可见，高山栽松、岸边植柳、水上放莲、修竹千竿、双桐相映等，是我国古典园林植物配置的常用手法，饶有审美趣味。

按照植物的季相演替和不同花期的特点创造园林时序景观，也是园林植物配置的一种手法。例如，春来看柳，踏雪赏梅，夏日荷蒲薰风，秋景桂香四溢，都是直接利用树木花卉的生长规律来造景。"二十四番风信咸宜，三百六日花开竞放"，配置得好，不论什么季节、什么地方，都能够获得一幅幅天然图画。

园林花草树木的美可以从观形、赏色、听声和闻味进行鉴赏。

（1）观形

园林植物大多有其天然独特的形态美，有的苍劲雄浑、有的婀娜多姿、有的古雅奇特、有的俊秀飘逸、有的挺拔刚劲、有的倩影婆娑。如树冠就有球形、塔形、伞形、圆锥形等，可谓千姿百态。如我们常见的松柏和青竹，虽然不开鲜花，不结果实，但形态和风韵却表现出多样的美：南岳松径，蜀道柏林、泰山古松、黄山奇松、庐山青松、恒山盘根松，各有各的雄姿美态，为山川传神，为大地壮色。"何当凌云霄，直上数千尺""霜皮溜雨四十围，黛色参天二千尺"，这是松柏之粗壮挺立，高超出群；"青松寒不落，碧海阔愈澄""兰秋香不死,松晚翠方深",这是深秋岁寒时节松柏不衰,凌寒舞霜风的形象,"郁郁涧底松,离离山上苗",松与山水组合,更是胜景迭出。竹的形态也丰富多样,有高大挺拔的毛竹,有修然可爱的楠竹;丛状密生,覆盖地面的箬竹;竹梢下垂,宛若钓丝的慈竹;叶如凤尾,飘逸潇洒的凤尾竹;还有普陀山的紫竹,杭州黄龙洞的方竹,洞庭湖君山的湘妃竹、井冈山的翠竹等,它们在山水景区各显形态之美,供人观赏。但是,也有的园林树木形态风姿欠佳,有的形态虽美,但要经过人工的整形修剪,进行艺术加工后,才会更加美妙。如把圆柏修剪成龙形、蝶形、葫芦形等形状,令人耳目一新。

(2) 赏色

花草树木是最富于色彩变化的。孟春之月,万象更新,枝翠叶绿,点缀着点点红花,正是"动人春色不须多,嫩绿枝头一点红";暮春时节,风扫落花,鱼吮残红,翠屏绿障之间,却扬起漫天的柳絮杨花,"数株残柳不胜春,晚来风起花如雪",别有一种雅静的感受;仲夏时节,枝繁叶茂,水碧池清,映日荷花别样红,檐前芭蕉绿成林,密树浓荫,风不来时也自凉;秋季的色彩更丰富了,一片片的红枫,一丛丛的黄菊,由暗绿转而变为淡黄的落叶树与依然青青挺拔的常绿树,汇合成一幅色彩绚烂的秋景图;到了冬季,虽然已是万木萧疏,花寂叶静,在一片苍茫寒冷的晨昏暮霭之中,却仍然有青竹傲雪,红橘斗霜,正是一派"残雪压枝犹有橘,冻雷惊笋欲抽芽"的傲然冬景。一年四季皆有花可观,有色可赏,而且创造出各种诗情画意的氛围。

(3) 听声

许多植物景观还可以借来听天籁清音。坐落在河南郏县茨巴乡的三苏陵园,历来有"苏坟夜夜有雨声"之说,皓月当空之夜也不例外。原来,此处古柏参天,遮天蔽日,山风袭来,萧然作响,如同"哗哗"下雨声,人在夜深之时,感受尤甚。还有雨打芭蕉,听之令人心宁神静,杨万里曾有《芭蕉雨》诗:"芭蕉得雨便欣然,终夜作声清更妍。细声巧学蝇作纸,大声铿如山落泉。三点五点俱可听,万籁不生秋夕静"(图4-10)。

图4-10 雨打芭蕉

(4) 闻味

风景园林中的植物景观,除了以其丰富的姿色给人以视觉上的美感,与风雨结合给人以听觉上的美感之外,还能时时散发出清新与芬芳的气味，是风景观赏中独有的嗅觉审美。"疏影横斜水清浅，暗香浮动月黄昏"是梅花的清香；"三更凉月白堕水，十里芰荷香到门"是荷花的馥郁；还有"著意闻时不肯香，香在无心处"的兰花；"桂子月中落，天香云外飘"的桂花，等等，真是"云湿幽崖滑，风梳万木香"。

园林植物美的鉴赏过程，也就是自然被人们的艺术目光所发现而成为艺术美的过程。我们想在游览中扩大对景观的观赏面，加深赏景的美感，就得注重培养与提高自己的艺术目光（图4-11）。

图4-11　园林植物美

4.3.7　天时景象美

先民们早就注意到"天时、地利、人和"的协调统一。《周易·乾卦》："夫大人者，与天地合共德，与日月合共明，与四时合共序，与鬼神合共吉凶。先天而天弗违，后天而奉天时。"儒家崇尚"天人合一"，道家推崇"自然无为"。天也，自然也。不论是儒家的"上下与天地同流"（《孟子·尽心》），还是道家的"天地与我并生，而万物与我为一"（《庄子·齐物论》），都把人和天地万物紧密地联系在一起，视为不可分割的共同体，从而形成一种主观力量，促使人们去探求自然、亲近自然、开发自然；另一方面，山河壮丽，景象万千，祖国各地的美好景色又启发着人们热爱自然、讴歌自然的无限激情。"天人合一"的思想与对自然美的鉴赏融糅成为传统美学的核心，相应地产生了绚丽的山水文化、山水画、山水园林，出现了风景名胜区。

4.3.7.1　植物与园林的季相景观

园林是由山水、建筑和植物组成的综合艺术品。在不同的季节，园林会呈现不一样的风光。在城市景观中，植物是季相变化的主体，季节性的景观体现在植物上，就是植物的季相变化。现代的城市园林景观是人们感受最为直接的景致，也是唯一能使人们感受到生命变化的风景。其景观的丰富度，会对人们的生活和精神产生深远的影响。

植物的季相变化是植物对气候的一种特殊反应，是生物适应环境的一种表现。如大多数的植物会在春季开花，发新叶；秋季结实，而叶子也会由绿变黄或其他颜色。植物的季相变化成为园林景观中最为直观和动人的景色，正如人们经常看到的文字描述，像海棠雨、丁香雪、紫藤风、莲叶田田的荷塘、夏日百日红遍的紫薇等。这些景色无不为人们的生活增添了色彩，叫人留恋，难以忘怀。

植物的季相景观受地方季节变化的制约。如北方一年四季季节变化明显，植物的季相变化也突出，尤其是北方的春天来得迟，春季非常短暂，百花争艳，爆发似的花季，半个月之后便是浓密的绿荫，更显得春的珍贵；北方的秋天高挂在层林尽染的山野，恍若置身于七彩般的神话世界。而在我国南方，如广东、广西、福建和海南一带，就难以感受到四季的变化，植物的季相变化也就不十分明显。植物的季相景观在被赋予人格化后，更易为人们所认同。如春天盛开的牡丹为富贵花，初夏小荷才露尖尖角，不畏霜寒的菊花满身尽带黄金甲。因此，对植物季相特色的理解，更大程度上是一种文化的沉淀，是几千年来历代文人骚客对自然对生活最为细致入微的观察和升华。作为游客，则要用心去体会自然的细微变化，体验诗情画意，感受时间的流淌和生命的真实，为自然界如此神奇和绝妙的变化所震撼和触动，如"绿杨阴里，海棠亭畔，红杏梢头"（朱淑真《眼而媚》），"停车坐爱枫林晚，霜叶红于二月花。"（杜牧《山行》）大量的诗词作品中，季相景观被永久地记录下来，为世人所传诵。

园林工作者不仅仅要会欣赏植物的季相变化，更为关键的还是要能创造丰富的季相景观群落。现代园林要汲取传统园林的精华，与当代的艺术和现代人的需求相统一。

首先要认识到季相的主体是植物，应对植物有明晰的了解。在不同的气候条件下，局部或整体反应明显都可称作季相植物，如春季发叶早的杨柳，开花早的梅花，春季叶色变化显著的臭椿等；或者植物本身具有丰富的文化内涵，如牡丹、荷花、菊花、兰花等；秋季落叶早的梧桐，或落叶非常晚、叶色变化极为明显的槭树科、大戟科、漆树科的植物等。其次是对植物在不同地域的物候习性及生态特点有充分的认识。最后，按照美学的原理合理配置，充分利用植物的形体、色泽、质地等外部特征，发挥其干茎、叶色、花色等在各时期的最佳观赏效果，尽可能做到一年四季有景可赏，而且充分体现季节的特色。

中国古典园林植物配置呈现以下审美特点：

（1）时间流程中的季相美

在时间流程中显现出春、夏、秋、冬四季周而复始的运动，而一年四季除了显示气候冷热变化外，更鲜明地显示了山水植物的具体形象变化，都可以称为季相美。园林是一个真实的自然境域，其意境随着时间而演替变化。

（2）植物景观的空间美

古典园林植物景观形成的空间，无论是从其层次、意境等许多方面看，均有突出特点。

运用植物同其他造园要素创造出一个"入狭而得景广"的壶中天地，才能产生小中见大的景观效果。运用不同种类的植物材料，使其产生不同的冠形、色彩、叶形、高低等变化。引起观赏者视觉变化，从而引起不同的视觉感受，产生不同的景观效果。如在一条稍有弯曲的园路旁，分段配置不同的植物；也可结合山石、池水、房屋、亭廊等，用植物或衬托、或掩映；或用芳香袭人的兰桂，或用晶莹碧透的蕉叶等随势配置。观者稍一变换位置，便能看到不同的植物景观和植物与相应的山池建筑组合的景观，这便是"步移景异"的效果，它的形成，就是依赖植物的烘托和掩映。于是，空间感觉由此而得到扩大。

景虽小而天地自宽，使园林有限空间范围，引伸到宽广的多维空间中。正因园林植物景观具备了这种空间艺术效果，从而引发出欣赏者的无限空间意趣和联想。

（3）植物造景的时空序列节奏与其自然美

园林植物是有生命的活物质，在自然界中已形成了固有的生态习性。在景观表现上有很强的自然规律性和"静中有动"的时空变化特点。"静"是指植物的固定生长位置和相对稳定的静态形象构成的相对稳定的物境景观。"动"则包括两个方面：一是当植物受到风、雨外力时，它的枝叶、花香也随之摇摆和飘散。这种自然动态与自然气候给人以统一的同步感受。如唐代诗人贺知章在《绿柳》一诗中所写："碧玉妆成一树高，万条垂下绿丝绦。不知细叶谁裁出，二月春风似剪刀。"形象地描绘出春风拂柳如剪刀裁出条条绿丝的自然景象。又如唐代高骈的《山居夏日》诗句："水晶帘动微风起，满架蔷薇一院香"，是自然界的微风与植物散发的芳香融于同一空间的自然美的感受。二是植物体在固定位置上随着时间的延续而生长、变化，由发芽到落叶，从开花到结果，由小到大的生命活动。如苏轼在《冬景》一诗所描述的"荷尽已无擎雨盖，菊残犹有傲霜枝。一年好景君须记，最是橙黄橘绿时。"园林植物的自然生长规律形成了"春花、夏叶、秋实、冬枝"的四季景象（指一般的总体季相演变）。这种随自然规律而"动"的景色变换使园林植物造景具有自然美的特色。

总之，创造植物季相景观就是利用植物的季节特征，合理布置，营造变化着的七彩空间，让人们充分享受生命的美好和意义。

4.3.7.2 园林天时景象美学分析

园林的创造是人们为生存和生存得更好而开辟和营建的现实生活境域，并寄托人的心灵。在自然风景中，园林师要充分利用视觉审美的形式规律，给游客开辟最佳地点、最佳时间和最佳角度的观赏点。成功的范例是西湖的平湖秋月、三潭印月、颐和园的西佳楼、知春亭。可见，园林中场所的含义，不是一个静止的固定场所，而是一个具有动态变化的场所。它有两方面的形式意义，其一是需要有人的活动；其二是需要景物的变化，即园林的时态变化。因为考虑到园林时态的变化，才赋予了园林比之于建筑更富有生机，更能吸引人的魅力。才有了郭熙在《林泉高致》中描绘的四时季相变化，"春山艳冶而如笑，夏山苍翠而如滴，秋山明净而如妆，冬山惨淡而如睡。"正是受这自然界色彩斑斓、多姿多彩的园林的启发，才造就了中国古典园林独树一帜的园林形式——自然之美。由时间表现出园林的"季相"变化，是园林在时间和空间作用下的形象交感。中国漫长的农耕文明，靠天吃饭造就了先民们的季相意识。如《礼记·月令》中说，孟春之月，"天地和同，草木萌动"；季夏之月，"温风时至"；孟秋之月，"凉风至"；季秋之月，"菊有黄花"；孟冬之月，"水始冰，地始冻"……这类普遍反映了群众的岁时观念、季相意识，上升和转化到美学的领域，就表现出对春、夏、秋、冬四时的殊相世界的审美概括。

对山的不同季相美的综合概括，当首推指导中国古代造园的画论，见于历代山水画论如"山于春如庆，于夏如竞，于秋如病，于冬如定。"（明代沈颢）"春山如笑，夏山如怒，秋山如妆，冬山如睡。"（清代恽格），"春山如美人，夏山如猛虎，秋山如高土，冬山如老衲各不相胜，各不相袭。"（戴熙《习苦斋画絮》）

这些言简意赅，形象活脱的总结，常表现为情景互渗，物我同一，将山体的审美性格楔入了人的审美情感，构成了绘画视域中的一种自然园林的人格化。

陶渊明对四维时空的表现更是技高一筹，他在《四时》诗写到："春山满四泽,夏云多奇峰,秋月扬明晕,冬岭秀孤松。"该诗从每个季节中选择了具有代表性的景物,在广袤的自然空间里形象地概括了园林历时性的园林特征,开创了观景在时间、地点、景物均具有代表性的先河,深刻影响了以后造园、造景的理论。

将四季季相变化的画论思想直接引入造园建设的当首推唐代白居易。其在《草堂记》中写到:"其四傍耳目杖履可及者,春有'锦绣谷',夏有'石门涧',秋有'虎溪'日,冬有'炉峰'雪,阴晴显晦,昏旦含吐,千变万状……"。白翁不但强烈地意识到季相变化引发的春夏秋冬所生发的园林美,而且在"看"这些"美景"时需要有一个绝佳的视角。这对我们今天去开辟自然风景中的规划布局具有深刻的启示作用。

宋代欧阳修对自然园林时空交感的体会更为深刻,其著名的《醉翁亭记》写到:"若夫日出而林霏开,云归而岩穴暝,晦明变化者,山间之朝暮也。野芳发而幽香,佳木秀而繁阴,风霜高洁,水落而石出者,山间之四时也。……四时之景不同,而乐亦无穷也。"这里,山水之乐、林亭之趣和朝暮、四时交互错综,构成无穷之景和无穷之乐。这种交互错综,又通过生动传神的妙笔描绘出来,既体现了自然美的活力,又表现了艺术美的魅力,它形象地显现了时间是一种持续的秩序的哲理,是季相意识、时间意识在园林美历史行程的新阶段——宋代升华的园林美学的一个突出标志,它的影响是极其深远的。

的确,园林的形式,有形态上的空间变化,比此更有积极意义的是时序上的季相变化,有了这种变化,园林才比人工的构筑物更吸引人,更容易成为吸引人的场所,才汇聚了具有特定意义的"场所精神"。"场所精神"涉及人的身体和心智两个方面,与人在世间存在的两个基本方面——定向和认同相对应。定向主要是空间性的,即人知道他身处何处,从而确立自己与环境的关系,获得安全感;认同则与文化有关,它通过认识和把握自己在其中生存的文化,获得归属感。因此,任何场所都是有明确的外部特征与文化特征。这种特征构成了一套特殊的存在含义,也就是"场所精神"。因此,园林形式具有两方面的含义,一个是园林在空间与时间上的具体形态,另一个则是人与园林构成的整体以及由此引发的具有特定意义的文化特征。这就是园林的形式。

4.4 名园鉴赏举隅

4.4.1 古典名园鉴赏举隅

4.4.1.1 苏州拙政园

拙政园始建于明正德四年（公元1509年），王献臣是该园第一位主人。他在嘉靖、正德年间官居监察御史，晚年仕途不得意，罢官而归，买地造园，借《闲居赋》"拙者之为政"句意，取名为拙政园。园以水景取胜，平淡简远，朴素大方，保持了明代园林疏朗典雅的古朴风格。景区分为东、中、西3个部分，中国古代江南名园，名冠江南，胜甲东吴，是中国的四大名园之一，苏州园林中的经典作品。

拙政园位于苏州市娄门内东北街178号。园林占地面积约4.1hm^2（不包括管理、花圃用地约0.67hm^2），由御史王献臣始建。在以后的400余年间，沧桑变迁，屡易其主，几度兴废，原来浑然一体的园林演变为相互分离、自成格局的3座园林。

东区的面积约31亩，现有的景物大多为新建。园的入口设在南端，经门廊、前院，过兰雪堂，即进入园内。东侧为面积广阔的草坪，草坪西面堆土山，上有木构亭，四周萦绕流水，岸柳低垂，间以石矶、立峰，临水建有水榭、曲桥。西北土阜上，密植黑松、枫杨成林，林西为秫香馆（茶室）。再西有一道依墙的复廊，上有漏窗透景，又以洞门数处与中区相通。

中区为全园精华之所在，面积约18.5亩，其中水面占1/3。水面有分有聚，临水建有形体各不相同、位置参差错落的楼台亭榭多处。主厅远香堂为原园主宴饮宾客之所，四面长窗通透，可浏览园中景色；厅北有临池平台，隔水可欣赏岛山和远处亭榭；南侧为小潭、曲桥和黄石假山；西循曲廊，接小沧浪廊桥和水院；东经圆洞门入枇杷园，园中以轩廊小院数区自成天地，外绕波浪形云墙和复廊，内植枇杷、海棠、芭蕉、竹等花木，建筑处理和庭院布置都很雅致精巧。

西区面积约12.5亩，有曲折水面和中区大池相接。建筑以南侧的鸳鸯厅为最大，方形平面带四耳室，厅内以隔扇和挂落划分为南北两部，南部称"十八曼陀罗花馆"，北部名"三十六鸳鸯馆"，夏日用以观看北池中的荷蕖水禽，冬季则可欣赏南院的假山、茶花。池北有扇面亭——"与谁同坐轩"，造型小巧玲珑。东北为倒影楼，同东南隅的宜两亭互为对景。

早期王氏拙政园，有文征明的拙政园"图""记""咏"传世，比较完整地勾划出园林的面貌和风格。当时，园广袤约 13.4hm²，规模比较大。园多隙地，中亘积水，浚沼成池。有繁花坞、倚玉轩、芙蓉隈及轩、槛、池、台、坞、涧之属，共有 31 景。整个园林竹树野郁，山水弥漫，近乎自然风光，充满浓郁的天然野趣。

经历 120 余年后，明崇初四年（公元 1631 年）已荡为丘墟的东部园林，归侍郎王心一所有。王善画山水，悉心经营，布置丘壑，并以陶潜"归田园居"诗，命名此园。该园有放眼亭、夹耳岗、啸月台、紫藤坞、杏花涧、竹香廊等诸胜。可分为 4 个景区。中为涵青池，池北为主要建筑兰雪堂，周围以桂、梅、竹屏之。池南及池左，有缀云峰、联璧峰，峰下有洞，曰"小桃源"。步游入洞，如渔郎入桃源，桑麻鸡犬，另成世界。兰雪堂之西，梧桐参差，茂林修竹，溪涧环绕，为流觞曲水之意。北部系紫罗山、漾荡池。东部为荷花池，面积达四五亩，中有林香楼。家田种秫，皆在望中。

乾隆初年，拙政园东部园林以西又分割成中、西两个部分。

西部现有布局形成于光绪三年（公元 1877 年），由张履谦修葺，改名"补园"。遂有塔影亭、留听阁、浮翠阁、笠亭、与谁同坐轩、宜两亭等景观。又新建三十六鸳鸯馆和十八曼陀罗花馆，装修精致奢丽。

中部系拙政园最精彩的部分。虽历经变迁，与早期拙政园有较大变化和差异，但园林以水为主，池中堆山，环池布置堂、榭、亭、轩，基本上延续了明代的格局。从咸丰年间《拙政园图》、同治年间《拙政园图》和光绪年间《八旗奉直会馆图》中可以看到山水之南的海棠春坞、听雨轩、玲珑馆、枇杷园和小飞虹、小沧浪、听松风处、香洲（图 4-12）、玉兰堂等庭院景观与现状诸景毫无二致。因而拙政园中部风貌的形成，应在晚清咸丰至光绪

图 4-12　拙政园的中心景观——香洲

年间。

拙政园布局主题以水为中心，池水面积约占总面积的1/5，各种亭台轩榭多临水而筑。全园分东、中、西3个部分，中园是其主体和精华所在。远香堂是中园的主体建筑，其他一切景点均围绕远香堂而建。堂南筑有黄石假山，山上配置林木。堂北临水，水池中以土石垒成东西两山，两山之间，连以溪桥。西山上有雪香云蔚亭，东山上有待霜亭，形成对景。由雪香云蔚亭下山，可到园西南部的荷风四面亭，由此亭经柳荫路曲向西，可以北登见山楼，往南可至倚玉轩，向西则入别有洞天。远香堂东有绿漪堂、梧竹幽居、绣绮亭、枇杷园、海棠春坞、玲珑馆等处。堂西则有小飞虹、小沧浪等处。小沧浪北是旱船香洲，香洲西南乃玉兰堂。进入别有洞天门即可到达西园。西园的主体建筑是十八曼陀罗花馆和三十六鸳鸯馆。两馆共一厅，内部一分为二，北厅原是园主宴会、听戏、顾曲之处，在笙萧管弦之中观鸳鸯戏水，是以"鸳鸯馆"名之。南厅植有观宝朱山茶花，即曼陀罗花，故称为曼陀罗花馆。馆之东有六角形宜两亭，南有八角形塔影亭。塔影亭往北可到留听阁。西园北半部还有浮翠阁、笠亭、与谁同坐轩、倒影楼等景点。拙政园东部原为归去来堂，后废弃。

拙政园的特点是园林的分割和布局非常巧妙，把有限的空间进行分割，充分采用了借景和对景等造园艺术，因此拙政园的美在不言之中。近年来，拙政园充分挖掘传统文化内涵，推出自己的特色花卉。每年春夏两季举办杜鹃花节和荷花节，花姿烂漫，清香远溢，使素雅幽静的古典园林充满了勃勃生机。拙政园西部的盆景园和中部的雅石斋分别展示了苏派盆景与中华奇石，雅俗共赏，陶冶情操。

拙政园的不同历史阶段，园林布局有着一定区别，特别是早期拙政园与今日现状并不完全一样。正是这种差异，逐步形成了拙政园独具个性的审美特点，主要有：

（1）因地制宜，以水见长

据《王氏拙政园记》和《归田园居记》记载，园地"居多隙地，有积水亘其中，稍加浚治，环以林木""地可池则池之，取土于池，积而成高，可山则山之。池之上，山之间可屋则屋之。"充分反映出拙政园利用园地多积水的优势，疏浚为池；望若湖泊，形成晃漾渺弥的个性和特色。拙政园中部现有水面近6亩，约占园林面积的1/3，"凡诸亭槛台榭，皆因水为面势"，用大面积水面造成园林空间的开朗气氛，基本上保持了明代"池广林茂"的特点。

(2) 疏朗典雅，天然野趣

早期拙政园，林木葱郁，水色迷茫，景色自然。园林中的建筑十分稀疏，仅"堂一、楼一、为亭六"而已，建筑数量很少，大大低于今日园林中的建筑密度。竹篱、茅亭、草堂与自然山水融为一体，简朴素雅，一派自然风光。拙政园中部现有山水景观部分，约占园林面积的3/5。池中有两座岛屿，山顶池畔仅点缀几座亭榭小筑，景区显得疏朗、雅致、天然。这种布局虽然在明代尚未形成，但它具有明代拙政园的风范。

(3) 庭院错落，曲折变化

拙政园的园林建筑早期多为单体，到晚清时期发生了很大变化。首先表现在厅堂亭榭、游廊画舫等园林建筑明显地增加，中部的建筑密度达到了16.3%。其次是建筑趋向群体组合，庭院空间变幻曲折。如小沧浪，从文征明的拙政园图中可以看出，仅为水边小亭一座。而八旗奉直会馆时期，这里已是一组水院。由小飞虹、得真亭、志清意远、小沧浪、听松风处等轩亭廊桥依水围合而成，独具特色。水庭之东还有一组庭园，即枇杷园，由海棠春坞、听雨轩、嘉实亭3组院落组合而成，主要建筑为玲珑馆。在园林山水和住宅之间，穿插了这两组庭院，较好地解决了住宅与园林之间的过渡。同时，对山水景观而言，由于这些大小不等的院落空间的对比衬托，主体空间显得更加疏朗、开阔。

这种园中园式的庭院空间的出现和变化，究其原因除了使用方面的理由外，恐怕与园林面积缩小有关。光绪年间的拙政园，仅剩下了1.2hm² 园地。与苏州其他园林一样，占地较小，因而造园活动首要解决的问题是在不大的空间范围内，能够营造出自然山水的无限风光。这种园中园、多空间的庭院组合以及空间的分割渗透、对比衬托；空间的隐显结合、虚实相间空间的婉蜒曲折、藏露掩映；空间的欲放先收、先抑后扬等手法，其目的是要突破空间的局限，收到小中见大的效果，从而取得丰富的园林景观。这种处理手法，在苏州园林中带有普遍意义，也是苏州园林共同的特征。

(4) 园林景观，花木为胜

拙政园向来以"因地制宜，以水见长；疏朗典雅，天然野趣；庭院错落，曲折变化；园林景观，林木绝胜"的独特个性著称。数百年来一脉相承，沿袭不衰。早期王氏拙政园31景中，2/3景观取自植物题材，如芙蓉榭，借周围风景而构成，形式灵活多变。芙蓉榭一半建在岸上，一半伸向水面，灵空架于水波上，伫立水边、秀美倩巧。此榭面临广池，是夏日赏荷的好地方；竹涧，"夹涧美竹千挺""境特幽回"；"瑶圃百本，花时灿若瑶华。"归田园居也是丛桂参差，垂柳拂地，"林木茂密，石藓然。"每至春

图 4-13 松风水阁

日,山茶如火,玉兰如雪,杏花盛开,"遮映落霞迷涧壑"。夏日之荷,秋日之木芙蓉,如锦帐重叠。冬日老梅偃仰屈曲,独傲冰霜。有泛红轩、至梅亭、竹香廊、竹邮、紫藤坞、夺花漳涧等景观。至今,拙政园仍然保持了以植物景观取胜的传统,荷花、山茶、杜鹃花为著名的三大特色花卉。仅中部23处景观,80%是以植物为主景的景观。如远香堂、荷风四面亭的荷("香远益清""荷风来四面");倚玉轩、玲珑馆的竹("倚楹碧玉万竿长""月光穿竹翠玲珑");待霜亭的橘("洞庭须待满林霜");听雨轩的竹、荷、芭蕉("听雨入秋竹""蕉叶半黄荷叶碧,两家秋雨一家声");玉兰堂的玉兰("此生当如玉兰洁");雪香云蔚亭的梅("遥知不是雪,为有暗香来");听松风处的松("风入寒松声自古")(图4-13),以及海棠春坞的海棠,柳荫路曲的柳,枇杷园、嘉实亭的枇杷,得真亭的松、竹、柏等。

拙政园的园林艺术,在中国造园史上具有重要的地位。它代表了江南私家园林一个历史阶段的特点和成就。

4.4.1.2 颐和园

(1) 颐和园的名称

颐和园,其前身叫清漪园,为乾隆年间所修建,乾隆十五年(1750年)弘历为庆其母60大寿,将原瓮山改名万寿山。清漪园在1860年被八国联军所毁。到了光绪十四年(1888年),慈禧太后挪用海军经费3000万两白银,兴建颐和园,作消夏之所。

"颐"之义为保养,如"颐神养性",意为保养精神元气;又如"颐养天年"意为保养年寿。而"颐和"意为颐养天和。清代刘光弟诗(《万寿山》):"宏观岂虚构,颐和祈天福。"天和意为人体的元气,原来是西太后要颐养天年之意,也就是要身体健康以便长寿。

颐和园面积逾290hm^2,主要由万寿山和昆明湖组成,是现今规模最大、保存最为完整的中国古典皇家园林之一。该园因集中国历代造园艺术之精粹,1998年12月,以"世界几大文明之一的有力象征"的崇高评价荣列《世界遗产名录》,成为世界级的文化瑰宝。颐和园既有苏州园林的典雅,又有皇家园林的大气，是人文景观与自然景观的和谐统一。整个景区规模宏大，是集中国园林建筑艺术之大成的杰作。一部颐和园的盛衰史，堪称是中国近代数百年沧桑变幻的缩影和见证（图4-14）。

（2）颐和园的造园艺术赏析

①颐和园的布局艺术：中国第一部造园艺术专著《园冶》中说："造园以相地为先。"即建园首要的步骤是选择恰当的地点。颐和园除了拥山抱水、绚丽多姿的风景外，园内还有亭、台、楼、阁、宫殿、寺观、佛塔、水榭、游廊、长堤、石桥、石舫等100多处古典建筑，众多园林要素

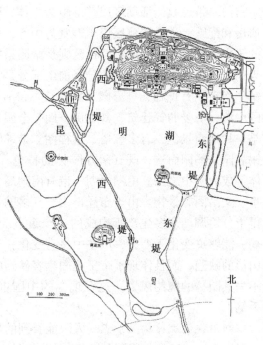

图4-14　清漪园总平面图

能统一协调在园内，以独特的风姿使游人赞叹不已，其造园手法值得人们研究学习。

巧妙选址，因地制宜　《园冶》所说"因者随基势高下，体形之端正，碍木删桠，泉流石注，互相借资，宜亭斯亭，宜榭斯榭……"。造园之初得先选址，选址得宜可以省却许多人力物力，而且得自然之妙。

颐和园有巍峨耸立的万寿山，碧波涟漪的昆明湖，在缺水的北方选择一拥山抱水的地形是难能可贵的，为其湖光山色打下了良好的环境基础。颐和园到处苍松翠柏、奇花异草，又具有良好的植被环境。良好的环境基础减少了人力和物力的施工改造。园内依山湖形势布置了许多各具特色的建筑，如慈禧太后居住的宜荟馆，这里除了堂内华丽的陈设之外，还有庭院的各种奇花异草，满树玉蕊，加上前面昆明湖，背后万寿山的衬托，显得格外雅致、迷人。颐和园松柏森森、假山奇秀、古铜宝鼎，颇具有帝王苑囿的特点。颐和园成功的选址为造园打下了良好的基础。

主次分明，功能明确　颐和园的布局是经过精心设计的。全园建筑由近及远层层展平，显得变化无穷，又有主有从，层次分明。全园可分为政治活动区、生活居住区、风景游览区3个部分。政治活动区和生活居住区集中在

东宫门一带,政治活动区以行寿殿为主体,殿前有仁寿门,门外两侧有九卿值房和配殿。生活居住区以乐寿堂为中心,是一组用五六十间游廊联缀起来的3座大型四合院。风景游览区则是全园景物的精华,以万寿山为中心,分为前山后山、南湖西湖几部分。前山部分是游览区的重点,也是全园建筑的精华所在,有长廊、排云殿、德辉楼、佛香阁、智慧海、宝云阁、听鹂馆、画中游、清晏舫等建筑,其中佛香阁是全园最高大的宏丽建筑;后山后湖则是一片江南景色,有多宝塔、景福阁、谐趣园、苏州街等景物,谐趣园仿无锡名园寄畅园而建,既有南方园林的特色,又有皇家园林的华丽,自成一体,成为园中之园。南湖西湖一带有南湖岛、西堤、十七孔桥、铜牛、知春亭、文昌阁等景物。由于布局得法,众多的景物融汇成一个统一的环境,显得十分协调。众多建筑所构成的这个重点突出、脉络清晰、宾主分明的布局,能够寓变化于严整,严整中又有变化。这种布局不仅恰如其分地掩饰了山形的缺陷,而且体现了帝王苑囿雍容磅礴的气势和仙山琼阁的画境,却又不失其园林的婉约风姿。这在现存的中国古代园林中,实为独一无二的大手笔。

利用视觉规律构置景点 人眼能看到的最远距离约为1200m,较清晰的范围为200~300m;安排景物时近景可安排在100m内;中景可安排在300~500m内;1000m的范围内安排远景。人眼恰当的水平视锥和垂直的视锥控制在60~90度之间,所获得的画面中包括建筑物和树、石、云天、水池等自然景物的理想范围。

颐和园中的"知春亭"是颐和园主要的观景点之一(图4-15)。在这个位置上,大致可以纵观颐和园前山景区的主要景色,在180度的视域范围内,从北面的万寿山前山区、西堤、玉泉山、西山,直至南面的龙王庙小

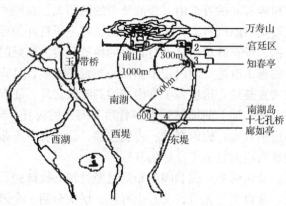

图4-15 知春亭视线分析

岛、十七孔桥、廓如亭，视线横扫过去，形成了恰似中国画长卷式、单一面完整的风景构图立体画面。在距离上，"知春亭"距万寿山前山中部中心建筑群体轮廓看得比较清晰的一个极限，成了画面的中景。而作为远景的玉泉山、西山侧剪影式地退在远方，而从东堤上看万寿山，"知春亭"又成了使画面大大丰富起来的近景。从乐寿堂前面朝南看，知春亭小岛遮住了平淡的东堤，增加了湖面的层次。"知春亭"的位置选择从"观景"和"点景"两方面看都是极为成功的，近对万寿山前，远对南湖岛，西借玉泉山宝塔。

②颐和园的造园手法

对比手法的运用　一是纵横对比。万寿山地处颐和园的中心部位，高崇奇丽的万寿山与昆明湖形成垂直高差的明显对比。山区依地势的起伏，把建筑作点景需要布列于山阜之中。从昆明湖北岸的中间码头开始，经过云辉玉宇排楼、排云门、金水桥、二宫门、排云殿、德辉殿、佛香阁、众香界、智慧海9个层次，层层上升。从水面一直到山顶构成一条垂直上升的中轴线。无论是从下往上仰视还是从上往下俯视，那层层升高的宏伟建筑，充分展示了这座皇宫御苑的皇家气派。万寿山以佛香阁为中心，荟萃了园内建筑精华，是宫廷功能、宗教功能、园林功能的集中体现。万寿山与昆明湖利用了纵横对比的手法，衬托了万寿山的高耸与昆明湖的浩渺。

二是虚实对比。在宫廷区和山林区的衔接部位即仁寿殿的南侧，堆置了一带小土岗代替通常的墙垣，使得严整的"宫"和开朗的"苑"之间，既有障碍却又能够把两者的空间巧妙地沟通起来，从而创造了一种"欲放先收"的景观对比。从东宫门入园必先经过宫廷区的一重重封闭而多少有些森严的建筑空间，绕过仁寿殿南侧的一带小土岗，于不经意间进而至豁然开朗的另一天地。放眼西望，美丽的湖光山色突然呈现在面前，这是一个极其强烈的对比，一开始便增强了人们对园林的感受，其动人心弦之处恐怕是每个游人所不能忘怀的。如果没有这个建筑空间的过渡，刚入园即一览无余，那么，园林所给予人的第一个印象也就大为逊色了。

三是开合对比。万寿山后坡，林深谷邃，藏有花承阁、绮望轩等许多清幽的苑囿。林木茂密，松柏森森，古木参天，灌木杂以野花，富有自然野趣。沿山脚下一条狭长而曲折的溪流，在峰回路转时露出港汊桥岛，环境幽静，与前山的旷朗开阔形成鲜明的对比。

采用多种园林要素划分空间　昆明湖与北京最大的水库密云水库相连接，是北京城近郊最大的一块水域。每年的4~10月，是颐和园的游览旺季，乘坐大小御舟和各种游艇在昆明湖上畅游消暑，是最为吸引人的活动。昆明湖因面积较大，采用了建筑、植物、桥、岛屿等多种分隔要素对其进行分隔。昆明湖由西堤和东堤分割出里湖、外湖、南湖和西湖。南湖岛上有十七孔桥接连东岸。岛上有藻鉴堂、龙王庙和涵虚堂，隔湖对望佛香阁，有如蓬莱仙境。昆明湖岸边有知春亭、廓如亭（八方亭）、文昌阁、铜牛、西堤大桥，还有画中游、谐趣园、石舫、十七孔桥等都是园中著名胜景。知春亭、东堤、西堤大桥，还有画中游、南湖岛、石舫、玉带桥、十七孔桥及沿堤的翠柳都为昆明湖增添了层次（图4-16）。

图4-16　十七孔桥

　　西堤是一道蜿蜒水中的长堤，仿杭州西湖上的苏堤也建有6座桥亭，桥亭和行道树一路相间。昆明湖上最著名的桥要数玉带桥，因形似玉带而得名，仿佛是在西堤这绿色的项链上镶嵌的一颗耀眼的明珠。除玉带桥外，其他5桥从北向南是界湖桥、豳风桥、镜桥、练桥、柳桥。大大小小的岛屿和建筑或远或近浮于碧波荡漾的昆明湖中，采用了传统的"一池三山"模式，表达了封建帝王刻意追求的神仙之境。

　　借景的运用　一是远借前山的西面是西堤的一派自然景色，它与前山浓重的建筑点缀完全不同，两者形成了强烈的景观对比。这条平卧湖上的西堤除了点缀着几座小桥之外，看不到任何高大的建筑物。因此，园外玉泉山的美丽山形以及玉峰塔的玲珑挺秀的体态得以完整地、毫无遮挡地收摄作为园景的一部分。玉泉山外的西山群峰起伏，呈北高南低的走势，万寿山的山形正好与这个走势相呼应。而昆明湖南北向的宽度又恰恰能够把西山群峰与玉泉山借景全部倒映湖中。两者之间又用西堤沿岸的柳树，遮住了分隔园内外的宫墙。从东堤一带西望，园外借景与园内之景浑然一体，嵌合得天衣无缝。其构图之完整，剪裁之得体，简直就是一幅绝妙的天然图画。这也是中国园林中运用"借景"手法的杰出范例之一。

二是邻借佛香阁是全园的制高点，控制了全园风景点。佛香阁高 41m，八角攒尖，三层四重檐，建于万寿山前山的巨大石造台基上，这座台基包山而筑，把佛香阁高高托举出山脊之上。仰视有高出云表之慨，随处都能见到它的姿影。阁仗山雄，山因阁秀，万寿山在远处西山群峰的屏嶂和近处玉泉山的陪衬下，小中见大，气势非凡，苍松翠柏，郁郁葱葱。佛香阁面对的昆明湖又恰到好处地把这个画面全部倒映出来，山之葱茏，水之澄碧，天光接应，令人荡气舒怀。中国造园家们所津津乐道的造园手法——借景在这里得到了完美的运用和体现。

三是借历史古迹。谐趣园仿江南无锡惠山寄畅园而建。乾隆《惠山园八景诗序》称："江南诸名墅，惟惠山秦园最古，我皇祖（康熙）赐题曰寄畅，辛未春南巡，喜其幽致，携图以归，消春意于万寿山之东麓，名曰惠山园。一亭一径，足谐奇趣。"当时谐趣园有 8 景：载时堂、墨妙轩、就云楼、淡碧斋、水乐亭、知鱼桥、寻诗径、涵光洞。嘉庆十六年（1811 年），经过一番大修，改名谐趣园。蜿蜒于万寿山后山脚下的后溪河自然朴素，饶有江南的景趣，这里最著名的建筑是仿照江南水乡的水街兴建的买卖街。苏州街，原称买卖街，乾隆时仿江南水乡而建，是专供清代帝后逛市游览的一条水街，1860 年被英法联军焚毁，1990 年在遗址上复建。街全长 300 余米，以水当街，以岸作市，沿岸设有茶馆、酒楼、药房、钱庄、帽店、手饰铺、点心铺等 60 多个铺面，集中展现了 18 世纪中国江南的商业文化氛围。

统一与变化 长廊是颐和园的主要建筑之一，蜿蜒于万寿山南麓、昆明湖北岸，将如画的景区、景点串联一线，使湖山之间的景色层次分明，有如系在昆明湖与万寿山之间的一条彩带。长廊共 273 间，全长 728m，中间建有象征春、夏、秋、冬的"留佳""寄澜""秋水""清遥" 4 座八角重檐的亭子。长廊以排云门为中心，分为东西两段。在两边各有伸向湖岸的一段短廊，衔接着对鸥舫和鱼藻轩两座临水建筑。西部北面又有一段短廊，连接着一座八面三层的建筑，山色湖光共一楼。长廊的西部终端为石丈亭，从邀月门到石丈亭，沿途穿花透树，看山赏水，景随步移，美不胜收。颐和园的长廊在美学上体现了"千篇一律与千变万化"的结合。它的结构和装饰都是在变化中求统一，最明显的是廊内梁枋上的油漆彩画，共有 14 000 多幅，但没有一幅是重复的，有《西游记》《三国演义》《水浒》等书中人物画和全国著名的风景画，都作了有秩序的相间的安排，随着长廊空间的变化，画的大小样式也相应变化，游人在长廊一边漫步，一边欣赏，不时还可以坐下来休息，眺望昆明湖的风光，使人乐而忘返。长廊的道路还存在着微妙的起伏与曲直变化，但长廊在变化中又能保持统一，如廊内等距离的柱和枋，一纵一横，在廊的两侧和上方，有秩序地反复，形成一种轻快的节奏。柱与枋、路面由于符合透视原理而在远方融汇在一起，使人产生一种柔和的音乐感。长廊的设计使人感到变化多样而又不杂乱。

颐和园取于皇家造园的意图，利用优美的景色，布置了大量的豪华建筑，宫区布满了宏伟壮丽的宫殿群组，大量的园中高阁、长堤、绿岛、虹桥，充分利用了中国传统的造园手法，把这些大的景物融汇在一个统一的环境里，显得十分协调。颐和园以水取胜，水面广大，层次多而不紊乱，以山作全园的构图中心，主体佛香阁的体量感突出全园，以雄伟的气势、高耸的地形来控制全园。利用万寿山一带地形，加以人工改造，形成前山开阔的湖面和后山幽深的不同境界，并充分运用了对比、借景等造园手法。颐和园从选址、布局到造园手法的运用都是极为成功的。

(3) 颐和园的建筑艺术赏析

① "宫"与"苑"相结合：建园目的最终是为皇家所享用。帝后们在此居住、议政，还要吃喝玩乐，如同一个小朝廷，他人是不可随便出入的。即使召见重臣也只限于正殿，再往内就是生活区、游览区，未经帝后特召不能越雷池半步。所以一进正门（东宫门）就是帝后询问朝政的"勤政殿"，后改名"仁寿殿"。正殿的两侧有两配殿、内外朝房、值班房。从功能看，与紫禁城的殿宇不相上下。殿正中也建有地平床，上有象征皇权的九龙宝座，前有御案，后有围屏掌扇。但唯一不同的是，它的屋顶一律灰色青瓦，而故宫的大殿却是黄色琉璃瓦。

由三进院落组成的这个严整的建筑群，丝毫看不出与自然景观有任何牵挂，但毕竟是园林的一隅，不能完全割裂。所以在殿的南侧堆了一个数米高的土岗，代替了墙垣。从严整的殿院转过土岗，就是一片湖光山色。豁然开朗，到处是赏心悦目的迷人景色。如果没有这个土岗，一进大门就是湖光山色一目了然，对景来说失去悬念，对殿来说太不严整。土岗就成了"宫""苑"相结合的纽带。

殿的后面就是帝后们的生活区。生活区不可离大殿太远，但又不能密集一片，如玉澜堂、乐寿堂、宜芸馆等适当地分散开来，但同属生活起居之地，在某种范畴中又是集合，这种"大分散"与"小集合"的建园布局比比皆是。方便了生活，也点缀了园景。各个群体，又用曲廊、游廊、半廊等使各个独立体有机地联系起来，宫中有苑，苑中有宫，相辅相成，相映成趣。

② 山与水的处理：水域面积占全园的3/4，对水的处理就不能单纯以扩大蓄水为目的，要从园林风景角度考虑，利用湖水来造景。原来的瓮山，只

西半部临湖，东半部是一片田野。为扩湖蓄水解决水利问题，往东挖到现在的东堤，往西利用挖土堆成现在的西堤，南面水域开阔，堆成一个南湖岛，北面用挖湖土加高堆成了今天的万寿山。在湖的西北端将水引入万寿山后山，开凿了后湖。这条水路曲曲直直有阔有窄，利用凿出的土堆成北墙的土埂，又仿江南街市筑成宫市，名"苏州街"或"买卖街"。设有古玩店、估衣店、茶馆、饭肆等，不对外，只由太监们掌管，供宫里人游玩取乐。

水域如此处理，分成三大系，各有中心岛。其中南湖岛水域最大，它的对面就是万寿山，山水遥相呼应，使整个万寿山镶嵌于湖中心。水域太大，为了交通方便，也为造景和点缀，修建了各式大小桥梁30多座。为使南湖岛与东堤相接，修造了由17个券洞组成长150m、宽8m的十七孔桥，桥栏柱顶雕有形态各异的500多只石狮子。西堤有桥6座，最出名的是玉带桥。当时由昆明湖到玉泉山，须乘船由此经过，所以是一座高拱桥。拱高而薄，用汉白玉和青石所建，故名玉带桥。半弧形的桥身，映在水里又呈一个半弧形，远观两者合成一个圆月，成了园中一景。有的桥是平桥，如谐趣园中的知鱼桥，为观鱼方便，桥身几乎平贴水面。还有亭桥，如西堤的豳风桥、镜桥、练桥、柳桥等都属亭桥。它们既为交通又为造景。桥上观景亭供游者小憩，又可远眺四方景色。园中所建亭很多，有40余座，有圆形、方形、菱形、多角形、套环形等。其中又分单檐、重檐，有的亭四面敞开、有的筑有栏杆；有建在堤上，有建于山顶、山腰，还有在水边的。它们起到了交通、休息、连接、点缀等作用。除亭之外，还有其功能近似亭的"廊"。如东起邀月门西到石丈亭，有728m长共计273间的长廊，如同彩带，把万寿山前的建筑群体有机地串联起来，使湖山之间的层次更加分明。画中游建在北面山坡上，依山坡高低曲折建了爬山廊和下山廊。园内花木繁茂，不仅是绿化，又是点缀与装饰的必要手段。在居住区如乐寿堂种植的是牡丹、玉兰，临水地方是垂柳、荷花，谐趣园的玉琴峡则以竹为主，山岗是苍松翠柏。目前园中古松柏树已是国家二级保护文物。每一殿堂前都有匾和联，起到装饰和命名作用。

生活区少不了娱乐。所以，颐和园内建有上下3层，高21m，底层舞台宽17m的大戏楼。舞台的顶板和地板有天井、地井，底部有深水井和5个方形水池，可以喷吐水景。在听鹂馆内又建有小戏楼，专供日常小规模演出用。

③万寿山的前后山：万寿山前的面积很小，只能立体发展。其建筑身居正面，居高临下，面向大湖，可三面观景，是建筑群中的重中之重。既不能平面发展，只可因地制宜、因势利导、由下而上——从排云门向上为排云殿

至德辉殿，再上去，在斜坡上建有高 21m 的四方台基。通过八字形的梯级到台基顶部，修建了气宇轩昂、独立于一切之上的佛香阁。

佛香阁是一座宏伟的塔式宗教建筑，为全园建筑布局的中心。"佛香"二字来源于佛教对佛的歌颂。清乾隆时（1736—1795）在此筑九层延寿塔，至第 8 层"奉旨停修"，改建佛香阁。咸丰十年（1860 年）毁于英法联军，光绪时（1875—1908）在原址依样重建，供奉佛像。该阁仿杭州的六和塔建造，兴建在 20m 的石造台基上，八面三层四重檐。阁高 41m，八面，三层，四重檐。阁内有八根铁梨木大柱，直贯顶部，下有 20m 高的石台基。阁上层榜曰"式延风教"，中层榜曰"气象昭回"，下层榜曰"云外天香"，阁名"佛香阁"。内供接引佛，每月望朔，慈禧在此烧香拜佛。游人至此，居高临下，可以饱览昆明湖及几十里以外的明媚风光（图4-17）。

图4-17　佛香阁

④南湖岛：面积较大，帝王们常在此观赏水军演练。它的四周用石栏团团围起。主要建筑有龙王庙（广润灵雨祠），北面有假山，在山上建了涵虚堂，为主体建筑。此建筑比较特殊，是一座两券殿。南有露台绕以石雕栏，乾隆时是仿武昌黄鹤楼所造的三层楼阁，重建后有所改动。

在岛的面前是一片烟波浩渺的湖水，西面的堤外就是玉泉山顶的玉峰塔和西山。数里外的玉峰塔和群峰起伏的西山与园内的人工美景相呼应，有目的地利用了园外之景来衬托和丰富园内之景。这就是所谓"借景法"。

身处南湖岛，北面是重重叠叠错落有致的一片金黄屋顶的万寿山，西面是重峦起伏的西山风景，东陲是文昌阁和浮现在绿树丛中的知春亭，四面景观映集在轻舟荡漾的湖波上，既有诗情又具画意。所以末代皇帝溥仪的英文老师、英国人庄士敦奉旨接管颐和园时，将他的办公室就设在南湖岛。他称自己已入仙境。

⑤谐趣园：地处园东北角，构造别致另为一体，故又名"园中园"。它是仿无锡惠山的寄畅园建造，是帝王垂钓取乐的地方。人们一进大门，就可

以感到小巧玲珑独特的江南味道。

园中四周有引镜、洗秋、饮绿、澹碧、知春堂、小有天、兰亭、湛清轩、涵远堂、瞩新楼、澄爽斋等亭、楼、堂、榭、轩等建筑,被曲曲折折的走廊随高就低、错落有致地串连起来,像一串项链围绕在中央的池塘边。塘的岸边是袅袅垂柳,在微风吹拂下不时

图4-18　谐趣园

划破静寂的水面。倾吐着阵阵清香的荷莲当中,游鱼不停地穿梭游荡。塘的东南角,贴在水面的知鱼桥,使人想起古代庄子和惠子那场"知鱼乐"的辩论。在它的对角线上(西北角),是慈禧太后钟爱的"玉琴峡"。它由嶙峋怪石所堆砌,三面绕以绿竹和藤萝,淙淙的细流从峡谷而下,有似琴声,故名"玉琴峡"。慈禧在此题"松风""萝月"等字,并叹称:妙就在此"峡"字上。它的西侧即"瞩新楼",从园外看是一座普通的一层堂屋,在园内观,又是两层的观景楼,颇具新意。"园中园"确与其他景点的风格相异。最初名为"惠山园",1811年重修时,改名为"谐趣园"(图4-18)。

建造这样浩大的园林,从大胆的构思和规划到巧妙的施工,处处显示了劳动人民的伟大智慧,不愧为中华园林中一件伟大作品。

4.4.1.3　凡尔赛公园

(1) 法国凡尔赛宫及园林

凡尔赛宫最初是路易十三修建的用于狩猎的行辕,路易十四当政时开始建宫。从1661年动工,到了1689年才得以完成。宫殿主体达707m,有700多个房间,中间是子宫,两翼是宫室和政府办公处、剧院、教堂等。室内地面、墙壁都用大理石镶嵌,并饰有雕刻、油画等装饰。中部的镜厅是凡尔赛宫不同于其他皇宫的地方,长73m、宽100m、高12.3m。拱顶是勒勃兰的巨幅油画。长廊一侧是17面落地镜,镜子由483块镜片镶嵌而成,将外面的蓝天、绿树都映出来,别有一番景色。厅内两旁排有罗马皇帝的雕像和古天神的塑像,并有3排挂烛台、32座多支烛台和8座可插150支蜡烛的高烛台,经镜面反射可形成3000支烛台,映照得整个大厅金碧辉煌。

凡尔赛宫的园林在宫殿西侧,面积100万 m^2,呈几何图形。南北是花

坛，中部是水池，人工大运河、瑞士湖贯穿其间。另有大小特里亚农宫及雕像、喷泉、柱廊等建筑和人工景色点缀。放眼望去，跑马道、喷泉、水池、河流与假山、花坛、草坪、亭台楼阁一起，构成凡尔赛宫园林的美丽景观。

凡尔赛宫位于距巴黎西部15km的凡尔赛镇。历史悠久，雄伟壮观。作为其最著名部分的镜厅更是尽显当年皇室的奢华之风。其园林则具有欧洲古典园林艺术的风格特征。

凡尔赛宫及其园林的总面积为$1.11km^2$，其中建筑面积只占$0.11km^2$，其余为园林面积。

凡尔赛宫的园林在宫殿两侧。这座园林分为3个部分，以水池为中心，南北两端皆为花坛。跑马道、水池、喷泉、花坛、河流与假山、亭台楼阁一起，使凡尔赛宫的园林成为欧洲最具古典主义风格的园林艺术的杰作。

路易十三选此地建立一个规模不大的庄园作为游猎的基地。他的儿子路易十四也喜欢游猎，但对这块土地却有更为精心的计划。他对现有的宫殿均感不满（包括卢浮宫和杜伊勒利宫），因而于1660年决定将凡尔赛辟为庞大雄伟的宫殿。

工程开始于1661年，最初的建筑师是路易斯·勒伏，后来由朱尔斯·哈多依·马沙特接替，他从事凡尔赛的建造达30年之久。安德烈·勒诺特尔负责园林。由于他宏大的花园设计大大地超过了原先的庄园，这才决定把它建成一个极其豪华的宫殿。饰以无数的喷泉、雕塑和假山洞的凡尔赛宫的花园，在太阳国王在位的头几年成为吸引巴黎贵族阶层的地方。凡尔赛宫的花园收藏大量的雕塑作品，镜厅前面的水坛有2个湖，每个湖内有4个雕塑代表法国的河流：雷诺定代表卢瓦尔河和卢瓦尔特河，图别代表索思河和罗纳河，拉翁格勒代表马恩河和塞纳河，考赛伏克斯代表加龙河和多尔多涅河。还有一些生动的动物群体和无数古典神话中的形象，包括酒神巴克斯、太阳神阿波罗、众神信使墨丘利和森林诸神领袖塞利纳斯。另外还有一些看起来忠实于古代原作的艺术复制品，如考塞伏克斯

图4-19　凡尔赛宫从镜厅远眺花园

所做的维纳斯和福格尼的磨刀匠。法朗哥斯·格拉顿的叫做南姆菲斯浴池的喷泉是以一个铅制的浮雕而命名的，图别的铅制光辉杰作描述了太阳神阿波罗驱马跃出水池的情景。建于1676年的恩克拉多斯喷泉是一件巨大的作品，雕刻家加斯帕特·马斯刻划了提坦恩克拉都斯被埋在岩石底下的受苦形象（图4-19至图4-23）。

（2）颐和园和凡尔赛公园：中法古典皇家园林的对比

自古以来，东西方园林以两种截然不同的造园风格相互并存着。17世纪和18世纪，东西方几乎同时出现了古典皇家园林造园的高潮。东方的代表有中国颐和园这一北山南水的皇家园林，而西方的典范则是代表着规则式造园艺术最高成就的法国凡尔赛宫。中法古典皇家园林有何异同？本小节拟通过颐和园与凡尔赛宫的对比，发掘出中法古典皇家园林形成的文化和历史根源，使人们对这两种风格的园林形式有更深的认识。

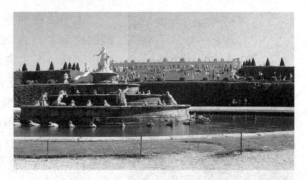

图4-20　凡尔赛宫拉多娜水池

图4-21　阿波罗水池

图4-22　主建筑后面的酒神雕塑图

①中法古典皇家园林的共同点：中法两国的统治者自古以来就有着相同的梦想，就是以园林的形式来表达他们至高无上的权力。在中国，清代乾隆建造的颐和园，占地290hm^2，充分展现了皇家宫苑的超然气派。与其相类似，法国的法尔赛宫建于路易十四的"伟大风格"时期，占地670hm^2。两国皇家园林在造园手法上有其相同之处。

图4-23　花园中的雕塑

主轴明显　主轴在中国皇家园林中主要体现在建筑上，而在法国皇家园林中则贯穿全园。颐和园中的万寿山，高59m，地处全园的中心位置，荟萃园内建筑精华。从昆明湖北岸的中间码头开始，经过云辉玉宇排楼、排云楼、金水桥、二宫门、排云殿、德辉殿、佛香阁、众香界、指挥海9个层次，层层上升，从水面一直到山顶构成一条垂直上升的中轴线。而在凡尔赛宫中，宫殿建造在人工堆起的台地上，其中轴向东、西两边延伸，形成贯穿并统领全局的轴线。从宫殿二层眺望园林，视线深远，循轴线可达8km外的地平线。气势之宏伟，令人叹为观止（图4-24）。

水体庞大　水体是中法皇家园林的重要组成部分。颐和园中的昆明湖是北京近郊最大的一块水域，约占总园面积的4/5，与万寿山一起，形成了宏大的山水构架。沿岸建造的知春亭、文昌阁等建筑与湖中的岛屿，把昆明湖点缀得妩媚动人，使之成为全园的重要载体之一，地位超然。在凡尔赛宫中，水体也是全园的主角之一。最为壮观的，莫过于长1650m、宽62m的大运河。它既延长花园的中轴线，又解决了沼泽地的排水问题。运河的东西两端及纵横轴交汇处，拓宽成轮廓优美的水池。在全园中，各种各样的水体比比皆是。

园中之园　在中国皇家园林中，为追求皇权的"普天之下莫非王土"，必然导致"园中园"格局的定型。在景点中，一定会有对某些江南袖珍小园的仿制。颐和园中的谐趣园就是仿无锡寄畅园而建，其保留了江南的灵秀之气，被称为"园中之园"。而凡尔赛宫中，各有不同主题与风格的14个小林园是园中最独特、最可爱的部分。其中包括迷宫林园、沼泽林园、柱廊林园等。其中的水剧场林园，在椭圆形的园地上，流淌着3个小瀑布，有200多眼喷泉，可形成10种不同的叠落组合，十分优美。

②中法古典皇家园林的不同点：

风格不同 对比 2 个园的平面图，很明显，除了建筑布局，颐和园的整体构架显示出独特的自然风格，通过万寿山和昆明湖的构架组合再现自然山水，通过流畅的不规则形式来表现与大自然的亲和协调。而凡尔赛宫的造园风格则是相当规整，主轴长逾 3000m，平面布置井井有条，设计者勒诺特尔要极力改造自然地貌，通过规则式的园林来达到自己的目的——勇于改造自然。

图 4-24　凡尔赛宫中轴线

主角不同 颐和园中，建筑是园林的一部分，始终从属于园林，与大自然互相拥抱，"长廊"就是很好的一个例子。长廊全长 728m，将如画的景区、景点串联

图 4-25　凡尔赛宫林园

一线，为旖旎的风光镶上画框，使湖山之间的景色层次分明。而凡尔赛宫中，建筑是园林的灵魂，它强迫着园林屈膝于脚下。全园的大布局是宫殿建在高地上，正门朝东，前面放射出 3 条林荫路，穿过城市，后面近有花园，远有林园（图 4-25）。一切的园林要素都围绕着宫殿存在，服务于它们的主帅。

植物配置 无论在中国还是在法国园林中都有着特定的意义。颐和园中，树木花草除了被精心布局外，对其本身的修剪极少，多以自然为本。植物平面上会避免布置成方形、三角形等规则的形状。在凡尔赛宫，园林中的树木或圆、或方、或成伞形、球形等，总之要经过人工的塑造。树木生长要依附于人的意志，力图表现出一种几何美，表达人们"征服自然"的理想

(图4-26、图4-27)。

理水方法 颐和园中,水体主要是自然变化的静态水景——昆明湖,其主要功能:一是在水体周围的建筑、树木等,通过水的映像,丰富空间画面,增添意境;二是水上可泛舟,观赏园中景色,使全园景色活泼生动;三是水中的岛屿、小桥可分割水面成大小不一的空间,增添园林艺术情趣。而凡尔赛宫的水体多以动态出现,如喷泉、瀑布等,目的在于其流动性、音响性和雕塑性,同时也可成为人们的视觉中心。几何图形的喷泉、瀑布,不在于反映自然而在于表现自我的美感,体现人的伟大。

图4-26 凡尔赛宫橘园的植物配置

图4-27 花园中的植物造型

③影响中法古典皇家园林的社会因素:每一件事物都有它的文化与历史背景。一个民族的造园艺术,必然集中地反映了当时在文化上占支配地位的人们的理想、情感和憧憬。影响中法古典园林造园艺术的社会因素主要表现在两个方面。

第一,审美标准。在中国古代,人们经过数千年的经验总结,提出了"天人合一""天人感应"的原始审美观和宇宙观。由于生产力水平低下,天地在人们心中至高无上。"虽由人作,宛自天开"是中国传统造园艺术的最高境界。因此,无论是君王或士大夫,都对大自然无比热爱崇敬,也就造就了皇家园林以效仿自然为根本出发点的局面。而在法国,人们的思维习惯于追究事物的本质，喜欢通过提出问题和解决问题来形成鲜明的观点和认识。对人们来说，美就是规律，这里包含着几何、均衡和韵律。古典园林的审美标准就是在这些因素的基础上，讲求这些因素中的规律以及整个清晰平衡的构图。

与人们的思想观点一致，中国人喜欢与大自然和平相处，甘心于"天"——自然的统治。对他们来说，越少的人工修饰，园林就越美，自然本身就是美的象征。而法国人在自然面前就采取一种积极的态度，他们热衷于征服自然。他们会把树木修剪得整整齐齐，在花园中加入喷泉等。总之，他们要做自然的主人。

第二，历史背景。自然式的中国皇家园林与规则式的法国皇家园林，在形成的时候都浸透着当时的思想文化。中国皇家园林，形成于中央集权的君主专制政治统治下，文人与士大夫都希望在这个罗网中寻找或大或小的透气孔，因此他们向往自然以及自然中的生活。同样，帝王将相也渴望在园林中寻找更真实的生命体验。于是，园林中寄托了他们的审美情怀和社会理想，也促使了中国皇家园林效仿自然的强烈特征。园林的作用，就是补足显示生活中的缺失，崇尚自然也就成了风尚。在法国，皇家园林形成于封建社会的晚期，新兴资产阶级与国王一起，力求摆脱几百年的封建分裂与混乱，建立统一的、集中的、秩序严谨的君主专制政体。勒诺特尔式园林之所以成为法国皇家园林的杰出代表，是因为它能以园林的形式最全神的诠释"君权至上"的意义。水体、树木、雕塑、阶梯、广场……勒诺特尔以其独特的风格进行演绎，成功地再现了人们征服自然的伟大，并强调一切都必须像在君王的统治下一样有条不紊。

中国皇家园林的造园艺术是抒情的、出世的，人们在自然山水中恬淡隐退，连皇帝都要自比为与世无争的樵夫渔翁。法国皇家园林的造园艺术是理性的、人世的，在筑就的台地上推敲均衡、比例、节奏。它图解君权，而君王在其中仍然扮演着至高无上的角色。

园林是一个国家传统文化的重要组成部分。中法皇家园林因为有着不同的文化与历史背景，所以折射出两国人民不同的人生观、世界观。两者各有明显特点，似乎背道而驰，但实际上它们还是有着许多相同的地方。比较这两种风格的古典皇家园林，旨在让人们以新的眼光看待园林这一珍贵的历史遗产。中国园林曾一度辉煌，但我们不应只停留在过去。在新的世纪，中国园林建设接受西方园林的影响是不可避免的。在某种意义上，也就意味着我们要以新的观念，继承博大精深的中西方古典园林精华，更好地发展我国的园林事业。

4.4.2 当代园林鉴赏举隅

4.4.2.1 杭州花港观鱼

花港观鱼地处苏堤南段西侧,前接柳丝葱茏的苏堤,北靠层峦叠翠的西山,碧波粼粼的小南湖和西里湖,像两面镶着翡翠框架的镜子分嵌左右。早在南宋时,花家山麓有一小溪,流经此处注入西湖。因沿溪多栽花木,常有落英飘落溪中,故名"花港"。当时,南宋时,内侍官卢允升在花港侧畔建了一座别墅,称为"卢园",园中花木扶疏,引水入池,蓄养五色鱼以供观赏怡情,渐成游人杂沓频频光顾之地。花港观鱼的史称,源出南宋宫廷画师马远所作西湖山水画的画题。宫廷画师创作西湖十景组画时将它列入其中。清康熙三十八年(1699年),皇帝玄烨驾临西湖,曾手书花港观鱼景名,用石碑建于鱼池畔。自此,该景更是声名远扬。乾隆游西湖时,又在这里对景吟诗:"花家山下流花港,花著鱼身鱼嗡花,最是春光萃西子,底须秋水悟南华。"清末以后,景色衰败,到新中国成立前夕,由于年久失修,仅剩下一池、一碑、三亩荒芜的园地。现在花港观鱼东大门右侧的方池,就是当年历史的陈迹。1952年,在原来"花港观鱼"的基础上,向西发展,利用该处优越的环境条件和高低起伏的地形,以及原有的几座私人庄园,疏通港道,开辟了金鱼池、牡丹园、大草坪,并整修蒋庄、藏山阁,新建茶室、休息亭廊,至1955年,初步建成了以"花""港""鱼"为特色的风景点。1963~1964年又进行了第二期扩建工程,形成了占地20hm^2,比旧园大100倍的新型公园。园内叠石为山,凿地为池,畜养异色鱼,于是游人萃集,雅士题咏,称为"花港观鱼",成为西湖十景之一。

唐长庆年间(821—824年),开元寺僧惠澄自长安获得一枝牡丹携回寺里栽种,杭州自此始有牡丹。现在,杭州牡丹要以花港观鱼的牡丹园最为繁盛。牡丹割成十几个各具形态的小区。小区里面栽种着数百株色泽艳丽的牡丹,从高处俯视,但见大大小小的花坛间红夹绿,那灿若云锦的牡丹花千姿百态,斗奇竞妍,令人流连忘返。园内植物配置精致,四季有应时之花,八节有长青之树,发展了"花""港""鱼"这一名胜的特色。

全园分为鱼池古迹、红鱼池、牡丹园、花港、大草坪、丛林区、芍药圃7个景区。鱼乐园是全园的主景。鱼乐园中放养着数万尾金鳞红鲤,游人在观鱼池的曲桥上投入食饵或鼓掌相呼,群鱼就会从四面八方游来,争夺食饵,纷纷跃起,染红半个湖面,以为胜观。在这里纵情鱼趣,真是鱼跃人欢,其乐融融。最值得一提的是当代谢觉哉老人和梁凤两位的同题之作。谢诗曰："鱼国群鳞乐有余,观鱼才觉我非鱼。虞诈两忘欣同处,鱼犹如此况人乎?"社会的人和自然的鱼差异在哪里?在于鱼无戒心,同类和谐相处;而人有戒心,同类勾心斗角。故曰"我非鱼"。然而那"虞诈两忘"的境界毕竟令人羡慕。鱼犹如此,人类反不如鱼,能不愧死?诗语平易而极有理智。梁凤的诗是这样的:

图 4-28　花港观鱼

"锦鲤群群戏野塘,万花叠叠映波光。鱼游花下鳞生色,花落池中水亦香。"梁诗则写出一种花鱼相映成趣之意趣,不仅有色,而且有香。从池边曲径走去,便是花的世界,仅牡丹有 400 多株名贵品种,千姿百态,绚丽多姿,别有情趣。这里一年四季鲜花繁茂,锦鳞戏水,港汊通幽,芳草如茵,是一座集观赏、游憩、服务于一体的综合性大型公园(图 4-28)。

花港观鱼的艺术布局充分利用了原有的自然地形条件,景区划分明确,各具鲜明的主题和特点。大草坪,雪松挺拔,宽阔开朗;红鱼池,凭栏投饵,鱼乐人欢;牡丹园,花木簇拥,处处有景;新花港,浓荫夹道,分外幽深。它继承和发展了我国园林艺术的优秀传统,倚山临水,高低错落,渗透着诗情画意。在空间构图上,开合收放,层次丰富,景观节奏清晰,跌宕有致,既曲折变化,又整体连贯,一气呵成。它的最大特色还在于把中国园林的艺术布局和欧洲造园艺术手法巧妙结合,中西合璧,而又不露斧凿痕迹,使景观清雅幽深,开朗旷达,和谐一致。特别是运用大面积的草坪和以植物为主体的造景组合空间,在发展具有民族特色而又有新时代特点的中国园林中,具有开拓性的作用。

4.4.2.2　上海世纪公园

上海世纪公园位于上海市浦东新区行政文化中心,是上海内环线中心区域内最大的富有自然特征的生态型城市公园,占地 140.3hm^2,总投资为 10 亿元人民币,世纪公园的规划先后征集了日、法、德、英、美五国的园林设计专家的概念设计方案,采纳了英国 LUC 公司的总体规划方案,体现了东西方文化的融合,人与自然的结合,具有现代特色的中国园林风格,享有"假日之园"的美称(图 4-29)。

图 4-29　上海世纪公园

公园以大面积的草坪、森林、湖泊为主体，建有乡土田园区、湖滨区、疏林草坪区、鸟类保护区、异国园区和迷你高尔夫球场等 7 个景区，以及世纪花钟、镜天湖、高柱喷泉、南国风情、东方虹珠盆景园、绿色世界浮雕、音乐喷泉、音乐广场、缘池、鸟岛、奥尔梅加头像和蒙特利尔园等 45 个景点。园内设有儿童乐园、休闲自行车、观光车、游船、绿色迷宫、垂钓区、鸽类游憩区等 13 个参与性游乐项目，同时设有会展厅、蒙特利尔咖啡吧、世纪餐厅、海纳百川文化家园和休闲卖品部。园内乔灌相拥、四季花开，湖水荡漾、溪水蜿蜒，竹影斑驳、草木葱郁，是大都市中的一片绿洲，繁华中的一片宁静，是休闲、度假的怡人佳境。

中国园林在世界上是独树一帜的，它与英国风景式园林一样，也是将自然引入园林，但不是直接引入，而是将自然加以概括和浓缩后在园林中典型再现，故中国园林有"城市山林"和"咫尺山水"的说法，宛如中国山水盆景，适合小规模和小尺度的私家园林，产生了许多诸如"小中见大""以少胜多"等造园手法。而英国园林则不同，它是在园林中直接再现大自然的真和美，园林反映了真山真水的大气势，这种形式适合现代城市公园大的空间尺度。相比较而言，中国园林处理大的空间尺度就显得力不从心，这里就有了继承与创新、传统与现代及中西文化结合的一面。上海是中西文化的交融地，在近代历史上留下了东西方文化交流的产物，如上海复兴公园、中山公园等，在新的历史条件下，上海世纪公园规划建设要贯彻"中西文化结合""人与自然结合"的原则，突破传统的束缚，大胆创新，力争使中央公园创作成为中国现代公园的典范。

作为一个既体现东西方文化的融合，人与自然的结合，又具有现代特色的中国园林风格的世纪公园，其突出的表现在以下几个方面：

(1) 新型的自然生态型公园

用自然要素"风、土、水"创造出不同的环境要素。以人为本，并充分考虑到整体的生态环境，在满足大量游人的需求，使人们深感兴趣和快乐的同时，也为野生动物（鸟类、鱼类、昆虫等动物）提供了生活场所，例如，开辟了游人不可入内的生态型小岛——鸟类保护区。

风　作为一个成功的公园，应具有一些保护性功能，能抵御冬季寒冷的西北风和夏季炎热的西风，并向东南开敞以接纳凉爽的海风。

土　沿公园西界和北界创造一系列绵延起伏的山丘，形成公园的轮廓。

水　通过内外水体的不同处理，将污水引开，以保证中央湖泊的清洁。

(2) 体现休闲公园的性质

休闲作为现代社会进步的标志，表示人们有越来越多的闲暇时间从事各种休闲活动。体现休闲的性质正是现代公园的一种标志，它必须满足城市居民日常游憩的需求，最大限度地发挥公园的作用。从功能上来讲，世纪公园在布局上设置儿童游戏场、大型露天剧场，供游人交往的会晤广场、民俗村、自然博物馆、大草坪等，提供了各种形式的休憩场所，既有休闲又有文化。

(3) 融现代高科技于园林之中

为了与附近国际博览区相结合，公园内设置了科技园，展示当今科技热点，如太阳能、风能、通信、植物的医用功能和生态环境等内容。这种寓教于乐，融科学性和趣味性相结合的手法与时尚流行的游乐园截然不同。公园内还利用高科技，创造了新的园林景观，如激光喷泉、水幕电影大型温室等。

(4) 自然中融入规整的布局形式

中国园林很少见到有直线和规整的处理手法，即使在皇家园林中，为了体现中央集权的政治要求，也只采用对景等虚的造园手法。中央公园突破了中国传统园林手法上的束缚，将直线引入了公园，充分展示了直线在园林内不同于曲线的魅力。直线伸展，具有很好的视觉连续性，能给人心情舒畅感，可体现大公园恢弘的气势，这是曲线所达不到的效果。另外，直线在布局中，还可将公园内不同的部分紧紧地联系在一起。如会晤广场与民俗村入口，国际花园景区和中央大草坪之间的联系。直线可使自然中出现条理化，紧张和松弛达到完美的统一。

世纪公园的布局以自然为主，规整为辅，自然中融入规整。自然性主要体现在自然的造园素材上，水、石、土、植物，弯曲的游路可以给人景色变化多姿的感觉，与自然的闲情雅趣是一致的。这种自然与规整、直线与曲线的辩证统一和合理运用，会创造出更多的景致，适合不同的心情，更好地体现出现代与传统和中西文化相结合的这一设计原则。

(5) 适合多样的使用需求

为提高公园使用效率，既考虑白天使用，又考虑晚上使用，以适应不同的需求层次，公园在主要游路和主要景点，开辟晚间使用的专用路线和区域，如主要入口、国际花园景区、景观大道、会晤广场、湖滨大道、露天剧场等，非常适合大城市生活的模式。为适应不同层次游人的需求，在主要入口处，开辟了儿童游戏场和体育运动场所。同时公园入口处设计充分考虑到入口所处的环境，不仅是为了迎接游人进入公园，并且把它作为一种有硬质铺地的繁忙的城市空间，其中具有诸如亭子、咖啡馆、厕所、自行车停车场等设施。设立在公园边界外围的入口，即使在公园关闭时也能连续地使用。这种设计手法是非常新颖和独特的，也是以人为本设计思想的完美体现。

(6) 采用新颖的建筑形式

建筑形式采用钢结构，小型建筑采用单元组合的方式，既体现了公园的现代性，又有利于整体环境的统一，也易形成公园鲜明的个性，而有别于上海乃至全国的同类型公园。从世纪公园三号门建筑来看，此种形式开创了中国园林建筑形式的先河，是非常有特色的。

(7) 以水为中心的艺术处理手法

以水为主题的创作手法是中外园林常用的造园艺术手法之一。水是生命之源。水是自然中最富动感，也能映衬人们心情的最好的素材。中外园林用水这一素材，创造了丰富多彩的园林艺术形式。中国传统文化具有重源观念，重水口之"隐"，认为"隐"使水景富于趣味和不尽之意，比之"显"标志着更高的境界，"水欲远，尽出之则不远，掩映断其脉，则远矣。"（《林泉高致》宋·郭熙）。显然，这种观念带来园林具体处理形式上，对水口处理采用藏的手法，池岸曲折多变，源头细而渊源流长。西方园林同样重视水口的处理，但水口直露，强调水口的动感效果，并着意刻划，进行重点装饰处理，以瀑布、喷泉、水踏步等手法直接创造出水的动人效果。这种对水口"显"和"隐"的艺术手法代表了两种不同文化上的观念，而且也是民族审美心理形态在历史过程中的差异。世纪公园充分运用了这两种艺术处理手法，既在鸟岛等其他地方展示了水的连绵不断、变幻多姿的景象，又在轴线端点处显示了水的惊心动魄、激动人心的效果（如大喷泉等）。以水这一较软的自然素材进行端点处理是非常成功的，充分体现了中西文化相结合的这一设计原则。

4.4.2.3 纽约中央公园

(1) 闹市中的绿洲

在摩天大楼林立的纽约曼哈顿岛上，中央公园是一块难得的绿洲。它像人体内肺部，把这座拥挤、嘈杂城市里的混浊空气吸入840英亩绿茵覆盖的空间，滤去渗透在闹市生活中的各种有害杂质，然后向全城各处输送清新的氧气，使周围的楼房，街道充满无限的生机。

中央公园的历史可以追溯到19世纪40年代。著名记者、诗人威廉·卡伦·布赖恩特看到城市的高速发展使居民的生活空间愈来愈狭窄，土地的商业化使城里缺乏必需的娱乐场所，便率先在《纽约时报》上提出了修建一个大型公园的倡议，得到另外两名著名作家华盛顿·欧文和乔治·班克罗夫特的响应。经过十几年的努力，市政府终于采纳了他们的建议，买下了城北的一大片土地，尔后又通过一项法案，使其受到法律的保护。1856年，纽约市政府以2万美元作奖金，办了一次公开征求设计方案的竞赛，求得公园的最佳设计方案。结果，弗莱德里克·洛·奥姆斯特德和卡弗特·沃克斯提出的以自然风景为主，辅之以人工园林的方案在竞赛中获胜。

数年之后，工人们挖出10万 m^3 土方，安装了下水管道，建起了道路、桥梁，栽上了树木花草，一个初具规模的、漂亮的自然公园呈现在纽约市民面前。

这个公园的构思十分巧妙，它充分利用了原有的地形，多岩石处铺上一层薄薄的泥土，让青苔在上面任意生长；在密林中则辟出几条蜿蜒曲折的小径；沼泽地上的片片水塘深挖以后，便成了微波荡漾的小湖；平坦的地面植上大片草皮，牧羊人可以赶着一群群山羊在这里放牧，给整个公园带来了牧场般的乡村气息。但自1934年以后，中央公园明文规定禁止羊群进入。公园四周修起了石墙，把喇叭长鸣、警笛尖厉、人流拥挤的城区挡在园外，使公园内保持一种幽静的世外桃源景色。

位于59号大街第五大道的"广场入口"，是闹市与幽静公园的分界线。进入公园，经过"解放者"西蒙·波利瓦尔的雕像，便是九曲连环的水塘和一个冬季滑冰场，再往前走很短一段小路是一个小规模的动物园。动物园东侧有一座建于1940年的哥特复兴式建筑，这里原本是纽约州军火库，现在则是纽约市公园娱乐部的办公楼。

最引人注意的是一条笔直的通向露天音乐厅的林荫道。林荫道的两旁，失业的流浪者在长凳上横七竖八地躺着，年轻的母亲推着童车，一对对情侣偎在一起窃窃私语，画家在聚精会神地创作，而音乐爱好者则组成小乐队欢乐地演奏……林荫道的尽头是比赛斯塔喷泉。"比赛斯塔"这个名字取自《圣经》中耶路撒冷的一处有治病奇效的温泉，在这里却是一处风景绝佳的高地，站在上面遥望对面碧波荡漾的小湖，诸如号称"摩天大楼"的102层的"帝国大厦"等都像披了轻纱似的倒映在湖水中，五彩帆船往来驰骋，景色极为迷人。

林荫道两旁，有许多名人塑像，如德国科学家亚历山大，英国伟大的戏剧家莎士比亚、诗人罗伯特·彭斯，小说家沃尔特·司各特等。旱冰爱好者自有他们的天堂。在一块平坦的空地上，游人经常自动拉成一个大圆圈，中间放着两三台大功率的录音机，播放着节奏强烈的音乐，身着奇装异服的年轻人有的自由滑行，有的做着惊险的花样动作，还有的随着音乐摇摆跳跃，一副悠然自得的神态，使这块空地成为中央公园最活跃、最引人的地方。

中央公园的另一典型景色是"哥伦布舞台"，进去即可见到一块牧羊草坪，在这一大片绿色灌木与树林环绕的草地上，常常可以看到一些人懒洋洋地躺在那里沐浴宝贵的阳光，年轻人经常兴高采烈地在此唱歌，跳舞，拨动着心爱的吉他，五色飞盘在空中飞快地旋转。情人们一对对、一双双亲密地趴在草地上。绿茵茵的草地，湛蓝色的天空，远处一幢幢高楼大厦，仿佛是舞台美术师精心设计的奇妙布景。牧羊草地的西边是纽约市很有名气的四星餐厅"草坪酒馆"。这座餐厅原来是一个牧羊圈，1934年才改成餐厅。餐厅旁有个小花园。每当夏季鲜花盛开的时候，乐队在园里演奏，客人在五彩缤纷的太阳伞下进餐，真是一种美好的享受。

图4-30　贝尔维德尔城堡

公园里有好几处儿童游艺场，牧羊草坪旁边就有海克尔游艺场，还有一个喷水池和秋千等儿童游艺器械，以及艾丽丝仙镜雕像和汉斯·克里斯蒂安·安德森塑像。

贝尔维德尔城堡是中央公园的至高点，这是一座完全仿中世纪风格建成的城堡（图4-30、图4-31）。登高远眺，公园四周的风景尽收眼底，一览无余。它的北面有莎士比亚花园，建花园时原计划把莎士比亚著作中提到的每一种花都种植在这里，后来因故未能实现，殊为憾事。但旁边的贝拉科特剧场可以弥补人们的一些缺憾：一百多年来，每逢夏季，这儿都免费上演莎士比

图4-31　克里奥伯特之针

亚的戏剧，供人们观赏。另一处欣赏演出的是新湖对面的大草坪，著名的纽约交响乐团每年都在此举行3场音乐会，把最精彩的交响音乐献给听众。举行音乐会的夜晚，大草坪上就像过节一样热闹，既有来自纽约本地的听众，也有从许多边远地区赶来的音乐爱好者。他们带着毯子和食品等，把毯子铺在地上，点起蜡烛，聆听巨型音箱播放的优美音乐，边吃边喝，谈笑风生，享尽了夏夜露天音乐会的野餐乐趣。

中央公园还有一件稀世珍宝——克里奥帕特之针。这是一座用花岗岩造的浅棕色方型尖塔，1475年建于海里奥波利斯城，后来被罗马人移至埃及亚历山大港，19世纪时埃及国王伊斯玛仪勒一世把两座方型尖塔分别赠给英国和美国，一座运到了伦敦，另一座于1880年安放在纽约中央公园。

久住闹市的纽约人，特别需要有一个远离尘嚣的幽静去处，他们眼前整日浮动着楼房、商店、人群、汽车，亟须呼吸清新的空气，中央公园便是理想的去处。曼哈顿岛是伸向大西洋的一座狭长岛屿，其西侧是哈德逊河，码头停泊着许多巨轮。东侧是东河，联合国大厦就坐落在东河附近。东河河面横跨着一座座大桥，夜间灯光仿佛是一串串晶莹的珍珠项链。在纽约最繁华的地段修建中央公园，使整个城市的布局融为一个整体。若乘飞机鸟瞰曼哈顿岛，中央公园就像一颗王冠上的珍珠（图4-32）。

(2) 平民的公园

欧洲国家有许多古老而有名的园林，但几乎找不出一个与皇家或贵族毫无关联的。中国是园林的故乡。但是人们记得住名字的园林也都是王孙贵族达官贵人的。"公园"一词，在中国古代的词典上没有。

不止在古代中国词典上没有"公园"一词，第一次出现在中古13世纪的英文辞书上的意思仍然是"皇家敕令之娱乐禁地"的意思。但是到了美国，词典上的"公园"变成了：临城或城内供人们休憩娱乐之地；保持其自然状态作为国家共有财产的地方。文献显示，美国是世界上第一个立法建有国家自然公园的国家。中央公园算得是较早建在大城市里的自然公园。

图 4-32　纽约中央公园鸟瞰

中央公园的可爱首先在于它的天然野趣。数十公顷遮天蔽日的茂盛树林，开阔的草坪，大片的水面，山水巨石也都保持着史前时代的模样，一点没有刻意的人工雕饰，各种野鸟山兽也就自然而然地把这儿当成了自己的家。周围全是超现代的繁华，从繁华的大商场，从繁忙的写字楼一头撞进中央公园，就好像穿越了时空，掉进了时光隧道，一下子进入碧绿的睡谷，顿时俗念全消。由于巨大，中央公园自己制造了一种生态环境，它平衡和调节了空气，湿润了纽约的天空。其实，它湿润的不仅是天空，也润泽了纽约人的心灵。

纽约中央公园标志着普通人生活景观的到来，美国的现代景观建筑从中央公园起，就已不再是少数人所赏玩的奢侈品，而是普通公众身心愉悦的空间。

中央公园的主题是"平民公园"，它是平民的天堂，只有中央公园周边的住宅变成了国际上各类达官显贵们置业的风水宝地。这里有人们最熟知的美国前总统克林顿的办公室，有宋美龄的寓所，不过，对于总面积大约为公园面积4倍的周边地区的房地产所有者及开发者来说，他们必须承担公园建设的部分费用。在这里，景观走入普通人的生活，满足普通人的渴求，成为普通公众身心再生的空间。它是第一个现代意义上的公园，第一个真正为大众服务的公园。从奥姆斯特德的早先的设计，到一百多年来纽约市政府利用艺术和科学原理对其自然环境和人工环境进行不断的规划、设计和管理，终于使中央公园与自由女神、帝国大厦一样，成为纽约的象征。

早在1876年，中央公园就以"人民公园"的名义开放，主要为上层人士建立一个室外兜风、社交、"看"与"被看"的场所，也为城市的中下层居民提供免费的娱乐休闲场所。其设计从环境心理学、行为学理论等科学的角度来分析大众的多元需求和开放式空间中的种种行为现象，为公园的功能进行定位。园内设置了供人们骑马、散步、划船等设施，并创立了轿式马车俱乐部。20世纪初将原有的一座水库放弃重建成为一片巨大的草坪，并开放成为可以举行大型活动的场地。1926年，第一个充满笑声与活力的儿童游戏场建成，到1940年，园里已建成了20多个游戏场，同时还建成了网球场、溜冰场、足球场、排球场、棒球场、草地滚球场等体育活动场所，以及由海狮表演区（The Central Sea Lion Pool）、极圈区（Polar Circle）和热带雨林区（Tropic Zone）组成的中央公园动物园。通过定性地研究人群的分布特性，来确定行为环境不同的规模与尺度；并通过定点研究人的各种不同的行为趋向与状态模式，来确定不同的户外设施的选用、设置及不同的局域空间知性特征，以创造多样化的户外活动场所。

在清晰明确的结构中，中央公园还借助于一定程度的含糊和冗余产生令人欣慰的熟悉感和适应感，以吸引更多的人们。如中央公园的"哥伦布舞台"——一大片绿色灌木与树林环绕的牧羊草坪，绿茵茵的草地，湛蓝色的天空，远处一幢幢高楼大厦，仿佛是舞台美术师精心设计的奇妙布景。很明显，这些场所的设计可能更适合某些活动，但同时也可容纳灵活的、临时的、不确定的活动，为市民提供了多种体验和选择性，而不仅仅是公园中的装饰品或是表面上好看的设施，营造出一个充满纽约日常气息，生机勃勃、含义丰富的城市场所。人们不仅可以在公园里聚会、打球、休息漫步，也可以进行积极的活动，所以在公园里经常可以看到高水准的免费表演节目，从莎剧、歌剧，到爵士、摇滚，到不定期的演唱会，还有不少的婚礼、宴会等。各种场所的功能设置都围绕着市民的日常活动和心理需求展开，以吸引大批的市民。如公园原来为马车设计的环路改铺沥青，开放成为跑步道和溜冰道。根据人的行为迹象设计成合理顺畅的流线类型：平滑的道路曲线，多变的景色，自由的穿插，足够的长度，使人们在环道上进行运动成为一种享受，因而环道上常常由一些长跑、竞走、骑马、滑板、溜旱冰的人群占据着。

现在的中央公园每年接待几百万人，迎合着各式各样，有着不同兴趣的广大游客，从运动、娱乐、情侣求爱到晒太阳浴。它不收门票，全年自由出入,人们可以免费参加各种活动,不同年龄的、不同阶层、不同民族的人都可以在这里找到自己喜爱的活动场所。中央公园从多样化、人性化、诗意的角度营造出的市民空间,适应了人们生活的变化,满足了城市社会生活发展的需要,使人们能够从功能上充分享有,在心理上完全认同。它有别于只可远观不可亵玩的"花园",而是从多个角度介入市民生活的"人民公园"。所以纽约的报纸称它是一座人民公园,城市的绿肺,男女老少、各阶层人民的休闲场所,是一个给任何人以同等机会的游乐场所,是一个浪漫的极致的创造,也是一杯"提神的饮料"(图4-33)。

图4-33 纽约中央公园市民日光浴

➢ 复习思考题

1. 什么是园林美的鉴赏?园林美的鉴赏有何意义?
2. 园林美鉴赏大体经过哪几个过程?结合某一具体园林谈谈如何"品园"?
3. 园林美鉴赏受哪些文化因素影响?
4. 简要说说联想和想象两种心理活动在园林鉴赏中的具体作用。
5. 从游赏者观景选择角度来看,园林美鉴赏有哪些方法?
6. "亭者,停也",是供人停步小憩的一种小型建筑。亭凝缩了我国古代园林建筑中形式美的精华,集实用价值与观赏性能于一体。它有顶有柱,似棚似盖,可以在路途中为你暂时遮荫挡雨,让你休整一下继续前行,却绝不会令人滋生安逸之心而止步不前。古时,城郭之外十里设亭一座,既做送行宾主惜别之所,又为远方来客提供休整之处。一座小亭方便了全城百姓,表现出人们的热情好客,可谓极尽地主之谊,其本身也成了城池外的一处绝佳的景点，令旅人望之思归，诗人见之感怀。亭一旦进入了园林，就成了园林建筑中一个小巧而多变的精灵，其形状可以千变万化，其位置可以就高就低，山上的亭往往形体轻巧，飞檐高挑，如《醉翁亭记》中所描绘的"有亭翼然"，给人一种高举飞升之感，易得登高望远、思古怀今之境界；水边之亭则以线条简洁，色彩明快取胜，显得端庄典雅，宜于抚琴弄音、举杯邀月之雅趣；路边亭又是一种闲适儒雅的风范，一般都建得沉稳大方、简单朴素，以单层的网亭、方亭居多，便于行人入内小憩。在我国古典园林中，可以说无园不亭，无亭不佳。亭往往是园林景观中的点睛之笔。

结合上述内容和所学知识，以网师园中的月到风来亭为例，说说园林中的"亭"，为什么说它凝缩了我国古代园林建筑中形式美的精华，集实用性与观赏性于一体，且体现出我们民族的精神风貌？

7. 假山是中国园林艺术中的瑰宝。它是我国造园艺术家借取天然石材，巧妙地构筑山水景观的一种独特造园艺术。天然怪石是大自然"雕塑"而成的艺术品。我国造园艺术家利用天然怪石，巧妙地建筑成园林假山，这是一种独特的造园艺术。因此，假山之美，美在石趣和造园艺术的构思。古人玩赏怪石，以瘦、漏、皱、透为标准，逐渐发展成为园林假山的选石标准。瘦，是指石材体态苗条，有迎风玉立之势；漏，是指石材的大孔大穴，上下贯通，四面玲珑；皱，是指石材表面凹凸褶纹呈千奇百怪的形态；透，是指石纹的贯通，即"纹理纵横，笼络起稳"。造假山时，选石以瘦、漏、皱、透四者俱备的石材为上品。鉴赏和评价假山时，也以其石材是否具备这四个特点为重要标准。我国最著名的园林假山应首推苏州留园的"冠云峰"、南京瞻园的"仙人峰"、上海豫园的"玉玲珑"、杭州西湖的"皱云峰"、苏州环秀山庄的假山等。以某一假山为例，简要说说园林假山叠石美主要体现在哪些方面？

8. 无论是私家园林还是皇家园林，水体在园林景观中都是不可或缺的组成部分，大则山环水转，小则山池皆备。因此有"无水不园，园因水活"的说法。简要说说园林水体美主要表现在哪几个方面？

9. 中国古代园林植物呈现哪些审美特点？

10. 以颐和园和凡尔赛公园为例，简要说说中法古典皇家园林有何相同和不同之处。

➤ 推荐阅读书目

1. 园林美学. 周武忠. 农业出版社，1996.
2. 园林艺术欣赏. 刘托. 山西教育出版社，1996.
3. 说园. 陈从周. 同济大学出版社，2007.
4. 中国古典园林史. 周维权. 清华大学出版社，1999.
5. 中国园林鉴赏辞典. 陈从周. 华东师范大学出版社，2001.

第 5 章　园林管理与园林美学

[本章提要]　园林景观的赏心悦目离不开严格科学的园林管理，园林管理反映了人对"人化自然"的能动表现，而园林美学既指导园林管理的方式秩序，又在吸收园林管理中创造性因素过程中推动了园林美学自身的新发展。日常园林维护既是保护文化遗产，同时也是当代人审美和实用的需要，具有许多求精的艺术巧妙，如中国园林非常讲究"还我自然"的审美境界，讲究"以少胜多"的造园原则，讲究园林布局和植物培植的和谐完整，讲究园林工作者的专业素质和美学修养，让园林成为人们贴近自然、忘却烦杂的理想天地，成为心智得以返璞归真的最佳场所。

5.1　园林管理与园林美学的关系

5.1.1　园林管理概述

　　园林景观的赏心悦目离不开严格科学的园林管理，这是园林之所以比譬为美的艺术的重要因素。试想一下，如果没有园林管理，每一座有悠久历史的古典园林都会像消逝的楼兰文明那样，今天我们根本无法享用那些幽致名胜、参天古树、芭蕉夜雨、清漪锦汇的人间仙境。源于自然又高于自然的园林因此需要我们精心呵护，需要我们在园林绿化的规划、建设和管理上进行切实有效、具有生态化环境意识的科学化管理，以保证园林植物生长繁茂，让人驰骋想象，心旷神怡。

　　对园林管理的理解有广义和狭义之分。广义上理解，园林管理的主要任务是在所属人民政府领导下，组织风景名胜资源调查和评价；申报审定风景名胜区；组织编制和审批风景名胜区规划；制定管理法规和实施办法；监督和检查风景名胜区保护、建设、管理工作；要建立健全植树绿化、封山育林、护林防火和防治病虫害的规章制度，落实各项管理责任制，按照规划要求进行抚育管理，严加保护古树名木、水体资源、原始地貌、动物栖息环境、文物古迹、革命遗迹、遗址和其他人文景物。狭义而言，园林管理就是指园林的养护管理和设施管理，包括适时松土、灌溉、施肥、修剪和防治病虫害，以及亭、廊、花、架、喷泉、假山、石桌、石凳、围栏、围墙、园林道路、雕塑、雕刻及其他景观建筑和园林服务设施的管理。

园林绿化是城市建设的重要组成部分，也是精神文明建设的重要标志。传统观念上的"依山临水而居"，山、水、城融为一体的山水城市与山水文化思想，同时更包含了人们在建设城市过程中，对待自然的态度，是尊重自然、利用自然、维护自然延续，还是一味地征服自然、改造自然、掠夺自然，其结果必然会反映出城市自然形态和城市文化品味的优劣，因此园林绿化管理必须关系到城市园林事业的生存和发展。下面这四点是园林管理中最基本要求，是每个以园林为事业的人必须具备的职业意识。

（1）园林管理是园林绿化质量的生命和灵魂

园林事业是一个多行业的综合体，有花草树木的种植养护、有各类服务性项目。园林绿化质量管理的好坏，直接关系到生态园林目标系统的实施，关系到巨大的环境效益和社会效益，也关系到园林事业的生存与发展。植物是有生命和周期性的，这就突出了时间的季节性、工作的阶段性和重复性。如从苗木栽植顺序上，要把发芽早的向前安排、发芽晚的往后栽植。如果时间安排不当，就会影响成活。另外植物栽植养护具有很强的季节性，不同的植物栽植有着不同的生长习性。不认识这些特点及规律，就不能提高领导的管理决策和广大园林职工质量管理的意识。几年前，许多城市先后展出了一种名为"大地走红"的环境艺术，就是用几万把红伞把公园装饰起来，形成一种供人欣赏的景观。但很快这一艺术就产生了一种事先谁也没有料到的效应：它在每个城市的展出几乎都变成了一个引人注目的公共话题。话题就集中在市民们观赏这些露天展放的红伞时的行为方面。在许多城市里，这种展出的后果可以说是"惨不忍睹"：几万把红伞被前来参观的市民们偷的偷、抢的抢、糟蹋的糟蹋，最后一片狼藉。而在有的城市里展出的情况却出奇的好，参观的市民秩序井然，红伞无一丢失，也几乎无人为的损坏。因此园林管理还涉及对游人的管理，只有把园林管理看作是生命，是灵魂，才能真正落实和提高园林管理的全面质量，为居民、游人提供舒适优美的绿化环境，提高社会、环境、经济三方面的效益。

（2）园林管理要措施到位，具备以预防为主的意识

花木形态四时不同，正如宋郭熙《林泉高致》里所描述的那样，"春山澹冶而如笑，夏山苍翠而如滴，秋山明净而如妆，冬山惨淡而如睡"，园林管理要分承天光水影、朝暮晦明、风雨绸缪等物候变化，植物的种种生态变化需要管理者面面俱到、细致入微，把好各环节的质量管理。如苗木密植，

密到什么程度，要有一定界限，如果掌握不当，栽植或播种过密，不仅浪费种苗、增加成本，还会因为树、苗得不到足够的营养和光照生长纤弱，影响绿化质量。在植物的种植过程中会碰到许多问题，像营养因素和病虫害因素是两项重要的内容。如果营养过多或过少，都会影响植物的生长；如果不清楚植物病虫害的病症，有的植物可能就会被严重损伤，甚至死亡。像人感冒咳嗽一样，植物也会受细菌感染，细菌往往是通过风或鸟传染过来的。树如果受到感染，一是叶子发软，二是叶子变黑，管理时必须拔掉小株，大树则须局部砍伐。植物感染病毒的病症有两种情况，一是斑点，二是叶子卷起来。像郁金香，两种颜色的花瓣其实是病毒侵入的缘故。植物感染病毒是很难治愈的，要么拔掉，要么烧掉。如 2007 年夏天，德国遇到最大的虫害，许多地方的栎树被来自西班牙的昆虫侵害，喷洒杀虫剂已无济于事，只能让树自生自灭，最彻底的解决办法是更换树种。

(3) 要重视技术信息和及时反馈、消化意见

园林管理也是种动态管理，园林植物和造园技术也随社会进步、人类需求及环境变化而不断出现新品种新技术，因此，既要了解或掌握传统植物的习性和栽培技术，也要对不断产生的新植物品种和新栽培技术有较宽泛的了解或掌握。如上海地区常见的松树有雪松、锦松、白皮松、赤松、湿地松、五针松、海岸松、台湾松、黑松、金钱松，这些松科类植物由于形态特征、生态习性的不同，有的是常绿乔木，有的是落叶乔木，栽培的土质有的是含腐殖质的砂土，有的要求疏松的微酸性砂土。这就要求根据需要，合理选择品种进行栽培，养护时也要专业化，要随时注意信息反馈，巩固绿化成果。由于现在消费水准提高，人们对园林的需求更高，引进的植物品种和栽培手段也越来越多，像荷兰的郁金香现在成了大型景观的装饰性花卉，基质无土栽培法成了重要的培植方法。

(4) 抓住重点，加强管理，强化质量意识

园林绿化是施工时间短，而管理时间长，连续的行业，因此对各项养护质量管理必须有长期的、综合性的、全方位的督促检查。所谓"一日造林千日管"，全面质量管理的重心就是要保证大面积绿化成果，要依靠全体员工，参与全面质量管理，领导负责分段（块）承包到班组个人，每个人根据实际情况拿出确保效益的措施，实行岗位质量、目标管理责任制，以专业管理者带动全社会对绿化工作全面质量管理。如育苗技术管理、绿篱栽植与管理、草坪的铺装与管理，园林树木的整形、修剪技术与管理、服务行业、建筑装修管理等各项技术管理标准、规范、规程各不相同，方法各异，但必须贯穿在整个管理的每个环节。

俗话说："三分种，七分管"。要加强园林绿化的质量管理，还必须坚持以人为本，加强人才的培养和使用；建立严格的岗位责任制，形成一个任务明确、职责分明的管理体系；从技术入手，提高全面管理的能力和水平；建立严格的质量标准，保证每个环节的质量；从长远着眼和从细微入手，使质量管理工作系统化、标准化、制度化、科学化，充分发挥园林绿化的社会效益、环境效益和经济效益。由此可见，园林管理是项综合性的管理，须要对园林景点的历史沿革、资源状况、范围界限、生态环境、各项设施、建设活动、生产经济、游览接待等情况进行调查统计研究，只有这样，才能使园林保持悠长独特的亘古韵味。

5.1.2 园林管理与园林美学的关系

园林管理与园林美学之间的关系就像互为因果的两个轮子，园林管理反映了人对"人化自然"的能动表现，而园林美学既指导园林管理的方式秩序，又在吸收园林管理中创造性因素过程中推动了园林美学自身的新发展。

例如，墓地园林的建设，在西方是重要的园林艺术。在德国开姆尼茨市的Einsiedel镇地区，墓区分两块，即离教堂较近的老区和离教堂较远的新区。老区里有上百年的旧墓，也有五六十年的较旧的墓，有些墓碑还安置着墓地家人买来的青铜像，或者是用石头雕刻的雕塑。接受天国召唤的肃穆使所有在此驻足之人都有凝神静息的感情，都在太阳暖暖照耀的墓地上怀抱着穿越死亡的沉浸。新区和老区只隔一条车道，被安置在有栅栏的草坡上，高高的萨克森州风格的绿叶树使墓地呈现特别充裕的生命气息。每座坟墓都布置了许多鲜花，有万寿菊、四季海棠、月季、唐菖蒲、凤仙花等许多颜色特别鲜艳、花朵不大的花卉，使得这片土地再生着后人可以驾御的灿烂。在大理石做的墓碑上，德国人以星星图案表示出生年月，以十字架图案表示离世时间。那种阳光下折射出的花卉的特别绚烂，使这里更像是生机盎然的神圣世界，让人感觉到云梦天地的殇咏气息。在坡顶处还竖立着一块第一次世界大战时期牺牲者的纪念碑，简朴而具有特别的联想。暗黄的色彩，令人感觉一种历史的深邃。

在开姆尼茨市的城市墓地，可以看到更多的具有历史感觉的纪念性墓地，这些建造在市区的墓地通常是在离教堂比较远的公共区域。绕过门上写有金色"安息"字样的门楼，眼前就是纪念犹太人被害的V字型墓碑、象征二战阵亡者的弧型纪念碑，还有安放名人雕像座的墓地。名人墓地被栅栏围了起来，表现了特别的庄严和特别的肃穆，离瞻仰者似乎隔着一道难以逾越的生死界限。有的则被绿色植物包围起来，像座堡垒，有的却仿照死者生前的模样，安放着表情各异的人体雕塑。有的似战士，精神抖擞；有的似瞌睡者，身姿表现着一种特别的妩媚；有的则像活着时那样，在忙碌地干着自己的事情；有的表情异常安详，若有所思地眺望远方；有的则像采矿工人、长翅膀的仙女、林中老人，给这个世界可以永远存在的怡人场景。德国墓地绚烂的设计，使怀念亲人者可以随时来墓地坐坐，可以静静地追思，这对于生者是最大安慰，也是不慕荣利、忘却得失、精神清慎的地方。

中国的墓地显然和西方是很不一样的，害怕死亡的事实使我们无法接受在墓地冥想的可能。园林的全球化发展趋势又使我们意识到关于生或者死的造园意图，意味着对园林艺术现实价值的理解。简言之，园林管理和园林美学是实践与理论的关系，在园林艺术的构建过程中起着相辅相成的作用。归总起来，园林管理与园林美学之间存在这样3种关系：

一是园林管理是园林养护和种植、园林设施和建设成功运作的配套性规程，是园林美学产生的物质基础。对于今天发达的园林文化而言，园林管理已经具备十分成熟的管理经验，所以专业性养护和专业化种植已经成为园林行业的主力军，其市场化的经营方式使得园林管理更符合生活实际，园林品种和园林设施更人性化，也使得关于园林的美学思想在管理中得到客观科学的渗透和深化，使得园林管理洋溢人类对美的世界的理想实践，洋溢人类对生活之美的完满憧憬。白居易曾用"人间四月芳菲尽，山寺桃花始盛开"的佳句来形容由于海拔的差异，桃花的开花时节出现的巨大差异。这足见园林管理中，对植物的种植要依照天时地利诸因素，才能使园林四季葱茏，生机勃勃。西汉时的皇家园林上林苑内，建造有著名的人工水面——昆明池，池里筑有传说中的蓬莱、方丈、瀛洲三座仙岛，这"一池三山"的观赏游览设施成为后世宫苑的典范，并波及周边国家的园林构造。这又见园林管理领域里的规划设计及其成果是园林美学产生的实践依据，是园林美学产生的物质基础。

二是园林管理有赖于园林美学的调节和支配。对园林的布置规划、养护建设离不开已有的审美经验，离不开前人积淀的各种具体美化园林的方法。今天社会上出现的许多毁绿事件，根由大抵在于对园林美学缺乏应有的认识，如将山体涂抹成绿色，其造成的自然生态环境的破坏可能几代人都不能扭转。即使是专门的工作者，由于对园林美学缺乏应有的认识，同样也会造成园林管理中的败笔，如园林中的照明，如果随意布置电线电杆，现代化的电灯使古典园林景致大打折扣，又如张挂灯笼若不注意敞口建筑和封闭建筑的差异，灯笼有可能令人产生塔铃的感觉，同周围景观不协调。所以从事园林的管理者如果时时以园林美学为导引，那么园林管理就必定可以达到精益求精的水平。

三是园林管理的改善和提升可以促进园林美学理论的新发展。虽然园林是人类追求与自然和谐相融的产物,但园林的发展史显示园林的形制体式从来都是与同一个时代的审美趣味有密不可分的关系,同社会的政治、经济、文化有着一定的联系。中国古典园林多为私家园林或皇家园林,其动植物配置、设施布置就必须符合贵族趣味,成为寄托风雅、寻求夸竞的清幽园宅。如北宋庆历年间,被罢官的苏舜钦在苏州修建了充满野趣的沧浪亭,且此亭"前竹后水,水之阳又竹,无穷极。澄川翠干,光影合于轩户之间,尤与风月为相宜",道出文人书卷的意气。又如2006年落成的苏州博物馆新馆,设计师贝聿铭认为,掇山叠石虽是我国造园的传统,但苏州博物馆新馆要体现时代特色,理应有创新的营造手法。于是他从米芾的山水画中得到启发,"以墙为纸,以石为绘",借拙政园墙壁为纸,把巨石切片,高低错落排砌于墙前。从新馆大门进入,在朦胧的江南烟雨中,远远望去,如同一幅绘在墙上的米芾水墨山水画(图5-1)。这就是在园林发展中体现出新思路,推进了我国现有园林美学理论的发展。

图5-1 苏州博物馆新馆

5.2 园林的日常维护与园林美

5.2.1 植物配置韵律美的日常维护

作为四大造园要素之一的植物,英国造园家 B. Clauston 提出:"园林设计归根结底是植物材料的设计,其目的就是改善人类的生态环境,其他内容只能在一个有事物的环境中发挥作用。"植物配置就是利用植物材料结合园林中的其他素材,按照园林植物的生长规律和立地条件,采用不同的构图形式,组成不同的园林空间,创造各式园林景观以满足人们观赏游憩的需要。在园林设计中,植物配置占有重要的地位,是园林设计的重要组成部分。植物是园林的主体,植物配置是园林设计、景观营建的主旋律。不同居住区在植物配置上体现独特的风格,体现自然界植物物种的多样性,树种力求丰富,又不要杂乱无章,好的种植设计可以成为居住区的明显地物标。园林当中的植物配置要根据园林布局、土壤气候的特点，要根据植物的种类姿态、色香高低的特点，这样才能形成近在咫尺、秀色可餐的造园佳妙，领略面面有情、处处生景的造园韵律。

日常园林维护既是保护文化遗产，同时也是当代人审美和实用的需要，具有许多求精的巧妙艺术，植物配置因此需要专门的分析，以实现其科学的韵律美。通常可以从下面三个角度着手：

首先是日常维护要顺应四季变化，注意选用"乡土树种"，给人以富有季候感的审美享受。就落叶乔灌木而言，春季，枝条上发芽，含苞待放；夏季，绿化树木和花卉浓荫郁闭，花红似火；秋季，满树黄叶醒目，红叶醉人；冬季，树叶落尽，树枝树干，千奇百态。可见季相变化会使绿色植物呈现出不同的颜色和形态，如果种植春兰、夏荷、秋菊、冬梅，可以使园林景观应时而变，一年四季花开不断、色彩多姿、形态迥异、香芬馥郁，营造园林特有的秀媚气势。但是要使得设计者的设计理想能够得体有当地实现，日常维护就显得十分重要，如养护问题、耐看问题、搭配问题，等等。如以姿态优美的植物孤植于建筑物附近或桥头、路口、水池转弯处，也是常见的一种形式，它能起配景或对景作用，可丰富园景的构图。配置中有规律的变化会产生韵律感，如杭州白堤上间桃间柳的配置，游人沿堤游赏时不会感到单调，而有韵律感的变化。但无锡寄畅园鹤步滩曾经配置了双杈斜出的枫杨，以衬托中景，因为几移其主，失却维护，现已是茶室空临的土石滩地，原有的春萌夏翠的写意景象早已荡然无存。

其次是要维护好常绿树与落叶树的自然特性，在平面上要有合理的种植密度，在竖向设计上也要考虑植物的生物学特性，注意喜光与耐荫、速生与慢生、深根性与浅根性等不同类型的植物的合理搭配。通常常绿植物和落叶植物多采用混合方式培植。为了体现层次感，又大小乔木互相搭配，下面间植灌木或竹丛，以达到轮廓起伏，层次变换的效果，使之起到构成园林轮廓线、加强建筑物之间构图联系、划分园内空间等方面的作用。由于植物高低不一，形态多姿，日常维护就要注意减少萧杀冷落之感，注意及时清理残叶，修剪残枝，或者添加盆景以保证园林的审美趣味。近来在园林的维护上还出现落叶为美的时尚，让游客在温暖的阳光里，姗姗漫步在洒满落叶的林荫大道，在"沙沙"的踩踏枯叶声里享受秋天的时节滋味，在泛红落叶的舒缓飘落里品味秋天的迷人风情。

最后是要注意园林娱乐活动的布置规划、游览线路，以使园林景观获得锦上添花的审美享受。由于现在在园林场所开展大众性展览、戏曲、民俗活动日益增多，像端午、中秋、春节，老百姓喜闻乐见于箫鼓、杂戏、高跷、狮子、旱船、太平鼓等民俗活动，组织者将表演和园林旅游结合，将观赏和自娱结合，为佳节增添色彩。像上海七宝的皮影戏、崇明的扁担戏、南汇的锣鼓书等民俗活动经常缘园林天然气氛进行传承和发扬的，显示园林资源日益由静而动，开拓出了新的生命力，但也给园林日常维护带来很多的难题，如园林植物的配置是否同相关活动融洽，众多的人流是否使园林布局显得逼仄、狭小。北京密云县曾发生过因为人群太多，元宵灯节游客踩踏的悲剧性事件，这就使日常园林维护对植物配置提出了更高的要求。现在在园林管理中，经常会应时大量配置低成本的盆栽草花，灵活安排布局，既起引导游览线路的作用，又使园林景观更适合现代人对园林韵律的精神需求。

5.2.2 植物的生长变化与园林美

（1）植物的生长变化和园林生态

人类在利用自然、征服自然、改造自然过程中，创造出了高度的社会文明，促进了生产力的飞速发展。人们在享受其丰富的物质和精神生活的同时，却不得不面临全球环境的变化、人口骤增、资源短缺、环境污染、自然灾害等威胁人类生存的严峻现实。人们逐步认识到生态环境失调已经成为制约城市可持续发展的限制因素，人类的生存不仅需要一个优美、舒适的环境，更需要一个协调稳定、具有良性循环的生态环境。生态园林的产生是城市园林绿化工作最高层次的体现，是顺应时代发展和人类物质和精神文明发展的必然结果。

传统的植物造景是"应用乔木、灌木、藤本及草本植物来创造景观，充分发挥植物本身形体、线条、色彩等自然美，配置成一幅美丽动人的画面，供人们欣赏"。随着生态园林的深入和发展，以及景观生态学、全球生态学等多学科的引入，植物景观的内涵也随着景观的概念而不断扩展，传统的植物造景概念、内涵等已不再适应生态时代的需求，植物造景不再是仅仅利用植物营造视觉艺术效果的景观。生态园林的兴起，将园林从传统的游憩、观赏功能发展到维持城市生态平衡、保护生物多样性和再现自然的高层次阶段。

生态园林是继承和发展传统园林的经验，遵循生态学的原理，建设多层次、多结构、多功能、科学的植物群落，建立人类、动物、植物相联系的新秩序，达到生态美、科学美、文化美和艺术美。应用系统工程发展园林，使生态、社会和经济效益同步发展，实现良性循环，为人类创造清洁、优美、文明的生态环境。从我国生态园林概念的产生和表述可以看出，生态园林至少应包含三个方面的内涵：①具有观赏性和艺术美，能够美化环境，创造宜人自然景观，为城市人们提供游览、休憩的娱乐场所；②具有改善环境的生态作用，通过植物的光合、蒸腾、吸收和吸附，调节小气候，防风降尘，减轻噪声，吸收并转化环境中的有害物质，净化空气和水体，维护生态环境；③依靠科学的配置，建立具备合理的时间结构、空间结构和营养结构的人工植物群落，为人们提供一个赖以生存的生态良性循环的生活环境。

首先遵照艺术性原则，体现出科学性与艺术性的和谐。生态园林不是绿色植物的堆积，不是简单的返璞归真，而是各生态群落在审美基础上的艺术配置，是园林艺术的进一步的发展和提高。在植物景观配置中，应遵循统一、调和、均衡、韵律四大基本原则，其原则指明了植物配置的艺术要领。植物景观设计中，植物的树形、色彩、线条、质地及比例都要有一定的差异和变化，显示多样性，但又要使它们之间保持一定相似性，引起统一感，同时注意植物间的相互联系与配合，体现调和的原则，使人具有柔和、平静、舒适和愉悦的美感。在体量、质地各异的植物进行配置时，遵循均衡的原则，使景观稳定、和谐，如一条蜿蜒曲折的园路两旁，路右若种植一棵高大的雪松，则邻近的左侧须植以数量较多，单株体量较小，成丛的花灌木，以求均衡。

其次应该表现出植物群落的美感，强调物种在生态系统中的协调功能。这需要我们进行植物配置时，熟练掌握各种植物材料的观赏特性和造景功能，并对整个群落的植物配置效果整体把握，根据美学原理和人们对群落的观赏要求进行合理配置，同时对所营造的植物群落的动态变化和季相景观有较强的预见性，使植物在生长周期中，"收四时之烂漫"，达到"体现无穷之态，招摇不尽之春"的效果，丰富群落美感，提高观赏价值。同时在城市园林绿地建设中，应充分考虑物种的生态特征、合理选配植物种类、避免种间直接竞争，形成结构合理、功能健全、种群稳定的复层群落结构，以利种间互相补充，既充分利用环境资源，又能形成优美的景观。根据不同地域环境的特点和人们的要求，栽植不同的植物群落类型，如在污染严重的工厂应选择抗性强，对污染物吸收强的植物种类；在医院、疗养院应选择具有杀菌和保健功能的种类作为重点；街道绿化要选择易成活，对水、土、肥要求不高、耐修剪、抗烟尘、树干挺直、枝叶茂密、生长迅速而健壮的树；山上绿化要选择耐旱树种，并有利于山景的衬托；水边绿化要选择耐水湿的植物，要与水景协调等。

最后要重视生物的多样性，要使生态园林稳定、协调发展。物种多样性是群落多样性的基础，它能提高群落的观赏价值，增强群落的抗逆性和韧性，有利于保持群落的稳定，避免有害生物的入侵。只有丰富的物种种类才能形成丰富多彩的群落景观，满足人们不同的审美要求；也只有多样性的物种种类，才能构建不同生态功能的植物群落，更好地发挥植物群落的景观效果和生态效果。城市绿化中可选择优良乡土树种为骨干树种，积极引入易于栽培的新品种，驯化观赏价值较高的野生物种，丰富园林植物品种，形成色彩丰富、多种多样的景观。另外植物是生命体，每种植物都是历史发展的产物，是进化的结果，它在长期的系统发育中形成了各自适应环境的特性，这种特性是难以动摇的，我们要遵循这一客观规律。在适地适树、因地制宜的原则下，合理选配植物种类，避免种间竞争，避免种群不适应本地土壤、气候条件，借鉴本地自然环境条件下的种类组成和结构规律，把各种生态效益好的树种应用到园林建设当中去。

（2）园林美和日常生活

园林美是建立在植物生长基础上的，园林植物的四季生长变化同整个园林布局一起构成了园林特有的美景。植物的生长同土壤、水分、肥料、温度、光照、修剪，植物间的相生相克等有着密切的关系，古人有"接天莲叶无穷碧，映日荷花别样红"的歆羡，也有"满地黄花堆积，憔悴损"的慨叹，说明了园林的美与不美，关键在于是否体现了自然神韵的气质情趣。园林景致要达到移天缩地，让游客体会烟波画船、人影衣香的审美境界，对植物的生长变化必须了解透彻，注意对枯枝败叶和干扰视线的枝杈要作及时修剪整形，对受病菌或霉菌侵害的植物要及时清除和补种，以使园林保持原有特点，并在绿化的同时结合一定的实用功能，这样园林艺术的美才真正为人所体会、为人所沉浸。通俗地讲，植物的生长变化要因循"因地制宜""就地取材""因材致用"这3条原则，这样园林美在日常生活中自然可以为广大人民理解和接受。

①因地制宜：要做到"因地制宜"，就必须对植物的自然特性作深入的了解。如乔木的种植，我国南方多银杏、黄杨、乌桕等树种，北方多杨、槐、榆等树种，分别营造出淡泊明志和高大深远的特点。又如绍兴兰亭，多幽兰修竹，这同江南潮润绵暖、淫雨霏霏的气候有关，也因此有"竹风随地飘，兰气向人清"的山林野趣，留下王羲之曲水流觞的风雅典故。因为吃荔枝，唐明皇派人快马从南方运送荔枝到长安给杨贵妃享用，苏轼却在广西得意地"日啖荔枝三百颗"，将被罢贬的不快统统忘记。因地制宜，弄清植物的生态习性，显然很重要，这也是顺应植物自然本性的需要，是实现园林美的前提。

②就地取材：要做到"就地取材"，就必须对植物的纲目种属有全面的了解。由于植物习性的变迁，园林植物经常有名物混淆、指鹿为马的问题。

如同样叫"葵",在古代是重要的蔬菜植物,根据生长时期,又分为春葵、秋葵、冬葵,这在《诗经·豳风》"七月烹葵及菽"里已有记载。但向日葵、蜀葵、锦葵之类却是草本植物,属于常见的观赏植物。又如天目山松、黄山松、泰山松,本身就是标识各座名山的天然秀色。如果对这些植物的类别差异有较仔细的了解,在园林布局时就会结合植物的天然习性,就地取材,营造浓郁的地方特色。

③因材致用:要做到"因材致用",就必须对植物的自然功用作必要的了解。园林美不仅仅是游目悦情的事,还可以同时开掘其他的实用价值,如遮荫挡风、满庭芳香、果腹药用等价值。宋诗人陆游在《古梅》里竭力推崇梅花那散发的淡雅香气:"梅花吐幽香,百卉皆可屏。"像苏州邓尉、无锡梅园、杭州西溪、武昌梅岭的梅花成片开放时,那缤纷玉倩的盛况和沁人肺腑的清香,真的能使游客沉浸"粉蝶如知合断魂"的陶醉。《本草纲目》里谈到蜡梅"花辛温无毒,主解暑生津"的药用价值,这又为园林植物增添一层可以珍玩的美。

5.2.3 "清洁也是美"的原则

由于后工业化时代经济的突飞猛进,环境生态的污染状态越来越成为制约人类美好生活的重要因素,噪声、垃圾和废气成为城市化时代最突出的三大问题。对于园林管理来说,如何使园林景观保持良好的视觉印象,这确实是提高园林审美愉悦心理的首要条件。

对于园林管理者来说,如何设计合理的游程线路、如何设置垃圾箱和厕所的位置、如何设计观赏区和餐饮区、如何设计环保的指导标牌等,的确很重要。这可以使园林整体设计不因为乱扔垃圾、随地便溺、随便涂鸦等行为,严重破坏园林景观,严重破坏游人的观赏兴致。常言道:"清洁也是美。"作为亲近自然、人化自然的园林,不仅绿地环境要清洁,不残留人为垃圾,而且要保护好园林的水资源,不让水体产生蓝藻等严重富氧污染,让园林中的林禽鱼虫也拥有卫生、安全的清洁环境。

要使园林能保持清洁,整个社会环境的保护意识也必须十分强烈,因为园林以生态方式将已变得非生态的自然环境进行人化治理和改造,这就需要建立全民清洁的意识,只有这样,园林意义上的清洁才能不依赖于园林清洁工的日常维护。如德国萨克森州的开姆尼茨城市公园,是个开放式的公园,里面有个充满浪漫和爱情的玫瑰园,平时完全靠政府机构里专业人员来护理,在德国属于园林管理局的工作。因为开姆尼茨市的清洁工作是德国城市中做得相当好的,所以这块绿地平时也十分干净,没有什么枯枝败叶。即使暴雨后，虽然花卉蔫朵儿，但并不影响整个公园的整洁和美丽，相反玫瑰园的怀颓、视野的苍翠足可以和梦境媲美。

所以园林的清洁更多是驱除人为垃圾，园林的清洁又不同于一般的清洁。在秋寒乍起时，铺地落叶往往有意不及时清扫，让游客踩在干枯的枝叶上，以疏松自然的脚底感觉、飒飒碎叶的听觉求得绿净风雅的韵致。有的园林以成片的苔藓为美，用以追求清幽玄远的趣味。有的园林故意在角落留下蜘蛛网，以显现质朴纯粹的自然原生的痕迹。所以，对园林清洁的理解，需要管理者丰富的风景文化才学，熟悉园林的民族精神内涵，这样理解的"清洁"就有自然之趣，园林就不会有刺眼清白的单调感，使园林更多地保留自然朴实的野生物种，使人更多地顺应自然的诗情画意。

5.3 园林的更新与园林美

5.3.1 和谐是一种美

园林艺术是综合性艺术，对形式有很高的要求，必须符合多样统一的总体关系，才有可能达到和谐。所谓"多样"是指植物种类品种在形式外貌上的区别性和差异性，将植物迤逦雅淡的天然姿态掇拾兼合，以求互相呼应、对比成趣的胜景。如苏州的清代园林留园，结构紧凑，富丽堂皇，每一处植物的种植都别具匠心，从门厅到腰门的过道两个蟹眼天井里种上些瘦竹，给昏暗的过道引些许亮光，在随后的天井花台上又种植玉兰、桂树、石笋，暗寓金玉满堂之意。这里将植物的大小、明暗、放收处理得恰到好处，给人妙不可言的自然和谐感。

所谓"统一"则是指园林布局中植物、建筑、山水、品题、灯具等的轮廓、线条、色彩、主从关系某些形式上的共同特征，及其所起的相互衬托、突出主题的关系。如南京瞻园，以苏东坡"瞻望玉堂，如在天上"取意，建筑面积达 $4260m^2$，是南京仅存保持完好的明代皇家园林建筑群，总体布局以山水为主体，有石坡、梅花坞、平台、抱石轩、老树斋、北楼、翼然亭、钓台、板桥、梯生亭、竹深处等著名十八景，享有"金陵第一园"的美誉。主要建筑"妙静堂"是鸳鸯厅建筑，它位于中部偏南，自然地将园林分为南、北面两区，南部的建筑格调清新淡雅，小巧玲珑，常用于接待女宾，配有楹联"小苑春回莺唤起一庭佳丽，看池边绿树树边红雨此间有舜日尧天"，颇呈优美情趣。北部的建筑格调粗犷豪放，雄奇伟岸，常用于接待男宾，配有楹联"大江东去浪淘尽千古英雄，问楼外青山山外白云何处是唐宫汉阙?",颇呈壮美情趣。这种同一建筑风格迥异的现象由于自身体量的巧妙和周边环境的匹配,因而比照鲜明,雅致和谐,宛若天成,游赏之趣自然生发。

在园林艺术里,讲和谐还是园林与建筑的对话。建筑和园林都是死的,而设计思路是活的。很多成功案例在建筑设计中通常的手法是巧妙地将一些诸如传统吉祥符号、吉祥物之类抽象处理,加以现代建筑手法隐喻;让居住的时空与园林紧密联系,增加视觉性,再创造一种人性化的立面效果,如檐口、线条、色彩等。即可提升建筑单体的视觉识别性与空间趣味性,又可与园林呼应。这就是园林与建筑的对话,就是所谓的建筑与景观互动。

讲和谐还可以以人景互动为目标。人本身来自于大自然、属于大自然,只不过是由于生活和工作将其强行分开,人是需要回归自然来放飞心情、解除疲惫、张扬个性的,户外园林景观是居住环境中不可分割的一部分,而只有可参与性的景观才能让环境与居住最大限度地融为一体。人们经常说环境可以改变人,这一方面是指人的工作环境,另一方面则是指人的生活环境。因此,充分考虑到园林与居住环境对人心情和生活的影响力,注重实用、生态、功能、观赏之间紧密联系,也是和谐至关重要的一环。

讲和谐还在于对植物的不同功用要分清。如草坪地带是城市环境中的一种区域,这是西方城市的发明,其功能是为了给人们提供能够在草地上活动的场所,而且,人们适当的踩踏还有助于部分草种的分蘖和向深处扎根。因此,草坪本身的功能不是观赏而是使用。所以,在草坪地带立"禁止入内"的牌子是不对的。在已经实现了生态恢复的英国伦敦,所有公园中都有两类草地,草种自然而杂生,却形态和功能不同。修剪得整齐、低矮而开阔的草坪供人们在上面自由活动。完全不修剪、任草长得有半人高的草地供鸟儿和其他小动物栖息,因此用围栏拦住,不让人们进入。于是在这些公园中,人和动物都有权使用草地,并互不干扰,使生态回归城市。因此讲究和谐是需要自然植物生长的先决条件的,更为重要的是人类必须积极正确驾御这些先决因素。

和谐还在于对园林技术的掌握。例如,树木是需要浇灌的,为了使树木下的土壤能够保水,让树木摆脱人工浇灌,依赖自然的降水就能存活,国际生态城市目前普遍采用的方法是:充分利用树木产生的有机废物,如使用树枝屑和落叶质对树坑、树林、园林地的土壤进行覆盖。具体做法是:将园林修剪下的枝条粉碎成片块,然后将这些树枝屑覆盖到每棵树的树坑里或园林土地上。将落叶留在树林和灌木丛里,或把落叶就地堆肥后,撒在土壤中。这样做能使被有机质覆盖的土地水分不易蒸发,利于土壤保湿,树木依靠自然降水就能存活，不用人工灌溉。另外，树枝屑和落叶质的覆盖有助于土壤中的微生物和昆虫的生存，使土壤的透气性和透水性增加，这有利于树根的发育和蔓延，因而利于树木的稳固，也有利于雨季时雨水对地下水资源的补充。地下水位的上升，才能使城市绿化最终摆脱人工浇灌，使可持续的城市园林管理成为现实。可见谈论园林艺术的和谐问题还必须有专业技术能力做铺垫。

多样统一，显示了园林布局和植物培植的和谐完整，体现了园林艺术的丰富性和诗意性，教人从中遐想和感受花影、树影、云影、水影、山影、人影的神往炫色。在园林更新、改建的时候更需要遵循这样的原则，以使古典园林可以有声有色，脉脉相通地继承下去。

5.3.2 简单也是美

园林植物的种植要考虑高低疏密的关系，要注意树的方向和高低，所谓"好花须映好楼台"，就是花影扶疏的自然之理。中国造园的立意就是得体相称，贝聿铭曾批评苏州狮子林，是账房先生请来了宁波匠人造园，大亭子大桥，压根就有花枝招展的意思。由此可见，园林的得体还有简洁的涵义在里面，要注意跟周边环境的协调。

中国园林非常讲究"还我自然"的审美境界，讲究"以少胜多"的造园原则，所以有"小有亭台亦耐看"的说法。设计精致、品格含蓄，说俗了，就是以简单为美的美学崇尚。陈从周曾批评上海豫园，由于清末行业擅自修缮，园内布局多有庸俗的增修，如假山的堆砌、建筑物的零乱；又称赞苏州网师园建筑不多，山石有限，但奴役风月、左右游人，皆有味有致。中国传统园林以暗示、象征、虚境来寻求物我两忘的养生哲学，这使得园林构造更注重养生哲学，注重自然风景的突出。著名的杭州西湖风景区，所建造的风景建筑尺度一般不大，有些体量较大的宗教建筑如灵隐寺等，都有意识地隐蔽于山麓林木之中去了，并不去争夺自然风景中的主角地位，以与周围的环境相适应。

简单同样需要专业理念的支持。如城市草地对滞留粉尘、净化空气有帮助作用。如果为了寻求简单，将草地修剪得很短，这对改善空气质量很不利。这是因为草地中的草丛形成了一个具有吸附力的表面积，一旦粉尘附着其上就难以再飞扬。但这个有吸附力的表面积与草地的高度有关。草地高，草丛空间大，吸附粉尘的量就大。相反，剪短的草地能吸附的粉尘量就小。草地修剪过勤还对环境有一大危害，那就是对水资源的消耗。剪短的草地使阳光能直射土壤和草根，使这些部位的水分大量蒸发。如果某城市雨季不长,人工浇灌是护养草坪的唯一办法,那就造成了水资源的巨大浪费。相反,如果草地保留一定的高度,土壤的湿度就能保留得好一些,草地需要浇灌的次数就会减少。所以简单要依从客观特点,要依照长期积累的种植经验,是需要张弛间的园艺智慧。

这里的简单显然不是简陋之意,而是以丰富而低调的内涵为园林寻觅到悠闲散步、隐居思考的精神纯粹。园林的修缮和建设往往是几辈累世的事情,要能够长久做到"不为物喜、不为物忧",沿袭园林文化的精神传统,这的确需要"江流天地外,山色有无中",理解园林贵在"以无胜有"的道理。现在的某些公园,以时尚流风的图画、雕塑来装点,其实是丢了园林本身的朴质素感,常有画蛇添足之感,实属得不偿失。

5.3.3 原有特定景观的利用

过去的风雅之士喜以收购旧园加以改造的癖好,以觅求雉堞城墙、垂柳夹道的旧时风月。现在许多园林大抵收归国家,对其进行改造和增缮亦是经常性的园林工作。园林的更新和修缮与其他事业不同,重点放在对已有景观风格的留存。如动植物的添设、新建筑的布置,都要同"借景""对景"等传统元素结合起来。如现在在杭州西湖边设立了许多中外高档餐饮业,餐馆的设计强调同周围景观的协调,使其既满足游客就餐需要,同时馆堂内外,人们都可以从不同角度体会西湖烟霞潋滟、清俊明朗、柳色掩映的风情。倘若联想孙权、白居易、苏轼、沈括、郁达夫、胡雪岩、吴昌硕等名人居士的风雅绝胜,简直秀色可餐。

对原有特定景观的利用并不意味独尊古法,排除岁月尘嚣的变化。如上海豫园,过去游人多为长衫对襟的晚清着装,男男女女大辫摇曳,自是海派油头粉面、摩登接踵的欲望世界。现在则不同了,国家加强对其修缮,是为了让人口密度最多的地区有更好的绿化环境和游憩环境,因此动静之间的布局都考虑到现代游客的需求,拆除了点春堂前的洋楼,在和煦堂、藏书楼等处布置了玉器、文物等展览和展销,使得园林的景观特点和经济利益结合起来,既光大了这座海上名园的人文气息,又不失上海作为东方大都市的想象情愫。

5.4 园林美与园林功效

5.4.1 园林的主要功效

对于现代人来说,因为生活节奏的加快、城市环境的恶化,园林越来越成为人们贴近自然、忘却烦杂的理想天地，成为心智得以返璞归真的最佳场所。双休日和法定假日，园林场所往往成为游人如织的地方，人们在阳光铺洒、鸟语花香的世界里，领略环秀，享受野趣，使身心得到舒展，使精神得到净化。某些疾病甚至采用观赏园林植物、倾听流泉的自然疗法。所以园林的首要功效是受到大自然的熏陶，获得身心的愉悦。

其次是感受园林的文化传统。中国古代园林大多为文人所建，既有名士之牢骚，又有坚韧不拔的精神。如袁枚的随园、李渔的芥子园都以崇尚自然、杜绝斧斫为传统，又有身居小园、知足常乐的隐逸心态。像昆山亭林公园内的顾炎武故居、苏州五人墓碑园、杭州的岳飞庙则有积极进取的民族精神，表现了浓厚的忧患意识，甚至成为今天爱国主义的教育基地。

最后园林还具有成为画家诗人创作源泉的功效，园艺爱好者专业学习场所的功效。如苏舜钦曾作《沧浪静吟》来抒发自己的内心世界："独虚亭步石石工，静中情味世无双。山蝉带响穿疏户，野蔓盘青入破窗"，以此来洗涤自己的心境。杜甫曾在亲友的资助下，在风景优美、幽静的成都浣花溪畔苦心经营了一座草堂安身，陶情田园。出于对自己苦心营建的草堂的喜爱，杜甫作了许多诗，反复吟咏，像著名的《茅屋为秋风所破歌》就让人们大致了解了当年草堂的基本风貌。陈从周从事古典园林的研究本非科班出身，但因为爱好园林艺术，竟由一个文史方面的学者成为"中国园林之祖"，享誉世界。

由上可知，园林给人以平易近人、修养身心的主要功效，这亦是园林隽永魅力的深远地方。

5.4.2 现代城市园林的功效

现代社会，城市园林日益繁荣，这一方面是居住在人口密集地的城市人对自然环境的向往从来没有像今天那么迫切，更重要的是汽车、工厂、商业所带来的噪声、灰尘、垃圾成为城市环境的主要污染源，疾病和老龄化使得城市越来越需要拷问环境对人的生命关怀、生命尊严。联合国人居组织1996年发布的《伊斯坦布尔宣言》指出："我们的城市必须成为人类能够过上有尊严的、身体健康、安全、幸福和充满希望的美满生活的地方。"像上海这座充满温情的市民城市，引资开发和旧城改造成为城市发展的"动脉与静脉"，但同时又带来许多非人性的负面影响，诸如交通拥挤、精神焦虑、超高消费、心态浮躁等，这就使得现代城市园林必须承担更多的精神责任，以使人们通过优化的园林空间，重新把握历史文化之宝贵财富，在与自然和谐相处的同时，获得真正属于人的思想意识和文化性格。因此现代城市的景观化已成为当今城市规划的主要概念，也由此我们看到现代城市园林需要如下四方面的功效：

一是城市绿地为人们留下亲近自然、回归自然的遐想空间。城市园林的构园法则往往综合中西方园林的多种元素，以现代人向往的方式，让园林艺术呈现前所未有的创意性。如上海森林公园，既有西洋敞开式园林的布局，也有中国传统移步换景的园林构造。又如巴黎的卢浮宫，贝聿铭曾经尝试过许多其他形体，最终采用了金字塔，因为从形式上最适合卢浮宫的建筑，特别是后倾的屋顶，从结构上也是最稳固的形体，保证了达到高度透明的设计要求，而金字塔所采用的玻璃和金属结构代表了我们这个时代的特征，与过去截然分开。这样的园林想象就是现代人所希望的穿越时空阈限的园林概念。

二是为城市提供"绿肺"，改善城市的空气质量，同时降低噪声，为人们提供优化生活的良好环境和园艺产品。城市的出现是人类经济发展和自我防御的必然产物，同时也使没有更多暇时、观顾植物由幼苗长大结果的人类有了曼妙的风景和清新的空气。城市园林还可以使建筑林立的钢筋水泥森林里漫盈鸟语花香，使人们闲暇空余之时获得恬静开阔的青翠草坪和金色宜人的真切村落。园艺师为城市生活所设计的各种面面生动、浪浪具形的庭院园艺、餐桌小品，厅堂盆景又给人们带来馨香缠绵的居家格调。

三是为城市居民提供娱乐场所，如举行烟花晚会、露天音乐会等。在德国，政府还会廉价出租空闲的土地，供人们周末时种植各种叶子迷人、花姿绰约、颜色各异的花卉树木，感受一下大自然的温馨。园艺师们还会为这样的生活观念设计各种小巧玲珑、便于护理的小花园、配套的小木屋，并在每一间小木屋的门口还搭建为小鸟、小昆虫设计的

图 5-2　德国歌拉的昆虫住舍

各种形状的小屋（图 5-2）。因为在德国人的观念里，人类有了休息居住的地方，也该为各种小动物添上新屋；小动物们有了自己的家，它们就不会来打扰你了。这告诉我们，每个热爱大自然的公民都可以成为城市园林的参与者和建设者。

四是营造"离土不离乡"的文化环境，使传统历史资源得到很好保存。

园林悠久的文化历史使得每一处园林都值得品位，或自然或人文，园林也是保存文化的活标本，像苏州的拙政园、留园、网师园、沧浪亭、狮子林、艺圃、耦园已为世界文化遗产。又如南京的中山陵，不仅是孙中山的墓地，还是了解中国近代血雨腥风历史的纪念地；上海的黄埔公园，不仅是观览东方明珠的最佳视角，还成为了解中国半殖民地社会耻辱历史的观瞻地；上海的新天地太平湖一带的园林景观设计，不仅是旧地改造、城市园林的典范，同时也是中共一大的会址，上海石库门经典建筑艺术，又以中西结合的商业经营策略，营造了20世纪30年代海派文化时尚而高雅的人物风情。

"半亩方塘一鉴开，天光云影共徘徊"。城市园林虽不能大面积营造真山真水，但对自然的创意设计同样也渲染人们的情绪，赋予人类对生命宁静的期盼，永远具有暖老温贫的纯朴。

5.5 园林工作者的美学修养

5.5.1 园林工作者的素质

园林不是对自然界的简单照搬复制，也不是造园者随心所欲的想象虚构，而是根据人的意志，把客观物象即自然界美景变成人的审美意象，再由人的审美意象转化成艺术形象即园林。显而易见，园林工作者并非孤立的，而是处于一定的社会环境之中，受社会审美观念的影响，所创造的园林艺术也是受社会美学观念检验的。因此，园林工作者属于那种可以把矮树变成绿色艺术品的成功者，可以在别人忽视的地方找到神秘的东西，具有穿透土壤看清事物本质的犀利眼睛。园林工作者又是大自然的守护神和艺术家，可以将人工自然修饰得充满生机。在现代社会，要真正成为合格的园林工作者，自身素养十分重要。如果从构园到日常使用和管理这条园林生命的职业流程来概括，园林工作者的素养可以分为专业素养、管理素养和综合素养。

园林专业素养 主要涉及园林、古建筑全系列工种。如果单就园林工种来说，主要分为木工、瓦工、砖细工、假山工、雕花工、油漆工、花木工、彩画工等跟园林密不可分的技术。如果单就古建筑工种来说，主要分为砖细制作与施工、木材选择与使用、白蚁防治、传统油漆配制方法和施工、古建筑彩画技术等跟古典建筑修筑相关的技术。

园林管理素养 主要涉及宣传贯彻执行有关绿化的法律政策，组织实施城镇园林保护、建设和绿化设计工作，承担全民义务植树和国土绿化的宣传组织、督促检查和评比表彰等工作，组织行业学术技术交流、新技术开发引进工作等。

园林综合素养 当然牵涉天文地理、儒释道教、阴阳五行、古典文学、文武张弛、精雕稚拙等增添园林内蕴的知识，还因为同林业、农业有着千丝万缕的关系，所以对物候、生态、城乡等方面亦需要有丰富的知识，这样才能运筹帷幄，把握住园林自出天然的特点。

对于园林工作者来说，园林是项学无止境的事业。例如，在德国开姆尼茨市中心，能看到有一个有 120 年历史的占地几千亩的生态植物园，这个植物园有着非常特别的构建观念。作为生态的自然保护区，在这里种植着各种类型的植物，包括暖棚植物和传统植物。当然最多的区域，是保留着原始森林的茂密景观。

走进植物园，在主干道的右边，是个有旱地、有水域的生态环境区域。在园林设计观念上是设计成德国中北部高原地带的生态环境。在这块区域里，有不用泥土和水泥，而用自然石头堆砌的区域，建成小山的模样，种植着各种草本植物和可以做调料的植物。如我们平常吃的匹萨、土豆汤里用的香草，这里都有种植。还有些是种植在沙子里的香草，在自然环境下散发着特别浓郁刺鼻的熏香气味。人工挖成的自然池塘，种植着高低层次分明的各种绿色植物，既为这个石头裸露的世界增添生气，同时也成为青蛙等各种水生动物和昆虫的家园。在这块沙石做成的景观地带，还种植着一些过去人们常放在窗台前的有强烈香气的植物。因为生长速度过快，人们烦于修剪，所以现在都被当药使用，当然这些香草是不能食用的。另外还布置了像沙漠一般的完全仿自然的人造景观。由于这里杂草比较多，所以需要人工来经常打理，以能长期保持设计时的漂亮模样。

在植物园里还开辟有苗圃，一部分是培育花草，一部分是种植蔬菜，同时这里也是培训学生农艺知识的基地。种植的蔬菜有大蒜、花生、胡萝卜、玉米、向日葵等，还有桑葚、梨、苹果等可以食用和入药的果树。当然这里的规模仅限于满足学校园艺知识的实践需要而已，所以，只是一块小型的苗圃。

在植物园里，暖棚是游客可以观赏的重要景观，在这里，可以看到德国少见的竹子，澳大利亚引进的既能做药又是棒棒糖原料的月桂树。其中一个暖棚主要种植地中海地区的植物，有形式各异的仙人掌，有可以药用的芦荟，有可以抗辐射的俗名"继母"的仙人球，还有当地的许多地被植物，用来保护各式地中海地区常见的小昆虫。里面还种植着可以做泡菜或直接食用的蔬菜和香草，可以做匹萨饼的调料，还有调味的蒜头，可以放在衣柜里的熏衣草。这些蔬菜或香草，通常是带些柠檬味或者薄荷味，西方人在色拉或凉拌菜里经常会用到，有的还可以做装饰。

另外一个较大的暖棚主要是种植热带植物，需要较高的温度和较大的湿度。在这里有可以做菜的树木，有香蕉树、樱桃树、木瓜树、菠萝，以及花生、中国水稻、含羞草等可以在这样的人造气候里生长的植物。在这里，还可以生活许多白天生活在叶片底下的昆虫，像罕见的有20cm长的竹节虫、有15~16cm大小的泰国蝴蝶，形成一个热带生物群落。由于这样的暖棚需要大量的光照和热量，所以即使是冬天，温度也控制在16℃。要维持这样的温度，暖棚的太阳能是不能满足的，所以要提供另外的暖气，以维持必需的温度。但是光照问题始终无法令人满意，所以冬天叶子会大量脱落。

在植物园里，另外还保存着大片的原始森林，种植着许多高大的乔木，以及开姆尼茨市常见的地被植物。为了给年轻游客助兴，在曲里拐弯的林中岩石道上设立了大小不一的木排和大理石材料的乐器、吊桥等助游设施，以及像滑梯、攀坡、秋千等娱乐设施，使得古老的森林里经常会出现愉快而惊险的笑声，祛除了森林过于茂密所形成的阴沉。

在一个生态环境里，自然界里还需要动物，同时也可以使植物园增加对孩子的吸引力。开姆尼茨的植物园也一样，喂养着羊、猪、鹅、鸭、蛇、马等常见动物，并且在通往观赏动物的道路上设置了有各种动物脚蹄形状的指路牌，让小孩可以在猜测中若有所思，增进对动物的兴趣。

如果从植物园角度去评价的话，开姆尼茨植物园在自然景观的营造上，具有世界上罕见的造园理念，那即是专门辟出块地来仿造最自然化的景观。虽然这样仿照德国北部地区的景观感觉上不怎么精致和漂亮，但因为自然，所以具有强烈的生态性，现在也成为德国中小学生了解自然及植物的重要实践场所，体现了植物园不单纯是观赏性的，还是了解和学习的理想自然之地。

这样的植物园在现代园林样式里也是十分新颖的，显然所体现的园林工作者的素养充满时代面貌和世界精神，所沿展的园林观念说明了园林工作者的职业素养是不断提高、精益求精的过程。

5.5.2 园林工作者美学修养

前文反复强调园林诗情画意的美，强调审美中的人情因素，强调同中有异的意境构思，强调园林大小和动观静观的关系，强调园林植物和山石安排的清丑玩拙，强调园林陶冶性情的功用。显然这些内容的完美实现有赖于园林工作者的审美态度，有赖于园林工作者的美学修养，有赖于对园林真善美的理解。

拿造池艺术来说，这是园林的理水手法，但如果缺乏美学修养，栽培水生动植物必定品位不足。围绕造池，园林工作者首先必须注意生物生长群落的和谐问题。如必须考虑水上水下的动植物包括昆虫，它们在当地环境里能否保护，因为水中生物可以是最小的细菌类，还可以是胚胎、水藻类十分细小的生物、昆虫或小动物；必须考虑植物有根在水里、叶在水面上的，也有些植物并不需要根，有些植物是游离状态的。水里生存的动物很少浮在水面上，像有脚的类鱼动物，是水中环境的保护者。生长在池边的植物，比动物多得多，有青蛙、蜻蜓。蜻蜓有蓝色、红色的，在水面上飞，十分漂亮。还有些软体昆虫会附着在植物或水面上。

其次，园林工作者必须注意生物生长环境的条件问题。植物在水域中的生长是要营养的，如果只放些植物，那么就会出现营养过剩的绿藻，无锡太湖的蓝藻就是营养过多引起的绿藻的疯长，因为一般腐烂的叶会自身带来营养，而种植植物可以使绿藻失去栖身之地，同时可以控制水中营养。对于水池而言，温度越高氧气越低，温度越低氧气越高；水深水温低，水浅水温高。如果要生长生物，水必须深一些，氧气多有利于生物生长。做小水池时要考虑风从哪里来，光从哪里来，这对喜光植物的生长十分重要，设计时要充分考虑这一些。在阳面种树可以使生物不太受伤害，中午树可以遮挡些阳光。

再次，园林工作者必须注意生物生长搭配的合理问题。根据水生植物土壤的深浅，水中植物有不同的组合。水边种树必须考虑距离，湖面比较大的地方，必须种在有足够土壤的地方，树跟湖的距离十分重要。树长在湖旁边还起到保护湖的作用，但距离不能太远。湖至少要有 6h 的光照时间，所以湖边不能全部围起来，树只能种在一边。树离湖太近，枯枝败叶全会落在湖里。考虑到遮阳，湖边种植高高矮矮的植物，还要配合建筑，和谐是最重要的。紧贴湖的沼泽地带，土壤比较湿润，是种植水生植物的最佳区域。此区域水的深度一般在10cm 左右。水深 10～30cm 的地方是布置水草的最佳地带，是种植植物种类最多的地方。这里的植物是挺水植物，直接长出水面。一般湖都有坡度，这样可以种植不同的植物。80～100cm 深的水域可以养鱼，还特别适合种睡莲，因为睡莲通常需要 80～100cm 深的水域。睡莲有许多种类，一般水深 30～40cm 才易存活，最好是 1m 的水。睡莲的花有黄的、白的、红的，花朵的直径从 3cm 到十几厘米。大莲花的水需要深一些。如果不养鱼，冬天时要将莲花捞上来。

最后，园林工作者必须注意生物生长特性的差异问题。水生植物有许多种类，有的沉水、浮水、挺水等，但阳光充足的话会开花，总之，植物在水中的生长情况是不一样的。莲花必须在湖底生根，花长出水面，茎里有许多孔，水和空气可以在里面流动，也可以在水中盆栽。可以做成不同坡度的池边，那样坡度缓的地方可以种水生植物，坡度陡的地方一般用石头砌起来，种上旱地植物，并注意在水中生长的植物刚种植时要考虑到泥土的流失的问题，可以使用网兜，帮助土和植物的根长紧。种植什么水生植物，造池时要充分考虑清楚。浅水池可种挺水植物，种植时如果想直接种植，可以将池底做成水缸式的，上面再加上石块。

由造池，可以发现园林工作者有两个主要的美学修养，一是恢复自然，同大自然融为一体，实现"天人合一"的目的；二是为了漂亮，起到观赏性作用，实现"宛自天开"的目的。要在美学上具备这样两个目的并非易事。"天人合一"是讲对园林的热爱同宇宙万物相谐的理想追求，需要对自然界充满敬畏和喜悦的深刻体验，需要排除现代文明急功近利的影响，将职业生涯变成对园林的陶醉时光，就像陈从周那样，称自己与园林是"何以解忧，唯有园林"的美好关系。"宛自天开"是讲每一次园林实践都可以毫无困难地体现园林古老的繁殖力量，以作者和游客的双重心理感受造物主的神奇奥秘，感受每朵花每片叶的生命灿烂，感受井然有序的园林现象。

站在美学高度，园林又是园林工作者学无止境的行业。例如，2007年在德国布嘎（BUGA '07）举办的三年一次的欧洲园艺展布置在歌拉（GERA）城市公园展点里的室内外花卉景观展览。一走进公园，立刻就会被一块块的大型花艺布置吸引住。在这里，可以看见夏天盛开的各种德国人喜欢的小型花朵，像羽衣甘蓝、熏衣草、藿香蓟，甚至还用玉米树来衬托景致的高低层次。当然更多是标签上标注拉丁语的各种叶子迷人、花姿绰约的颜色各异的花卉植物，而且因为层层叠叠，这些植物在强烈的阳光辐射下，分外缠绕如痴如醉的风烟云气，给人别有番面面生动、浪浪具形的感觉。

在近300m²的室内展厅里，布置了许多园艺小品，如中间区域的庭院设计中，园艺家们将众多造型各异的倒吊金钟摆放在一起，并借助枝叶茂盛、花朵繁茂的整片布局，对人的视觉就产生了极大的震撼力，在凝眸观望之际，你完全可以认为那悄然流走的光阴暗含着起伏俯仰的自然妙合。那些按一年四季布置的餐桌园艺，红色的鹅掌、白色的百合、黄色的月季、橙色的菊花、紫色的熏衣草，还有富贵竹、天竺葵、仙人掌、玉米叶等相配，营造出十分高雅、清新的格调，展现了德国精湛的园艺设计思想，如影随形地将人们的馨香情感拟化出来，使人流连忘返，纷纷伫立拍照，好像要将眼前所看到的一切完完全全地收藏起来。形象生动的园艺造型亦将设计师的形神追求连通起来，将设计师在真山真水的探讨心得在这里提炼出来，让人们享受到了大自然含笑的一面。

在进入室内展厅的入口通道上，园艺师们也设计了一道道秀色可餐的小盆景。如矮小的虎皮叶被放在口径有 40cm 的陶盆里，中间夹种着玉树、粉紫色的牵牛花，并在虎皮叶的左右两端放上两个很大的柑橘，一副小家碧玉的样子。又如一个黑色的约 30cm × 40cm 的陶瓷花盆里放着有三四种热带肉质厚叶的植物，中间点缀着四季海棠妖冶的红色小花，星星点点，煞是好看。有趣的是在这个盆景前，园艺设计师还在一个主菜盆内放上两片芦荟叶子，上面用刀刮去青绿的表皮，写着"DICKE FRCUNO…"些字母，感觉好像是艺术家在用他的精魂呼唤着观众肥厚、缠绵的柔情（图 5-3）。像这些并不有意要人注意，但又无法错过的艺术小品，让人时时刻刻感受到园艺设计师的内心世界，他们对自然的创意设计同样也渲染游人情绪，赋予游人对生命宁静的期盼。

图 5-3 写着"DICKE FRCUNO…"等字母盆景

当园林工作者具备这样的热爱生命又崇尚生命的美学修养时，才能真正能读懂园艺设计建设的自然花语，体验职业生涯里所历经的痛苦和欢乐，获得"春有'锦绣谷'，夏有'石门涧'，秋有'虎溪'日，冬有'炉峰'雪"的美景，而中国古人"悠然见南山"的刹那间妙境也就近在咫尺了。

➤ 复习思考题

1. 联系实际，谈谈园林管理的基本要求。
2. 为什么在园林设计中，植物配置占有重要的地位？
3. 如何进行日常园林维护？
4. 为什么园林管理有"清洁也是美""简单也是美"的说法呢？
5. 谈谈现代城市园林的功效。
6. 园林工作者必须具备哪些美学修养？
7. 试从图书馆、网络或其他资源渠道，阅读下面的国务院或有关部门制定的园林规章制度，选择其中若干则规章制度，谈谈园林管理和园林美学的基本关系。
   (1)《城市动物园管理规定》；
   (2)《城市园林绿化企业资质管理办法》；

（3）《风景名胜区管理暂行条例实施办法》；

（4）《城市绿化规划建设指标的规定》；

（5）《古建筑消防管理规则》；

（6）《国家级森林公园设立、撤销、合并、改变经营范围或者变更隶属关系审批管理办法》；

（7）《游乐园管理规定》。

8. 1890年，法国印象派画家莫奈在吉维尼购置了一座花园住宅，一直到去世前，他几乎把全部精力放在营造花园的水榭和培植他不断描摹的花木上，水和花卉成为莫奈突发奇想、信手拈来的理想"印象"。相传，莫奈在选择种植的花种时，已考虑到花的生长期，在他的用心营造下，莫奈花园一年四季皆有花可赏，随时充满生机。

春季百花盛开，石竹、杜鹃花、黄水仙、紫罗兰、铁线莲等花，争奇斗艳，美不胜收。4~5月间，苹果花和樱花布满枝干。这时莫奈居住的粉红色房屋便会淹没在花海中，成了繁花幻境里的城堡。夏天里，天竺葵妍红、牵牛花姹紫、金盏花绽橙、向日葵怒黄，还有各色各种的玫瑰花和五颜六色的大丽花，错落有致，为莫奈花园里谱出优美的色彩合弦。然而，素雅的睡莲才是夏日花园的真正主角：粉红、鹅黄、浅紫、纯白的睡莲在晨雾中缓缓舒展，在阳光下慢慢挺立，在落日余光中静静送香，池水映着岸边的绿柳、竹荫，横跨莲池的日本桥则垂挂着串串的紫藤，美不胜收。

时序到了天高气爽的秋季。蓝色的绣球花、风铃草、百合和秋麒麟，为花园换上秋装。紧接着银杏展开黄叶，枫树点染红叶，银苇飘扬看一片细芒花。瑟瑟的秋意景象或许萧寂，但秋天的吉维尼仍不失风采。冬天的赏花场景，则由园里转到室内。莫奈为了不让四季的色彩有所留白，而在花园里设计了一座温室，培养兰花和其他花朵，为的就是要让绿意延续到隔年。到了冬末初春，黄茉莉、圣诞月季拔得头筹，首先登场，莫奈花园渐渐自寒冬中苏醒。随着寒冬的脚步逐渐远离，樱草、郁金香、水仙纷纷冒出头来，成群成片地绽放，莫奈花园又重新活跃起来了。

莫奈曾经说："当一人停留在和谐表面时，是不可能离开现实很远的，至少不可能离我们能够认识到的现实很远。我只是观察了世界所展示出来的一切，并用笔记录下来。"大自然的色香姿韵给了莫奈无穷尽的艺术创造力，使得他获得无与伦比的艺术成就，被认为是屏息静气的完美幻影。

（1）试结合莫奈"干草垛""睡莲"系列绘画，谈谈莫奈花园植物配置的韵律美；

（2）对你现在居住地的某块绿地进行实地考察，分析其园林生态美或不够完美的地方。［提示：可用照片进行说明。］

9. 这些年，园林古建筑工艺越来越吃香，不仅是世界遗产、文物的修复，各地还在兴建大量的仿古建筑，包括现代园林式住宅、绿地的建设等。但是对于园林修复，著名古典园林专家陈从周在《说园（三）》里却说过这样一段话："整修前人园林，每多不明立意。余谓对旧园有'复园'与'改园'二议。设若名园，必细征文献图集，使之复原，否则以己意为之，等于改园。正如装裱古画，其缺笔处，必以原画之笔法与设色续之，以成全璧。如用戈裕良之叠山法续明人之假山，与以四王之笔法接石涛之山水，顿异旧观，真愧对古人，有损文物矣。若一般园林，颓败已极，残山剩水，犹可资用，以今人之意修改，亦无不可，姑名之曰'改园'。"

（1）试从园林工作者的美学修养角度，谈谈陈从周这段话的现实意义。
（2）试举一古典园林改造工程，谈谈古典园林使用与观赏双重改造的功效。

➢ 推荐阅读书目

1. 笠翁一家言文集．[清]李渔《李渔全集》．浙江古籍出版社，1989.
2. 中国古典园林史．周维权．清华大学出版社，1999.
3. 惟有园林．陈从周．百花文艺出版社，2007.
4. 江南园林志．童寯．中国建筑工业出版社，1984.
5. 禅与园林艺术．任晓红，喻天舒．中国言实出版社，2006.
6. 21世纪园林城市：创造宜居的城市环境．J.O.西蒙兹，刘晓明，赵彩君，孙晓春，译．辽宁科学技术出版社，2005.

第 6 章 园林美学的继承和发展

[**本章提要**] 中国古典园林完整体现了中华民族科学而又艺术的生存智慧，是"天人合一"的生态艺术典范。现代园林美学在继承了古典园林美学精华的基础上，随着现代科学技术和文化的进步、设计手段和研究方法的更新、新材料的不断出现，进入了高度重视生态文明的、和谐发展的时期。在学习本章时，要注意了解中国古典园林的生存智慧和生态艺术，理解新时期园林美学新的内涵和园林审美意识的转变，熟悉园林美是城市现代化的有机组成部分，掌握生态园林的科学内涵和基本原则。

6.1 中国古典园林美学概述

6.1.1 中国古典园林的生存智慧

中国古典园林体现了"天人合一"的思想：把自然和人作为一个整体来对待，人不能凌驾于自然，只是它的从属。这种哲学传统对建设和谐的人地关系有重要意义。但是受儒家、道家、佛家等的影响，传统哲学中也存在消极避世和固守传统的价值观。这些思想已沉淀在中国人的思维深处，表现在中国传统文化的方方面面，诸如文学、音乐、绘画、戏剧和建筑，更反映在古典园林上。

德国浪漫派诗人荷尔德林（F. Friedrich Hlderlin，1770~1843 年）曾写过这样的诗句："人诗意地栖居在这片大地上"。人类非诗意地居住就是人类不断地向自然索取，疯狂地追求名和利，人类诗意地居住就是人类真正把自己作为自然之子、爱护自然、融入自然。"诗意地栖居"多么令人向往！如果说"诗意地栖居"只是体现了诗人的理想，那么中国古典园林却实际体现了"诗意地栖居"。俞孔坚曾总结出中华民族理想的景观模式有蓬莱、昆仑和壶天等仙道境域的幻想模式、风水佳穴模式和须弥山佛国理想模式等。中国古典园林一般注重对风水佳穴的选择、仙境灵域和闭合式壶天模式的模仿，还特别重视清净养生、诗书画艺术养生，创造出和谐、诗意的境界，完整体现了中华民族科学而又艺术的生存智慧。

(1) 风水说与生态学

中国传统的"风水说"长期虽被斥为"封建迷信",但具有顽强的生命力。整体上说,"风水说"确有许多迷信的成分,但在某些方面如对罗盘的应用和对地形的分析仍具有科学性。中国古典园林的"风水佳穴模式"就是"风水说"的体现。

工业革命以后的西方世界始终经受着一种生态学上的"精神分裂症"的折磨,一方面是对高产值、高物质享受欲望的无止境的追求,其结果导致了自然资源的枯竭和环境的恶化;另一方面又表现出对大自然的热爱,一有机会便投身于大自然中去露宿、去遨游,为此又不得不通过各种途径,包括法律的和技术的,对环境进行保护和治理。在园林建设中,许多有识之士试图把哲学、伦理学和心理学应用其中,于是在世界范围内产生了"风水热"的现象。

追溯起源,"风水说"的最主要目标是为家族的阴阳宅选一最佳的环境,即所谓的"好风水"。怎样才有好风水呢?"风水说"中始终强调了一种基本的整体环境模式:"左青龙,右白虎,前朱雀,后玄武"。以山地为例,这种模式的理想状态是背倚连绵山脉为屏;前临平原,两侧水流曲折回环,水质清晰,流汇于面前;左右护山环抱,山上林木葱郁。这种大吉的风水环境,以明陵园最为典型:整个陵园北以天寿山为屏,两侧山势环抱,并有龙山、虎山左右为护,多条溪流自山间缓缓流出,屈曲蜿蜒于围合的是山间平原之上,沿河流及山间谷地形成多个与外部联系的豁口和走廊,使整个空间闭合而又通气。不但整个陵园具有这种理想的风水模式,各个帝陵的选址也遵循了相似的模式。各种山地寺庙的环境也具有同样的结构,北京西山的卧佛寺、碧云寺、八大处等著名寺庙就是最好的范例。

苏州园林选址以四神兽模式为最佳,如《阳宅十书》所言:"凡住宅左有流水谓之青龙,右有长道谓之白虎,前有污池谓之朱雀,后有丘陵谓之玄武,谓最贵地。"苏州耦园,东(左)为流水,南(前)有河道,北(后)有藏书楼,楼后又为水,西(右)有大路,自然为大吉之地。

风水中还有一些符合医学科学的内容,例如,住宅建筑前屋低、后屋高的吉,符合人们对于光照的需要,阳光紫外线可以杀菌。风水术对小环境的树种选择也甚为讲究,如《相宅经纂》主张宅周植树,"东种桃柳(益马)、西种栀榆、南种梅枣(益牛)、北种奈杏";又"中门有槐,富贵三世,宅后有榆,百鬼不近""宅东有杏凶,宅北有李、宅西有桃皆为淫邪""门庭前喜种双枣,四畔有竹木青翠则进财";还有"青松郁郁竹漪漪,色光容容好住基"之说,提倡种松竹。上述貌似迷信荒诞的吉凶说,却颇符合科学,它既科学地根据不同树种的生长习性规定栽种方向，有利于环境的改善，又满足了观赏的要求。苏州园林对植物树种的选择就很讲究，如网师园和狮子林都门庭前植槐，以符"槐门"之称，大厅的前后种上金桂玉兰，以合金玉满堂。园林中以松柏为主景的也很多，网师园的"看松读画轩"、拙政园的"听松风处"、怡园的"松籁阁"都以松为主景。

中国古典园林的建造者们在长期的造园实践中，逐渐拂去了构园活动中浓重的迷信色彩，而强调了构园中符合人们的环境生态、环境心理的科学性和实际性，如明代计成在他的《园冶·立基》中明确地说"选向非拘宅相"，认为园林的建筑布置、向背应该根据造园的立意，因地制宜，而不可完全为风水所迷惑。苏州宋代的沧浪亭、明代的艺圃和清代的听枫园，大门都朝向北面。苏州大量的私家园林大门朝向是依街巷方向而定，与民宅并无二致。

（2）水文化与养生

水不仅是生命之源，也是文化之源，且合乎养生之道。中华民族在认识水、治理水、开发水、保护水和欣赏水的过程中，留下了丰富的精神产品，领悟出许多充满智慧的哲理，奠定了中华水文化的深厚底蕴。《尚书·洪范·九畴》说："五行：一曰水，二曰火，三曰木，四曰金，五曰土。""水曰润下"，以水为第一，意思是周流不息，滋养万物。《诗经》之开篇第一首《关雎》之"关关雎鸠，在河之洲。窈窕淑女，君子好逑。"中男女相知、相悦也是在"河""洲"之际实现的。

以"再现自然式山水园"为主要特征的中国古典园林，是世界园林艺术的宝贵遗产。水往往是中国古典园林的主要景色，无水不成景，无水不成园。水总是占据园林的中心地带，房屋依水而建；山依水而造；还有那建于水中的凉亭、长廊和小桥，更增添了园林的魅力。园林因水而活，园林因水而美。

水在园林中不仅具有丰富的文化内涵和审美作用，还具有养生学和生态学作用。费尔巴哈曾说过"一种精神的水疗法"，认为"水不但是生殖和营养的一种物理手段……而且是心理和视觉的一种非常有效的药品。凉水使视觉清明，一看到明净的水，心里有多么爽快，使精神有多么清新！"

另外，水生植物还具有净化水体、增进水质的清洁与透明度等功能，如芦苇、水葱、水花生、水葫芦等不仅具有良好的耐污性，而且能吸收和富集水体中硫化物等有害物质，净化水质。

（3）植物与养生

绿色植物是人、自然、环境连接的纽带，中国古典园林以此纽带构成了人、自然、环境和谐共生的生态系统。大量的植物不仅改善了物质环境，而且有益于人体身心健康与生理健康。

绿色植物具有调节改善小气候，保持水土，滞留、吸附、过滤灰尘以净化空气、杀菌、吸毒、降低噪声等作用，对人类有医疗保健功能。

6.1.2 中国古典园林的生态艺术

(1) "生态园林"概念的内涵

有关生态园林的概念内涵至今仍然是众说纷纭，莫衷一是，有着不同的见解。从国内外的发展过程来看，生态园林可以考虑从以下几个层面来理解：

①哲学思想层面：生态园林的实质是以人、社会与自然的和谐为核心，在和谐的基础上实现人类自身的可持续发展，是以创造生物和谐共荣的园林景观与环境为目标的。

②生态学层面：生态园林愈加重视生态学原理的应用和实践，以包括信息、新能源、新材料、生物等生态技术为手段，使物流、能量流、信息流、生物流高效利用，期望以尽可能少的投入获得尽可能大的效益。

③园林学层面：园林植物在生态园林中居主导地位，提倡和强调植物造景是生态园林的首要任务。通过保护各种自然植物群落和建立模拟自然植物群落，充裕园林的自然性，这也是人类热爱自然、尊重自然、模仿自然的一种必然选择。

④经济学层面：生态园林不仅追求量的增长，更注重质的提高，强调园林三大效益，即生态效益、社会效益和经济效益的综合，从该层面理解的生态园林是以提高物质性资源的利用效率和再生能力为目的的。

(2) "天人合一"的宇宙观

研究中国古典园林的生态艺术，离不开"天人合一"这一具有中国特色的宇宙观。

我国传统文化总结起来，大致可以概括为儒家、道家两大源头，二者在发展过程中逐渐形成了"我中有你，你中有我"的局面，再加上后来的禅宗思想，形成了中华民族传统文化的思想渊源。

西汉时期的董仲舒把古人天人和谐的观点引申为自然与人为、自然与人的合一，即"天人合一"。他在《春秋繁露》中一再强调了他的天人合一观：

天地之生万物也，以养人。(《服制象》)

为人者，天也。人之（脱一"为"字）人，本于天。(《为人者天》)

身犹天也……故命与之相连也。(《人副天数》)

人之居天地之间，其犹鱼之离（即"附"）水，一也。(《天地阴阳》，苏舆《义证》："人在天地之间，犹鱼在水中。")

董仲舒还把人化了的自然赋予人的性格，从伦理道德到精神思想，形成人与大自然的统一。古人把观察天地自然的过程作为主体道德观念寻求客体再现的过程，也是基于人的性格心理与自然相和谐统一的这一哲学基础。

"天人合一"的宇宙观，决定了园林景观要融汇到无限的宇宙之中才是最高尚的审美情趣。在古代，当园林有限的尺度与无限宇宙之间的矛盾永远无法统一时，特别是私家园林难以和气势恢弘的皇家园林相比时，园主便不得不仰仗借景、缩景、"壶中天地"(《后汉书·方术传下》)、"芥子纳须弥"(《维摩经·不思议品》)等艺术手法来达到万景天全的境界。

"天人合一"和"生态园林"古今这两种园林思想有着不谋而合的统一性和一致性，主要体现在以下几个方面：①二者在对自然性的追求上是统一和一致的。②二者在生态学理论的实践上是统一和一致的。③二者在植物配置与造景的内容上是统一和一致的。④二者在维护生态平衡的作用上是统一和一致的。

(3) 中国古典园林是"天人合一"的生态艺术典范

生态学是研究生物与其环境，包括其他生物与非生物之间相互关系的科学。园林与人类生活、资源利用和环境质量之间存在着复杂微妙的关系，是人类生活于其中的生态系统中一个重要的组成部分。园林生态学以人类生态学为基础，融汇了景观学、景观生态学、植物生态学和有关城市生态系统理论，研究在风景园林和城市绿化可能影响的范围内人类生活、资源使用和环境质量三者之间的关系及调节途径。

当今时代常被称为环境时代或生态学时代，人们又呼唤着生态批评和生态艺术，而中国古典园林，正是最具典范性的生态艺术，最能充分体现"天人合一"的精神。它虽然产生和发展于中国古代，却极大影响着现代中国，甚至国外的园林设计和建造。

金学智指出："古典园林绝大多数属于山水写意园林，它与山水画在'善'与'美'等方面有其同构性，但园林却是存在于三维立体空间的现实化了的山水画。"

中国古典园林还能给人以多方面的生理、心理上的满足。它不但能给人从多方面满足人的精神生活需求，而且还能从多方面满足人的物质生活和生理上的需求。

6.1.3　中国古典园林的当代价值与未来取向

中国园林的古典时期虽已结束，但其生命却并未因此终止，相反确有其旺盛的生命力。

正如金学智先生指出的那样："中国古典园林是美的荟萃，史的积淀，是祖国锦绣河山的缩影，中华民族艺术和科技的骄傲！在新的时代里，它又不断地走向街头，走向院落，走向室内，走向农村……它以其艺术实践证明自身不但有其灿烂辉煌的过去，而且有其蜚声中外的现在和几乎无限的未来！"

中国古典园林既影响当代，又指向未来。它具有生态学、文化学、哲学、美学、养生学、建筑学、园艺学等多方面的价值，很难逐个列举。尤其是中国古典园林以其独树一帜的造园理论和艺术风格，创造了"虽由人作，宛自天开"的人与自然和谐统一的高尚境界。生态园林文化使旧有园林的内涵和外延不断丰富和扩展，它符合历史发展和保护人类生存环境的当代价值与未来取向，是人类生态意识发展的必然，是人类重新认识人类自身与自然的关系，追求自然与人类共存的理智选择，在促进自然与人类共存的进程中将起到举足轻重的作用。

6.2　园林美学思维的嬗变

6.2.1　时代赋予园林美学新的内涵

今天，随着新世纪和新时代的来临，人类一方面在深刻的反省中重新审视自身与园林的关系，重新谋求建立人文生态与自然生态的平衡关系，以图重建已遭破坏的家园；另一方面，新时代的来临使人们更加需要建立一个融当下社会形态、文化内涵、生活方式、面向未来的更具人性的、多元综合的理想生存环境空间，这是新时代赋予园林美学新的内涵。

（1）城市社会经济文化的生态理念及美学深化

21世纪是一个崭新的绿色生态文明时代，园林美学又获得了新的现代本质定性，即"生态美"的科学内涵。时下十分流行的"生态园林"建设概念，尤其像历史文化名城，如杭州，它实际上就是"山水园林城市"或"Garden city"建设在现代科技文化水平上的新发展，是生态意识的现代深化和表述。"山水园林美学"思想赋予了现代都市"城市大花园"的壮观图景。

(2) 生态城市社会经济发展模式的转型

现代山水园林城市建构的美学特征，就是在固有的自然美、艺术美建设基础上突出了对生态美的建设，并且紧紧地与城市生活方式、发展方式的深层变革联系在一起。生态园林的经济形态，就是以最少的能源、资源投入和最低的自然生态环境代价，为社会产生最多、最优的产品，为民众提供最充分、最有效的服务。生态园林的科技支撑形态，就是以知识信息技术为核心，以信息、生物、海洋、空间、新能源、新材料等技术为主体的科学知识高度密集的科学技术群和产业群。生态城市的组织形态，就是在生态环境良好保持与创造基础上，兼容工业生产、科技文教、自然山水、园林建筑等要素，城市走向区域化和城乡一体化。这就是当今人们追求的园林美的生活图景。

6.2.2 新时期园林审美意识的转变

(1) 审美概念变化

将风景园林艺术的概念从狭义的人工园林艺术扩展到追求大环境的自然化和美化的"环境艺术"的范畴。又由于生产力和交通、商品经济及各种交流的日益兴旺，人们对环境的概念已不再局限于小庭院或一个小地区，而是把一个城市区域、整个地区和国家，乃至地球作为生态环境的整体来关注。

从园林审美类型看，当代风景园林已从传统的以人工园林为主体的皇家、私家、宗教园林扩展到以自然山水为基础的风景名胜区和特殊地貌景观保护区、区域性公园、小游园等公共绿地系统，各类专用绿地及与建筑物相关的庭院小园林等广泛多样的类型。

从园林美学研究的对象看，当代园林美学已从单一的研究园林艺术特征，诸如形式美、内容美、意境美扩展到研究艺术、科学和自然三者之间的关系，特别是人和自然的审美关系这一现代美学的重要课题上来。当代园林美学已成为自然美的主要社会实践。

(2) 审美需求的变化

从单一的追求园林的画面美向多形式、多功能的综合审美要求扩展。既向往未来，又缅怀过去；既追求豪华，又希望宁静；既对现代的生活趋之若鹜，又对田园的古老情趣流连忘返。这是矛盾的统一。市区愈现代化愈好，风景区则宜越有民族风格越好，外观可古色古香，内部设施则"一应俱全"。柳永"市列珠玑、户盈罗绮、竞豪奢"与郁达夫"泥壁茅蓬四五家，山茶初茁两三芽"的意境可并存。

同时，追求立体空间的丰富变化和虚实空间的奇妙创构，声光的配合以及现代色彩、画面的运用（如音乐喷泉、激光背景，窗、墙、电梯内壁运用新技术、新材料装饰的自然风光画面等），以满足现代人多种审美需求和情思观照的意境。

其中有几个重点趋向意识：

①回归自然：在紧张工作、快节奏、激烈竞争的现代社会环境中，如何保持人间诗意，感受人和自然的和谐与温馨。这将引发人类本能的对自然的回归意识（包括对生命的激情、意义，情感的憧憬与思索）。追求途径则为"通感"——可观、可闻、可听、可触、可感、可思……

②美感熏陶：有意识地把风景园林作为启发、培育、熏陶审美情趣、寻求美感知识的地方（如少年时代的幸福欢乐、青年时代的求知求爱、中年时代的深思开拓、老年时代的宁静反思）。

③多功能综合意识：审美赏景中多种生活和文化的功能，追求改善自然生态环境、增进健康。如爬山、日光浴、疗养、海水浴等，各种聚会、野餐中多艺术目的之审美功能与多学科之实用功能的交叉及综合。同时，生活上要求舒适和情调上追求古朴、野趣的矛盾统一，是现代人生活和意识的特点之一（如在有空调的餐厅中点着蜡烛喝咖啡，在有现代化设备的帐篷里体验草原牧民的生活情趣）。

（3）审美时空观变化

审美客体的内容和三维空间结构形式的高层次审美需求导致了多序列、多声部、复杂的立体空间结构形式（如山洞中激光背景下的湖泊，国外游乐园中的奇妙、复杂的人工景观）。

同时，现代文化背景又要求审美实体空间（物质要素构成的境界）与意象空间（人的感受、联想）范围的紧密联系与扩展。不能过于讲求含蓄、玄妙（现代人普遍缺乏封建士大夫的某些方面的文化底蕴与闲情逸致），要求更接近大自然及思维规律，但又更丰富（景观外在形式引发联想）。

当然，审美客体在空间顺序和时间顺序上的多样性与复杂性也日益发展。这也是现代科学技术和生活的发展使人们在这方面要求更高，近年来世界各地的特色公园颇受欢迎就是一种反映。如香港海洋公园，美国、日本、欧洲先后建起的迪斯尼乐园中的园林部分，深圳的锦绣中华园等。

中国古典园林景观出口远涉重洋，先后在加拿大（如梦湖园、逸园等）（图6-1），美国（网师园一隅）的西洋现代园林或大型文化娱乐中心内"安家"也是这方面的佐证。

当然，最后还有审美主体的变化，即园林美的欣赏者由少数王公贵族、

图 6-1　加拿大的梦湖园

封建士大夫变为全体人民大众。而人民大众不仅在数量上大幅度提高，在欣赏需求和文化层次上也呈现多样化趋势。

园林审美观的这些变化、发展对园林美学和园林美提出了新的课题，它要求我们从时代的角度去研究。从某种意义上说，这是具有承前启后的历史价值的。

6.3　园林与现代化城市的整体环境艺术

6.3.1　园林美是城市现代化的有机组成部分

园林美是城市现代化的有机组成部分。传统的城市园林是在城市发展过程中，由于人们的需要而专门建立的模仿自然，供人观赏、游憩的场所。这个时期，主要是借鉴古典园林的造园思想，在一个个独立的地域内建造一些公园、花园和纪念园等。事实上，这个时期很多的园林就是古典园林经过简易的改造后，对外开放而形成的。这时的园林虽然结束了园林为少数人服务的狭隘，打开了对外开放，为大众服务的"园门"，但毕竟园林还只是一个个独立的园子，与城市建筑、街道等城市设施没有形成相互的联系。园林、建筑、城市设施都是城市建设中的独立体，是一种简单的混合，是城市园林发展的初级阶段。园林的研究主要偏重于古典园林造型艺术和园林的观赏性方面。

随着我国城市建设的进一步发展和生态环境的恶化，整体环境艺术成为城市现代化建设的一个重要方面，园林在这方面起着重要的作用，近年来逐步形成了大园林思想。大园林思想，是在传统园林和城市园林绿地渐成系统的基础上，继承和借鉴中国古典园林理论、前苏联城市系统绿地规划理论和起源于美国的 Landscape Architecture 理论发展起来的。其核心是建设园林式的区域、城市甚至国家。实现大地景观规划，其实质应当是园林与建筑及城市设施的融合，也即是说，将园林的规划建设放到城市的范围内去考虑，园林即城市，城市即园林。它强调城市人居环境中人与自然的和谐，以满足人们改善城市生态环境、回归自然、亲近自然的需求；满足人们对建筑室内外空间相互交融，以提供休闲、交流、运动、活动等工作和生活环境的需求；满足人们对建筑等硬质景观与山石、水体和植物共同构筑的环境美、自然美的需求，创造集生态功能、艺术功能和使用功能于一体的城市大园林。因此，大园林理论是城市建设发展的必然，也是园林发展的必然，它使园林进入了与城市建筑和城市设施融合的高级阶段，也使园林进入了对园林艺术、园林生态和园林功能综合研究的大园林阶段。

大园林理论的出现，从理论上阐明了园林美是城市现代化的有机组成部分，自此我们可以从更广泛的层面来理解园林的概念，首先是园林即城市，其次包括城郊森林、自然保护区、名胜古迹、著名的现代建筑、雕塑、公园、绿地、喷泉、行道树等。

在现代化的城市建设中，除了考虑交通、商业、通信、能源和粮食供应等因素，应当重点考虑为城市居民提供高质量的居住环境，最终使人们逐步拥有一个鸟语花香、可以"诗意地栖居"的环境。

6.3.2 生态文明视野中的现代城市园林建设

大园林理论提出了园林是生态功能、艺术功能和使用功能的和谐统一。园林是艺术和科学的结合，具有改善生态、净化环境的生态功能，创造意境、美化环境的艺术功能，以及供人游憩、交流等的使用功能。建设城市大园林就是要利用现代设计理念，结合现代城市建筑、设施等，在首先满足城市使用功能的前提下，充分利用植物、山石、水体和建筑，构筑具有丰富文化内涵的、生态的、满足人们生活需要的城市人工环境，以实现园林三大功能的有机结合。

工业时代的城市建设导致人与自然之间出现极为紧张的关系，因此，新的建设实践和城市规划设计，都主张"生态、绿色、健康、安全"。世界各国都主张避免高层建筑集中以加剧"热岛效应"，主张通过绿地和建筑群的合理布置，形成"生态绿色环境"。

现代城市园林建设要遵循生态园林的理论指导。生态园林是以人、社会与自然的和谐为核心，用生态学原理研究植物单个有机体和整个群落与环境（包括自然环境及社会环境）的关系，同时研究植物群落的发展，组成特性及其相互作用，扬其共生、避其相克，形成有规律的人工生态经济系统，以提高城市社会经济，环境综合效益，促进城市生态与经济可持续发展的一门学科。

生态园林的科学内涵在于：

①依靠科学的配置，建立具备合理的时间结构、空间结构和营养结构的人工植物群落，为人们提供一个赖以生存的生态良性循环的生活环境。

②改善环境质量，调节小气候。充分利用绿色植物，将太阳能转化为化学能，提高太阳能的利用率和生物能的转化率；吸收二氧化碳，放出氧气，维持碳氧平衡；吸收环境中的有毒有害气体，吸滞粉尘，衰减噪声，调节生态平衡。

③美化景观、丰富建筑群体轮廓线。生态园林是美化市容，增加城市建筑艺术效果，丰富城市景观的有效措施，使建筑"锦上添花"，使城市和大自然紧密联系。在绿色环境中提高艺术水平，提高游览观赏价值，提高社会公益效益，提高保健休养功能，为人们提供更高层次的文化、游憩、娱乐需要和人们生存发展的绿色生态环境。

生态园林城市建设的宗旨是要改善城市环境，为居民提供舒适健康的生产生活环境。它强调以人为核心的设计理念，创造"天人合一"与自然融合的人居环境的空间，人与自然和谐共生；以"绿色空间"构筑绿色城市的空间网络。建设中要求具有亲和性，富有人情味，又有教育性和舒适性，还要求自然性，以自然为宗，依托城市自然地貌，结合城市风貌、结构特征和空间属性等进行科学布局和规划，体现自然植被景观和群落结构特征，实现城市生态园林建设中的自我维持、协调发展，并与整个社会的和谐可持续发展有机结合起来。

城市生态园林建设的程度是衡量现代化城市文明程度的重要标志之一，是维护大自然生态环境的一个重要手段。20世纪二三十年代，一些发达国家便开始推进大规模的城市生态环境建设，随后，越来越多的国家在城市生态环境建设方面取得了明显的效果，例如，日本是城市人口密集国家之一，曾经污染问题相当严重。但由于他们能从宏观上重视生态园林规划，注意发展城市绿化，经过50年左右的不懈努力，终于做到了举国山林郁郁葱葱，大小城市绿草如茵，花香四溢空气清新，如今日本全国的森林覆盖率为66.8%。有"重工业堡垒"之称的莫斯科，市郊有11个自然森林区，市区有80多个大公园，400多个小公园，有8条20m宽的林带将市内的公园林地和郊区的林带连成一片,人均绿地面积 40m²；波兰首都华沙,由于长期不懈地植树、种草、栽花,绿化面积已达到 14.4 万 hm²,从市区到郊区有大小公园 65 个,人均占有绿地面积 78m²,在世界各国首都中名列第一；德国第二大城市科隆,总面积为 400km²,但树木、草地、田野和公园的面积却占了 200km²,人均绿地面积 106m²,整个城市空气清新。

广西的桂林市从 1998 年开始大规模城市改造,改善环境,增加水面面积,种植大量树木,更加突出了城在景中、景在城中,整个城市如同一个大公园。投资环境、居住环境都得到了极大改善,成为最适合人类居住的城市之一。

建设生态园林应当遵循下列原则：注重生态功能；保持物种多样性；坚持因地制宜；提高文化品位。

6.3.3 和谐社会构建中的都市园林建设

园林的生态作用讲的是风景园林在人的生物性方面的作用,这是人类生存的基础,但也是最低层次,属于马斯洛（A. H. Maslow）关于人的"需要层次论"的最低一层——生理的需要（以上依次是安全的需要、归属与爱的需要、自尊与被尊重的需要和自我实现的需要）。风景园林的基本特性,之所以紧密关系到和谐社会的建设,更重要的在于它关系着人类的高层次需要,在于它的社会性。

我们提到园林的作用时,除了生态作用外,还有创造空间和景观作用、身心休闲和健康作用、社会交际和融合作用、人性陶冶和教育作用等。以上这几项都是从社会性上体现以人为本,有利于创造每个人的自由和全面发展的环境。

和谐社会包括人与人的和谐、人与社会（社区、社团）的和谐、社会的和谐及人（涉及整个人类）与自然的和谐。在所有这些和谐关系中,风景园林都可以起到不可替代的作用,其中尤以在人与社会、人与自然两方面的作用最为突出,它承担着为特定区域空间的人们提供良好的自然环境和人文环境的职责,在人们的思想情绪、价值取向、行为模式等方面起着潜移默化的特殊作用,对教育和培养人们与自然共生共荣的思想,促进区域经济社会的良性循环起着重要的推动作用。

和谐社会构建中的都市园林建设应注意下列问题：

①科学论证,做好发展建设的总体规划：都市园林建设在城市的未来发展、城市的合理布局和综合安排城市各相关项目的综合布置,是一定时期城市和谐可持续发展的蓝图,是城市建设和管理的依据,是一项政策性、科学

性、区域性和综合性很强的工作。它要预见并合理地确定城市的发展方向、规模和布局；做好环境预测和评价；协调各方面在发展中的关系，统筹安排各项建设，使整个城市的建设和发展达到技术先进、经济合理、环境优美的综合效果，为城市居民的居住、工作、学习、交通、休息及各种社会活动创造良好、和谐、可持续发展生态城市的环境。

②建立健全相关的法律、法规，促进都市园林城市健康持续发展。

③充分尊重和满足人的需求。

④园林建设应与城市文化相结合：都市园林建设要尊重和继承人文传统，注意充分体现中国文化特色，充分与城市文化相结合，向世人展示中国文化的博大精深。

⑤生态园林建设与科技创新相结合：在都市园林建设中要尊重和保护生态环境，必须创新，应用新的科技手段和措施，从节能应用、循环利用资源等多方面综合考虑，提高科技含量，建设和谐可持续发展的生态园林城市。

⑥高标准、高质量的都市园林建设要与科学的养护管理相结合。

6.4 用发展的眼光审视园林美学

进入21世纪以来，随着人类社会在经济、文化、艺术等领域的进一步发展和进步，园林美学也在不断地发展和进步。近年来，园林艺术和园林美学的发展呈现如下几个特点：

（1）中国古典园林继续走向世界

中国的古典园林具有自己独特的形式、内涵和艺术风格，是世界艺术百花丛中一簇芬芳之花，在世界园林中独树一帜。自20世纪70年代末，中国的园林建造师们已在海外建造了许多中国古典园林，扩大了中国传统文化的影响，大体上有以下几种建造方式：

①以国家或地方政府的名义参加国际园艺或博览会建园；

②中外友好城市之间互赠建园；

③承接国外政府、社会团体或私人建园等。

（2）中国古典园林在国内的发展

在国内，古典园林是一切造景设计的基础。近些年来，在它的基础上已经形成了多个学科交叉的新型学科，如园林设计、环境设计、规划设计、风景园林设计等，这些学科虽然名称不一样，但其所共同追求的"普遍和谐"的传统观念都是一样的，审美标准也是一致的。

（3）生态园林美学被广泛接受

生态园林的审美情趣，与以往的园林迥然不同。它坚持在以讴歌自然、推崇自然美为特征的美学思想体系下谋求发展，以期达到具有生态性质的审美、游览、环保效果。对"生态设计"的关注已经成为当代风景园林师进行项目规划设计的重要指导原则。

（4）重视文化内涵

中国古典园林美学在园林设计上对文化的重视继续受到当代园林设计师的高度重视。园林的主题立意，即园林所要塑造的精神文化内涵，是园林的灵魂，其定位的正确与否关系到园林的存在和发展，也决定着园林本身的水平和地位。"走向文化的设计"是我国风景园林行业迅速发展的重要标志，代表风景园林行业新时代的到来。

（5）园林美学与科学技术和艺术的关系更加密切

科学技术的发展改善了传统园林行业的设计手段和研究方法。一方面，计算机的普及和网络时代的来临，将园林设计师从手工绘图的繁重作业中解放出来，代之以计算机辅助绘图，大大提高了工作效率，增加了绘图的准确性。互联网的普及，使异地设计师的合作成为可能。另一方面，科学技术的发展影响着园林主题文化的变革和风景园林行业地位的变化。

现代园林设计对设计师的要求愈来愈高：既要掌握传统园林设计的艺术形式，还要掌握现代艺术形式和艺术理论。

展望未来，伴随着社会进步、科学技术进步、园林建造水平的提高、新材料的不断出现、园林艺术的发展，以及社会成员对园林需求的日益增长和欣赏水平的不断提高，园林美学一定会有着顽强的生命力，具有更重要的地位，并为人类美化环境、提升生活质量做出更大的贡献。

▶ 复习思考题

一、简答题

1. 简述中国古典园林的生存智慧。
2. 什么是"天人合一"的宇宙观？
3. 你如何理解新世纪园林美学的内涵？
4. 新时期园林审美意识发生了哪些转变？
5. 简述中国古典园林各个时期的美学特点？
6. 在和谐社会构建中的都市园林建设应当注意哪些问题？

二、阅读分析题

在南方某地的 A 市，随着经济的快速发展，车辆逐年增多，道路越来越拥挤，塞车现象越来越严重，人们在路上耽搁的时间越来越长。为了解决这个问题，A 市市政府的领导经过实地考察后，召集有关单位领导开会，宣布了下面的决定：

1. 本市的主要道路均种植了大量的悬铃木，平均树龄约 30 年。这些悬铃木树径较粗，占据了大量道路，造成道路狭窄。树叶较大、过于密集，影响视线；每年春季悬铃木开花时，大量的白花在空中飞舞，这两个因素都容易造成交通事故。

2. 在本市的三个最主要的交通路口，都是占地面积较大、种植大量草和鲜花的绿地，影响了车辆的通行。

为了尽快解决本市的交通拥堵问题、减少交通事故，特决定将悬铃木全部锯掉，改种占地面积少、树叶较小的树种；将三个妨碍交通的绿地全部改为一般的柏油道路。

问题：试用生态园林城市建设的观点分析 A 市市政府的这个决定的优劣。

推荐阅读书目

1. 西方园林．郦芷若，朱建宁．河南科学技术出版社，2001.
2. 中国园林美学（第二版）．金学智．中国建筑工业出版社，2005.
3. 中国造园史．张家骥．黑龙江人民出版社，1986.
4. 园林艺术．过元炯．中国农业出版社，1996.
5. 我眼中的建筑与环境．刘心武．中国建筑工业出版社，1998.
6. 景观生态学．徐化成．中国林业出版社，1996.
7. 中国园林艺术概观．宗白华．江苏人民出版社，1987.

参 考 文 献

1. 曹林娣.1999. 苏州园林匾额楹联鉴赏［M］.北京：华夏出版社.
2. 曹明纲.1994. 人境壶天：中国园林文化［M］.上海：上海古籍出版社.
3. 陈从周.2008. 园林谈丛［M］.上海：上海人民出版社.
4. 陈永生.2005. 园林艺术的现代性与民族性［J］.中国园林,（6）：72-74.
5. 董诰.2000. 全唐文［M］.长春：吉林文史出版社.
6. 段钟嵘,2007. 中国古典园林的意境与情趣［J］.承德民族师专学报.27（3）：20-22.
7. 范晔.2001, 后汉书·方术传（下）［M］.太原：山西古籍出版社.
8. 费尔巴哈.1975. 十八世纪末—十九世纪初德国哲学［M］.北京：商务印书馆.
9. 冯采芹.1992. 绿化环境效应研究［M］.北京：中国环境科学出版社.
10. 胡群霞,刘英.2007. 中国古典园林的境界与园林意境的创造［J］.山西建筑：33（20）：356-357.
11. 计成.2003. 园冶图说［M］.济南：山东画报杂志社.
12. 金学智.2005. 中国园林美学［M］.北京：中国建筑工业出版社.
13. ［英］克莱夫·贝尔.1984. 艺术［M］.周金环,马钟元.北京：中国文艺联合出版公司.
14. 孔子.2002. 论语·雍也［M］.北京：中华书局.
15. 李早.2004. 中国古典园林理水的现代启思［J］.中国园林,20（12）：33-36.
16. 梁成.2007. 论园林意境的创造［J］.广东科技,（6）.
17. 梁丽莉.2005. 中国古典园林的自然之美［J］.科学之友,（2）：94-95.
18. 梁隐泉,王广友.2004. 园林美学［M］.北京：中国建筑工业出版社.
19. 廖建军,胡凯光,聂绍芳.2004. 中国自然山水园的理水艺术［J］.江西农业大学学报（社会科学版）,3（3）：83-85.
20. 刘海燕,吕文明.2006. 论中国园林文化的和合精神［J］.华中建筑.24（7）：142-143.
21. 刘天华.1989. 园林艺术及欣赏［M］.上海：上海教育出版社.
22. 陆机.1987. 文赋［M］.北京：中国社会科学出版社.
23. 罗翔凌,江金波.2006. 浅析中国传统园林意境的构成［J］.华南理工大学学报（社会科学版）：8（6）70-73.
24. 马克思,恩格斯.2005. 马克思恩格斯全集［M］.沈阳：辽宁人民出版社.

25. 马克思. 1976. 资本论 [M]. 北京: 人民出版社.
26. 马克思. 1979. 1844 年经济学哲学手稿 [M]. 北京: 人民出版社.
27. 苗鹏云. 2007. 苏州园林景观和意境构成手法分析解读 [J]. 山西科技, (2): 47-48.
28. 彭一刚. 1986. 中国古典园林分析 [M]. 北京: 中国建筑工业出版社.
29. 王福兴. 2004. 试论中国古典园林意境的表现手法 [J]. 中国园林, (4): 43-44.
30. 王洪海, 唐安惠. 2007. 中国传统建筑中的园林艺术 [J]. 山西建筑, 33 (29): 351-352.
31. 王维. 1997. 新唐书·列传第一百二十七 [M]. 北京: 中华书局.
32. 王毅. 2004. 中国园林文化史 [M]. 上海: 上海人民出版社.
33. 杨鸿勋. 1994. 江南园林论: 中国古典造园艺术研究 [M]. 上海: 上海人民出版社.
34. 张家骥. 1993. 园冶全释 [M]. 太原: 山西人民出版社.
35. 张曙辉. 2007. 游园、赏园、品园——园林赏析小论 [J]. 华中建筑, 25 (8): 184-187.
36. 章采烈. 2004. 中国园林艺术通论 [M]. 上海: 上海科学技术出版社.
37. 赵春林. 1992. 园林美学概论 [M]. 北京: 中国建筑工业出版社.
38. 郑板桥. 1983. 唐诗鉴赏辞典 [M]. 上海: 上海辞书出版社.
39. 中华佛教. 2002. 《维摩诘所说经》[M]. 北京: 中华佛教出版社.
40. 周维权. 2000. 中国古典园林史 [M]. 北京: 中国建筑工业出版社.
41. 周雯文, 姚崇怀, 程秀萍. 2007. 解析中国传统园林建筑的审美特征 [J]. 华中建筑, 25 (12): 105-107.
42. 周武忠. 2003. 论园林意境及其创造 [J]. 南京艺术学院学报 (美术及设计版), (3): 104-108.
43. 朱建宁. 1999. 永久的光荣: 法国传统园林艺术 [M]. 昆明: 云南大学出版社.
44. 朱钧珍. 1998. 园林理水艺术 [M]. 北京: 中国林业出版社.